沃尔顿艺术哲学研究

KENDALL WALTON'S PHILOSOPHY OF ART

刘心恬 著

上海三联书店

序

　　刘心恬的学士、硕士、博士学位都是在山东大学获得的。她的学术道路与文艺美学研究中心有着密不可分的渊源。自攻读硕士学位阶段至今，她的主要研究方向一直都是生态美学与生态艺术。其中，有生态美学、环境美学的基础理论研究，也有围绕具体作品展开的生态艺术批评。但她的博士学位论文却与生态审美领域关系不大，个中缘由还要从她的海外访学经历说起。

　　2010年，心恬考入我门下攻读博士学位。一入学，我便要求她申请出国访学。2011年，她获得国家建设高水平大学公派研究生项目联合培养博士生资格，将赴美国密歇根大学安娜堡分校哲学系访学一年。临行前，我与她商量制定了研学计划，初步决定以外方导师沃尔顿教授的假扮游戏论作为博士学位论文研究对象。一方面，沃尔顿教授在欧美美学界享有一定声誉。假扮游戏论在20世纪90年代曾是学术热点，已历经多番论证，文献基础较为丰厚。另一方面，博士学位论文在一位学者的学术道路上应该是有分量的，研究基础理论较为合适。

　　但在这个研习过程中，刘心恬将面临几个挑战。一是当时国内学界并无沃尔顿代表作的中译本，研究成果也较为罕见，想阅读中文文献提前做好预习有一定困难，不得不通过JSTOR等数据库检索并翻译大量英文文献。只有前期文献工作做扎实了，进行相关的学术表述才有底气。二是沃尔顿的假扮游戏论本身有些晦涩难懂，与其分析哲学的理论背景有关，也与中西方文化差异有关，想要顺畅而准确地对其做出阐释，必须请教沃尔顿本人。

在明确了学习目标之后，刘心恬带着任务出发了。她充分利用在美国的一年时间，阅读翻译了约 30 万字的一手文献，并且分阶段地就所读论著内容与沃尔顿教授展开对谈。一方面，确认她对假扮游戏论基本观点的理解是正确的；另一方面，也结合中国传统审美文化的典型作品及现象案例，向沃尔顿介绍了我国古代文学艺术审美活动中具有假扮游戏性的元素，融会贯通地展开中西学术对话。前者是 2014 年提交的博士学位论文的基础，而后者便是此次增补的新内容。当时，限于时间精力，也考虑到框架建构的合理性与完整性，这些中西对话的内容未能写入学位论文。

2013 年，沃尔顿的《扮假作真的模仿：再现艺术基础》一书由陆扬老师等人翻译并由商务印书馆出版，证明这一研究课题是有价值的。2014 年，刘心恬顺利通过了论文外审与答辩，获得了博士学位，而后在山东艺术学院艺术管理学院开启了艺术史论专业的教师生涯。在讲授中国美学史、艺术概论、美学原理等课的过程中，她一直持续不断地思考如何基于假扮游戏论展开中西学术对话的问题，并结合日常备课，查找中国传统审美文化的相关资料，最终又写成了八万字，增补在本书中。

相较于艺术哲学理论本身的抽象晦涩，这些新增补的内容多为个案研究，更为具体，也更为生动。比如，从假扮游戏的视角出发重新理解"羊人为美"、巫史传统、审美文化起源等经典理论问题；比如，西方古代艺术赞助制度下委托人作为凡人入画而置身圣母子所处虚构空间的假扮游戏心理分析；比如，如何用假扮游戏论阐释京剧艺术中唱念做打动作程式与舞台布景的虚实相生的审美特征；比如，绘画作品中意象、意味、意境三范畴构成的审美体系怎样体现了假扮游戏性；又如，盆景与园林等相对于真山真水而具有虚构性与缩微性的自然人文景观审美体验为何有开展假扮游戏的可能性；再如，中国古代帝王行乐图中变装肖像的创作动机如何包含了假扮游戏的趣味等等。在阅读书稿的过程中我发现，为了适应大众读者的阅读习惯，刘心恬已将文风做了一些调整，争取使之更具可读性。

假扮游戏论对阐释当今社会的一些新兴现象具有现实意义。比方说，关于文学艺术作品中的虚构世界如何建构、嵌套、衍生的分析对我们理解元宇宙有一定帮助。再比如，关于审美想象与虚拟审美感知的内容对理解当下 VR 虚拟现实技术的普及应用也是有启示的。有关这一点，刘心恬在探讨古代文人题画诗何以实现了虚拟性环境审美体验的章节中进行了论述。

即便本书的出发点及论证过程侧重在西方理论，最终的落脚点还是回归了中国传统审美文化。这一方面为中国艺术审美理论建构增添了新的话语，也为树立文化自信、弘扬传统文化起到了助力作用。希望刘心恬在未来的教学科研道路上，关注社会，心系现实，关怀人文，放眼世界，回归传统，立足当下，内心始终秉持这一学术使命感，做出更多有价值的成果。

曾繁仁

2023 年仲夏于济南

目 录

序... 001

绪论... 001

第一章　再现艺术的"假扮游戏"... 011
　　第一节　沃尔顿与"假扮游戏"论的提出... 011
　　第二节　"假扮游戏"论的基本概念... 017
　　第三节　在"假扮游戏"论提出之前... 023
　　第四节　在"假扮游戏"论提出之后... 034

第二章　"假扮游戏"论的基本架构与内在逻辑... 046
　　第一节　"假扮游戏"论的三个建构动机... 046
　　第二节　"假扮游戏"现象... 055
　　第三节　"假扮游戏"的三个要素... 060

第三章　"假扮游戏"现象的心理根源... 079
　　第一节　亨利模型与查尔斯模型... 079
　　第二节　作为精神摹拟的"假扮游戏"... 089
　　第三节　类情感与戏剧"假扮游戏"... 096

第四章　"假扮游戏"之虚构语境的建构... 106

　　第一节　虚构事实与虚构世界... 106

　　第二节　虚构世界、现实世界与可能世界... 109

　　第三节　跨界身份识别与嵌套世界... 119

　　第四节　作品世界与游戏世界... 128

第五章　言语性"假扮游戏"... 136

　　第一节　叙事人与"假扮游戏"的展开... 136

　　第二节　作为"假扮游戏"的隐喻表达... 142

第六章　图像性"假扮游戏"... 152

　　第一节　描绘性再现与图像性"假扮游戏"... 153

　　第二节　想象与视觉"假扮游戏"... 157

　　第三节　画内空间的三种嵌套模式... 166

　　第四节　摄影的通透性... 176

第七章　有趣的对话：从西方的"假扮游戏"到中国的
　　　　　"假扮游戏"... 182

　　第一节　"羊人为美"与中国传统审美文化的
　　　　　　"假扮游戏"基因... 182

　　第二节　京剧艺术的"假扮游戏"审美特征浅探... 192

　　第三节　中西方古代变装肖像与"假扮游戏"... 195

　　第四节　"卧游"与中国的假扮游戏... 220

结语　"假扮游戏"论的贡献与局限... 273

　　一、"假扮游戏"论的学术价值... 273

　　二、"假扮游戏"论的局限与不足... 294

附录　沃尔顿教授学术著作及学术活动年表（2018 版） ... 297

参考文献... 311

后记... 325

绪 论

　　"假扮游戏"论是美国哲学家肯德尔·沃尔顿的艺术哲学理论。沃尔顿认为，几乎一切再现艺术作品的审美欣赏都是以作品为游戏道具而展开的"假扮游戏"。"假扮游戏"现象广泛地存在于原始巫舞仪式、白昼梦、儿童游戏、文艺欣赏、节庆狂欢以及主题园林等人类社会生活的多个领域。所谓"假扮游戏"，是指作为游戏者的欣赏者有意识地假装相信虚构世界及其虚构事实为真实的行为。"假扮游戏"是一种精神摹拟。欣赏者通过在精神上摹拟虚构情境并以自我置入虚构世界并置换虚构人物，而获取类似真实的情感体验。这是连通虚构世界与现实世界的心理渠道。再现艺术是精神摹拟中的再现，而非形式摹仿中的再现。对文学艺术创作而言，要成为对某物的再现，就是要在关于此物的"假扮游戏"中充当道具。因此，作为精神摹拟的"假扮游戏"是再现艺术的基础。假扮元素在文学艺术审美欣赏体验中的渗透是欣赏者获取审美愉悦的重要来源之一。

　　"假扮游戏"以想象为心理基础，以特定规则为规约限制，以道具作为生发虚构事实的载体。想象、规则与道具是"假扮游戏"的三个要素。首先，作为"假扮游戏"的心理基础的想象分为自发想象与偶发想象、当前想象与后台想象、协同想象与个体想象。从想象者内心生发出的关于自我的想象是其参与到虚构情境之中进行"假扮游戏"的关键环节。其次，"假扮游戏"的规则是对一种支配性秩序的限定，它建立在协同想象的基础上，由全体参与者共同遵守始终。在儿童游戏、宗教仪式及其它假扮性的社会活动中，规则的制定常由权威者完成。而在文艺审美欣赏的"假扮游戏"中，游戏规则即欣赏规则，是由作家或艺术家的创作意图决定、由批评家与收藏家辅助阐释并监管执行的。欣赏者也在一定程度上参与着游戏规则的制定。再者，所谓道具，是指为"假扮游戏"生发了虚构事实的事物，作为想象的对象激发并助推想象的展开，有时也在游戏中担任一定的角色。道具分为既定道具与随机道具。既定道具所生发的虚构事实是由基于社会共识的习俗惯例产生并被约定俗成的；而随机道具所承载的虚构意义只在该"假扮游戏"语境下临时有效。一旦进入"假扮游戏"的语境，这类事物便暂时隐藏了真实身份，而被赋予了虚构的道具身份，其所指涉的意义只在"假扮游戏"语境下为真实。依据所使用道具的作用，"假扮游戏"可分为"内容导向的假扮"与"道具导向的假扮"。所谓内容导向的"假扮游戏"，是指游戏的展开以道具所生发的虚构事实的内容为重点；所谓道具导向的"假扮游戏"，是指游戏的展开以道具本身的物理特性和外观特征为重点。具体的"假扮游戏"往往是两种导向的叠加，二者在同一游戏的不同阶段发挥不同的作用。道具生发虚构事实的机制遵循现实原则与共识原则，这表明虚构事实在"假扮游戏"语境下的真实性一方面与整个社会范围内的认知习惯有关，另一方面也取决于欣赏者的自由意愿。在再现艺术的审美游戏中，作品通常充当道具，生发出其所再现的虚构世界与虚构实体的若干虚构事实。

沃尔顿指出，虚构世界与现实世界之间的距离不是一种可测量的物理距离，物理手段无法消除两个世界之间的隔膜。身处现实世界的欣赏者无法以实存的肉身闯入虚构世界中干预事件进程或改变人物命运，但常在心理层面与虚构世界产生关联，被人物的崇高行为感动、为人物的悲惨命运落泪、与陷入困境的人物一同恐慌，还会出现近乎真切的身体反应。他建构了亨利模型与查尔斯模型来说明这种审美心理现象。亨利模型的基本内容是，观众亨利在观看话剧表演时，冲上舞台试图拯救被缚在火车轨道上即将罹难的女主角。这一模型描述的是欣赏者试图打破现实世界与虚构世界的隔膜并介入虚构世界进行干预的现象。查尔斯模型的基本内容是，观众查尔斯在观看恐怖电影时，面对扑面而来似乎即将冲破荧幕的怪物，即便知晓自己并未身处危险之中，也会表现出极为真实的惧怕反应。这一模型描述的是欣赏者清醒地知晓现实与虚构的差别，但仍对虚构情境做出虚拟情感反应的现象。

沃尔顿以认知科学术语"精神摹拟"来阐释"假扮游戏"现象的心理根源。所谓精神摹拟，是指摹拟者在以自我为中心的第一人称想象中再现了某种虚构情境或者某位被摹拟对象所处的虚构情境，以自身置换虚构实体在此情境中的存在状态，假装相信这一虚构情境为真实，并对其作出虚拟情感反应的行为。沃尔顿指出，精神摹拟有别于物理摹仿。物理摹仿的对象往往是现实世界中实存的事物，而精神摹拟的内容除现实世界中实存的事物外，也可以是虚拟的过程或非实存的虚构实体。精神摹拟行为的目的不在于追求摹拟者与被摹拟内容的匹配一致。精神摹拟还不同于移情。移情是向对象灌注自我，从而体悟被移情对象感受或把握被移情对象形式特征的一种想象行为。而精神摹拟是以被摹拟的虚构情境作为自我所处的情境，以摹拟者自身置换被摹拟情境的原主角，以实现自我认知的想象行为。摹拟者由此所获得的情感反应不必与原主角的感受相匹配，自我认知才是精神摹拟的目的。

沃尔顿以戏剧艺术的审美欣赏为例，指出观众通过精神上摹拟虚构世界的途径而被人物与故事所触动，产生类情感的反应。所谓类情感，是指欣赏者在假装相信虚构事实为真实时作出的情感反应，它在效果上类似真实情感，却具有虚构性。类情感的产生发展历经"郁积冲动—假想渴望—化身虚构"三个阶段。卡塔西斯效用的三种译名所代表的内涵——"宣泄""净化"与"陶冶"是一次完整的戏剧审美体验在不同阶段所呈现的类情感状态。当观众介入虚构世界的冲动压倒了抑制冲动的清醒意识时，卡塔西斯呈现为宣泄；当观众介入虚构世界的冲动被清醒意志抑制时，卡塔西斯呈现为净化；观众反复观赏表演后，其介入虚构世界的冲动与抑制冲动的自觉达到平衡,此时卡塔西斯呈现为陶冶。卡塔西斯的呈现样态受制于作品的审美属性和欣赏者的审美素养。

"假扮游戏"的语境建构是一个复杂的过程。虚构事实对虚构世界的构筑而言至关重要。所谓虚构事实,是由作为游戏道具的再现艺术作品所生发的描述虚构实体在虚构世界中的存在状态的事实。虚构事实仅在虚构世界之中为真实,分为纯粹性虚构事实和依存性虚构事实。纯粹性虚构事实依照现实原则与共识原则叠加为依存性虚构事实,依存性虚构事实再按照现实原则与共识原则构筑起内在于作品的虚构世界。虚构世界不等同于笛卡尔所谓的可能世界,不是在现实中可能发生但尚未发生的潜在情形。可能世界是一种逻辑可能,在条件具备时便可转化为现实世界;而虚构世界是一种心理可能,有赖于自愿假装相信虚构世界为真实的"假扮游戏"心理。

虚构世界的自足性与虚构性是"假扮游戏"建构语境的前提。若干个小型虚构世界通过外部纵向嵌套、内部纵向嵌套、外部横向嵌套、内部横向嵌套、平行嵌套与同一嵌套等基本嵌套模式构建起宏大的作品世界,实现同一虚构实体或同一虚构事实在多个虚构世界之间的通达与跨界。当一个虚构世界嵌套另一个虚构世界时,后者的虚构事实化身为前者的虚构历史。沃尔顿区分了内在于作品文本的虚构世界与审美接受中的虚构世界。前者即作品世界,是指仅凭作品生发的虚构事实所构建的虚构世界;后者即游戏世界,是指不完全依存于作品而主要凭借欣赏者的想象所构筑的虚构世界。作品世界与游戏世界皆是虚构世界,于其中展开的审美欣赏活动皆是"假扮游戏"。

基于不同的再现手段,"假扮游戏"呈现不同的特征。以文字为媒介建构虚构世界的再现是叙述性再现,内含有关事件、人物和环境的若干虚构事实,并通过叙事人将虚构事实表述给读者。沃尔顿指出,叙事人作为连通虚构世界与现实世界的中介,是生发虚构事实的虚构人物。从创作的角度来看,叙事人是不现身于作品世界的执笔人要生发虚构事实所须依赖的关键角色;从接受的角度来看,叙事人为读者提供了观察虚构世界的视角与立场。因此，叙事人是叙述性再现作品生发虚构事实的具体执行者。在叙述性再现之外，以言语为依托的"假扮游戏"广泛存在于生活中。隐喻表达便是借助"假扮游戏"心理，使说话人与听话人在同一个虚构语境下更方便地描述所指的言说方式。说话人与听话人以言语方式参与游戏，双方的表达重点集中在喻体上，以对一个事物的想象来规定对另一个事物的想象。喻词的省略现象表明了"假扮游戏"的规则。喻体是隐喻表达经由"假扮游戏"拓展出的新的目标领域。喻体所建构的形象是隐喻"假扮游戏"中生发虚构事实的道具。因此，隐喻表达是道具导向的"假扮游戏"。听话人能够在理解说话人隐喻表达内容的基础上创造出新的隐喻，这便是在理解了说话人所设立的"假扮游戏"规则后，以言语为道具参与"假扮游戏"的行为。

以图像为媒介建构虚构世界的再现是描绘性再现。沃尔顿认为，观看绘画、雕像、电影、摄影作品的审美活动是一种视觉"假扮游戏"。要成为被描绘物的再现图像，就要在关于这一事物的视觉"假扮游戏"中充当道具，使观者能通过这一图像想象自己正在观看被描绘物。视觉"假扮游戏"为二维平面的图像打开了纵深空间，镜面、窗口、门框与帷幕等元素分隔了视觉"假扮游戏"中的虚构空间。画内世界多重空间的层次嵌套大致遵循正向嵌套、反向嵌套与反射嵌套的模式。摄影与绘画都可唤起视觉"假扮游戏"，但二者的差别在于，摄影具有"通透性"而绘画不具有这一性质。所谓通透性，是指观者通过照片能够在虚构意义上"直接"看到被拍摄物本身。照片作为视觉"假扮游戏"的道具，协助观者维持了与被拍摄物的感知关联，而其作为图像介质的物理性质反而常被视觉忽略。

"假扮游戏"论的贡献在于，揭示了再现艺术审美欣赏的信疑心理矛盾，开辟了对介乎信疑之间的假装相信这一心理维度的研究；以精神摹拟的概念消解了传统再现论下作品与被摹仿物的匹配性关联，为后现代艺术的阐释提供了支撑；指出再现艺术作品作为虚构世界的模型和"假扮游戏"的平台，只提供生发作品意义的可能性，而非规定作品意义；充分认识到欣赏者的审美意识的自主性，并将之作为再现艺术的基础因素。这些观点补充了艾布拉姆斯艺术四要素图式以及审美接受理论和审美心理学的相关研究。"假扮游戏"论的局限在于，沃尔顿对"假扮游戏"现象的分析性描述多过确定性界说，难免给人体系驳杂而概念模糊的印象；他对传统摹仿论与再现论的质疑是一种聚焦局限而忽略成就的批判，不是对其在特定社会历史语境下的功与过的辩证评价；从该理论的整体构架来看，图像性的再现艺术是主要研究对象，而同样作为"假扮游戏"的叙事文学审美欣赏未得到同等重视。

"假扮游戏"论不仅对西方再现艺术及其相关审美问题的阐释适用，也是中国古代审美文化研究的一个具有创新性的切入点。譬如中国古代先贤所倡导的"卧以游之"的观画方式，便具有很鲜明的假扮游戏性。卧游的过程是以画作为承载虚构事实的道具，由观画之人借助想象力虚拟性地介入作品所再现意境而获取审美愉悦的艺术欣赏过程。从既有学术成果观之，对中国古代绘画及其它艺术门类的艺术欣赏行为的虚拟性审美感知的阐释尚不充分。借由西方艺术哲学理论启发，从新视角探究中国传统艺术资源的审美特质，在已论证合理性的前提下无疑将是有益的；同时，对中国古代艺术及审美文化中"假扮游戏"现象的挖掘有益于沃尔顿"假扮游戏"论的理论完善，也有助于将中国传统审美文化推广到西方，助力中西方艺术理论交流。因此，以"假扮游戏"为话题的中西艺术哲学对话的前景令人期待。

为了更为客观地呈现沃尔顿"假扮游戏"论的基本面貌，本书遵循历史与逻辑相统一的基本方法论原则，坚持分析与综合相结合、由此及彼、由表及里的研究路数，同时以多种研究方法作为辅助。其一，以词源学的方法考究"假扮"等关键术语的意义。譬如，make-believe 一词内涵丰富，在国内学界尚未确定 make-believe 的统一译名的情况下，以词源释义的路径界定此术语的内涵与外延，从与其词源相关的四个方面的内涵入手对 make-believe 一词进行界定。又如，从词源上分析"摹仿"与"摹拟"词义的细微差别，以见出"假扮游戏"论在传统再现论之外开辟另一路径的创新价值。

其次，注重英文原文文献的解读与梳理。以翻译的形式完成文献的阅读与整理工作，草译沃尔顿建构"假扮游戏"论的基础文献近三十万字。依据论文的发表时间及专著的出版时间整理出沃尔顿的创作年表，见出"假扮游戏"论各个基本观点的提出次序。同时，又在每篇论文的同年或近年找寻其他学者所撰写的相关主题的英文文献，见出"假扮游戏"论各个基本观点的提出语境。综上两方面，对"假扮游戏"论的发展脉络及其在各个时期对西方艺术哲学的影响生成较为宏观的把握。

再者，借鉴文化研究的方法。除集中在文艺领域，以再现艺术审美活动中的"假扮游戏"为阐释重点之外，还从日常生活与人类社会文化的广阔范围内找寻与"假扮游戏"相关的现象，将之作为补充案例或比较参照物，以完善对沃尔顿"假扮游戏"论的理解。譬如，通过结合巴赫金关于狂欢节与节庆性的理论、弗洛伊德对儿童游戏与白昼梦的论述、赫伊津哈对原始部族宗教巫舞仪式的分析，与"假扮游戏"论进行比较，在西方艺术哲学史的游戏论流变中考察"假扮游戏"论的贡献与定位。又如，从现象入手，以案例分析先行，对"假扮游戏"的概念进行事实基础上的界定，并对其构成要素进行筛选。

此外，还使用了建构模型进行个案分析的方法。譬如，在论述欣赏者对虚构作品的情感反应的复杂样态与心理结构时，参考沃尔顿所建构的查尔斯模型与亨利模型，并以微调条件元素得出不同结果的分析来解答问题。又如，在论述日常言语行为中的隐喻表达时，为了分析其中的"假扮游戏"成分，也采取了建构对话模型的方法，以简单合理的案例筛选并分离了其中符合与不符合"假扮游戏"规则的表达方式。

熟悉沃尔顿艺术哲学叙事风格的读者不难发现，他是一个富有问题意识的学者，擅长从司空见惯的艺术现象及人们的日常生活审美习惯中找寻有趣的问题并进行哲学反思。因此，本书也力图突出问题意识，即便学力有限，未能充分而透彻地阐释所有问题，也为读者与沃尔顿艺术哲学的对话提供了一些入手点。

本书以六章的篇幅研究了沃尔顿的"假扮游戏"论,按照什么是"假扮游戏"—为什么会进行"假扮游戏"—怎么样展开"假扮游戏"—"假扮游戏"为何是再现艺术的基础—怎样看待"假扮游戏"论的贡献与局限的基本思路展开论述。第一章简要介绍"假扮游戏"论的提出、核心范畴与基本观点。第二章从问题的缘起即"假扮游戏"论的三个建构动机谈起,结合人类社会文化生活与文学艺术的审美欣赏中的"假扮游戏"现象,确定"想象""规则"与"道具"为"假扮游戏"的三个要素。此二章研究并解答的问题是:什么是"假扮"?什么是"假扮游戏"?一般假扮现象与"假扮游戏"的概念有何区别?什么是"假扮游戏"的三要素?三要素彼此之间是何关联?三要素分别在"假扮游戏"中发挥何种作用?想象分为哪几种类型?想象对游戏规则的制定有何作用?道具对建构"假扮游戏"语境的作用是什么?三要素分别对应于文学艺术审美欣赏活动系统中的哪些要素?

第三章探讨"假扮游戏"行为的心理根源。首先介绍沃尔顿建构的查尔斯模型与亨利模型,以此为案例分析欣赏虚构作品的观众同时相信并怀疑虚拟场景与故事情节的独特审美心理结构。再将之应用于对卡塔西斯效用内涵的阐释,指出"宣泄""净化""陶冶"三种译名的内涵共存不悖,是欣赏者的心理在"假扮游戏"的动态过程的不同阶段所呈现的样貌。本章研究并解答的问题是:为什么会出现假扮现象?游戏主体为何会展开假扮行为?"假扮游戏"中的虚构与真实是何关系?这一关系作用于欣赏者的心理时呈现出何种情感反应与审美效果?欣赏者对虚构作品的情感反应中的真实与虚构的成分呈现何种比重关系?虚构世界与现实世界之间的距离有多远?这一距离是否影响了欣赏者对作品的情感投入?欣赏者为何明知虚构人物非实存,却仍对他们的悲惨命运落泪悲伤?这一心理状态是相信还是怀疑,亦或是一种介乎信疑之间的微妙状态?虚构作品借助"假扮游戏"感染欣赏者的具体环节如何展开?如何以"假扮游戏"理论诠释卡塔西斯效用的三种译名之间的关系?

第四章叙述"假扮游戏"的虚构语境的建构过程。首先由微观到宏观地论证虚构事实按照现实原则与共识原则进行叠加组合，从而建构起虚构世界的过程。又以可能世界的概念作为桥梁，阐释虚构世界与现实世界之间的距离问题。再者，论述了共享同一虚构实体或虚构事实的多重虚构世界之间如何通达与嵌套。此外，区分了作品世界与游戏世界的概念。以五个"世界"的概念及一种世界嵌套模式解答了游戏语境的建构过程。本章研究并解答的问题是：游戏者在何种语境下进行"假扮游戏"？"假扮游戏"的虚构语境是如何被建构的？虚构世界的建构遵循何种原则？欣赏者于建构过程中扮演了何种角色？虚构世界之于现实世界的独立性如何见出？当同一虚构人物出现在多部虚构作品中时，这些作品如何联合而建构出更大的虚构世界？这些作品是如何实现通达和跨界的？不具有鲜明再现性的艺术作品是否会因游戏者的参与而具有再现性？这一获得再现性的过程是如何实现的？

第五章与第六章分别论述两种不同的再现及其对应的"假扮游戏"。第五章研究并解答的问题是：什么是叙述性的再现？作家如何以文字为载体再现虚构世界？叙事人作为虚构角色在"假扮游戏"中发挥了何种作用？叙事人如何为读者打开了通往虚构世界的大门？叙事人是如何将特定的立场视角灌输给读者的？叙述性再现作品的叙事人与描绘性再现作品的显性艺术家有何本质区别？参与虚构世界"假扮游戏"的读者与叙事人是否会出现身份重合的情形？隐喻为什么是一种"假扮游戏"现象？隐喻表达为何是道具导向的"假扮游戏"？隐喻表达如何建构了"假扮游戏"的虚构语境？本体与喻体的形式相似对于作为"假扮游戏"的隐喻表达而言为何不是必要的？第六章研究并解答的问题是：什么是图像性的再现？艺术家如何以图像为手段再现虚拟时空？什么是视觉"假扮游戏"？图像作品作为道具如何服务于视觉"假扮游戏"？想象在视觉"假扮游戏"中是不是必要的？绘画作品内部的虚构空间是如何被视觉感知的？"假扮游戏"心理在这一感知体验中有何作用？画作空间与欣赏者所处的空间之间的嵌套模式有哪几种？欣赏者如何通过这些嵌套模式进入画作所构筑的虚构世界中？绘画作品在何处为欣赏者预留了坐席？同样作为视觉"假扮游戏"的道具，摄影与绘画有哪些差别？什么是摄影的通透性？通透性之于视觉"假扮游戏"有何贡献？

　　"假扮游戏"论基本内容阐释之后的第七章，从该理论的视角出发，观照沃尔顿未论及的中西方包含假扮性的艺术现象及作品。本章所分析的个案包括作为中国古代观画方式的"卧游"、中西方古代皇室贵族或赞助人所要求绘制的帝王像与行乐图、中国古代题画诗在创作与欣赏过程中的假扮游戏元素，以及中国审美意识起源及京剧等艺术形态的假扮游戏性等。在这一部分中，将西方再现艺术土壤中滋养生成的"假扮游戏"论与中国的具有虚拟性的传统艺术欣赏方式及包含虚构元素的再现艺术作品进行对话，碰撞出了一些颇具启迪性的思维火花。

　　表面上看，沃尔顿艺术哲学所涉及的问题繁多、琐碎、驳杂，实际上，对上述任何一个问题进行单独思考，都会给艺术哲学研究者甚至是对艺术抱有热情和兴趣的人带来有趣的体验；将其在"假扮游戏"论的整体框架中融合起来，进行富有逻辑的观察与思考，得以更系统地把握西方艺术哲学史上的艺术再现问题，并从沃尔顿的视角发现一片新天地。

第一章　再现艺术的"假扮游戏"

第一节　沃尔顿与"假扮游戏"论的提出

肯德尔·沃尔顿（Kendall Lewis Walton，1939—），美国艺术哲学家。1961 年毕业于加州大学伯克利分校哲学系，1967 年以题为《语言相对论及相关哲学问题的研究》的论文于康奈尔大学哲学系取得博士学位。自 1965 年于密歇根大学安娜堡分校文理学院哲学系与艺术设计学院担任教职，沃尔顿获聘"查尔斯·斯蒂文森学院教授"的殊荣。他同时兼任普林斯顿大学讲座教授、全美人文学科贡献基金会研究员、斯坦福人文学术中心研究员、洛克菲勒人文学科基金会研究员等职，并于 2003 年至 2005 年出任美国美学学会主席。其理论涵盖美学、艺术哲学、语言哲学、分析哲学、心灵哲学、心理学、认知科学等领域，以及对绘画、雕塑、戏剧、电影、摄影、音乐、小说等文学艺术形态及体育运动的美学考察。至今，沃尔顿已受邀在哈佛大学、普林斯顿大学、麻省理工学院、斯坦福大学、布朗大学、约翰·霍普金斯大学、悉尼大学、奥克兰大学、英属哥伦比亚大学、加州大学伯克利分校、肯特大学等高校的哲学院及其它人文院系进行演讲及短期授课。

20 世纪 60 年代初，沃尔顿在密歇根大学安娜堡分校哲学系开始了他的学术生涯。其研究集中在博士论文所涉及的分析哲学及语言相对论的领域，发表了两篇相关成果。1970 年，沃尔顿发表了《论艺术的范畴》，[1] 以分析的方法阐述了艺术作品的审美特征与美学范畴之间的关联性，第一次在艺术哲学界受到瞩目。其后又发表《范畴与意图：一个答复》[2] 来回应学界对这一文章的关注和讨论。时隔半个世纪，《论艺术的范畴》仍是当今西方艺术哲学界的重要成果之一。

1973 年，"假扮游戏"论正式被沃尔顿提出。之后他于 1973—1978 年间发表了相关论文十余篇，详细阐发了"假扮游戏"论的基本观点。其中，最具代表性、影响最为深远的是《图像与假扮》（1973）、[3]《再现是符号吗?》（1974）、[4]《论叙述性再现与图像性再现》（1976）、[5]《论声律模式的呈现与描绘》（1977）、[6]《惧怕虚构》（1978）、[7]《虚构世界距离现实世界有多远?》（1978）、[8]《风格与艺术的作品及过程》（1979）。[9]从论题所涉及的范围来看，上述成果已涵盖了视觉艺术、文学及音乐等不同的作品样式；从着眼点来看，沃尔顿不再局限于分析哲学的语言之维，而转向了欣赏者的审美心理层面；同时，他还对既有再现理论进行了反驳，并以"假扮游戏"的概念重新建构再现艺术的基础。可见，自"假扮游戏"论提出之始，关于再现艺术基础的阐释便是题中之义，为

1　Kendall Walton, "Categories of Art", *The Philosophical Review*, Vol. 79, No. 3 (July, 1970), pp. 334 – 367.

2　Kendall Walton, "Categories and Intentions: A Reply", *The Journal of Aesthetics and Art Criticism*, Vol. 32, No. 2 (Winter, 1973), pp. 267 – 268.

3　Kendall Walton, "Pictures and Make-Believe", *The Philosophical Review*, Vol. 82, No. 3 (July, 1973), pp. 283 – 319.

4　Kendall Walton, "Are Representations Symbols?", *The Monist*, Vol. 58, No. 2, Languages of Art (April, 1974), pp. 236 – 254.

5　Kendall Walton, "Points of View in Narrative and Depictive Representation", *Noũs*, Vol. 10, No. 1 (March, 1976), pp. 49 – 61.

6　Kendall Walton, "The Presentation and Portrayal of Sound Patterns," in *Theory Only: Journal of the Michigan Music Theory Society* (February/March 1977), pp. 3 – 16.

7　Kendall Walton, "Fearing Fictions", *The Journal of Philosophy*, Vol. 75, No. 1 (January, 1978), pp. 5 – 27.

8　Kendall Walton, "How Remote Are Fictional Worlds from the Real World?", *The Journal of Aesthetics and Art Criticism*, Vol. 37, No. 1 (Autumn, 1978), pp. 11 – 23.

9　Kendall Walton, "Style and the Products and Processes of Art," in *The Concept of Style*, ed. by Berel Lang (University of Pennsylvania Press, 1979), pp. 45 – 66.

其代表作《扮假作真的模仿：再现艺术基础》一书的筹备与撰写指出了方向。

　　20 世纪 80 年代，在"假扮游戏"论的基本要点得以初步建构之后，沃尔顿着重在更广阔的范围内应用"假扮游戏"来阐释文艺作品，深入小说、绘画、音乐、摄影的创作与欣赏的审美活动之中，发表了《欣赏虚构：悬置怀疑，亦或假装相信?》(1980)、[1]《虚构、制造虚构以及虚构性的风格》(1983)、[2]《透明的照片：论摄影现实主义的本质》(1984)、[3]《我们是否需要虚构实体：关于一个理论的札记》(1984)、[4]《论虚构实体》(1985)、[5]《再次透过照片观看：对埃德温·马丁的回应》(1986)、[6]《观看绘画与观看一般事物》(1987)、[7]《音乐艺术有何抽象性?》(1988)[8] 等文章。其中，沃尔顿将"假扮游戏"的概念引入对视觉审美问题的论述之后所提出的"视觉'假扮游戏'"概念尤为关键，是其日后参与沃海姆、尼尔、南尼、莱文森等学者关于图像观看体验的论争的重要理论支撑。

　　1990 年，沃尔顿的代表作《扮假作真的模仿：再现艺术基础》[9] 一

1　Kendall Walton, "Appreciating Fiction: Suspending Disbelief or Pretending Belief?" *Dispositio*, Vol. 5, No. 13/14 (1980), pp. 1 - 18.

2　Kendall Walton, "Fiction, Fiction-Making, and Styles of Fictionality," *Philosophy and Literature*, Vol. 7, No. 1 (Spring, 1983), pp. 78 - 88.

3　Kendall Walton, "Transparent Pictures: On the Nature of Photographic Realism," *Critical Inquiry*, Vol. 11, No. 2 (December, 1984), pp. 246 - 277.

4　Kendall Walton, "Do We Need Fictional Entities?: Notes Toward a Theory," in Rudolf Haller, *Aesthetics: Proceedings of the Eighth International Wittgenstein Symposium*, Part I (Vienna: Hölder-Pichler-Tempsky, 1984), 179 - 192.

5　Kendall Walton, "Fictional Entities", in *The Reasons of Art: Artworks and the Transformations of Philosophy*, edited by Peter McCormick (Ottawa: University of Ottawa Press, 1985).

6　Kendall Walton, "Looking Again through Photographs: A Response to Edwin Martin", *Critical Inquiry*, Vol. 12, No. 4 (Summer, 1986), pp. 801 - 808.

7　Kendall Walton, "Looking at Pictures and Looking at Things", in Andrew Harrison, ed., *Philosophy and the Visual Arts* (Reidel, 1987), pp. 277 - 300.

8　Kendall Walton, "What Is Abstract about the Art of Music?" *The Journal of Aesthetics and Art Criticism*, Vol. 46, No. 3 (Spring, 1988), pp. 351 - 364.

9　Kendall Walton, *Mimesis as Make-Believe: On the Foundation of Representational Arts* (Cambridge, Massachusetts: Harvard University Press, 1990).

经出版，便引起西方艺术哲学界的广泛关注。同年，沃尔顿为《形而上学与本体论指南手册》撰写了"虚构"词条。[1] 1992 年，沃尔顿受邀围绕沃海姆关于视觉感知体验的研究撰写了《"于其中看到什么"与虚构地看》。[2] 其后又发表了《假扮，及其在图像性再现与知识获取中的角色》(1992)、[3]《隐喻与道具导向的假扮》(1993)、[4]《论绘画与摄影：对若干反驳意见的答复》(1997)，[5] 并为《艺术辞典》撰写了"美学"词条的导言部分。[6] 由于沃尔顿在本科求学阶段曾由音乐学专业转入哲学系，对音乐审美问题的研究也是"假扮游戏"论的重要组成部分，譬如这一时期所发表的《理解幽默与领会音乐》(1993)、[7]《以想象去聆听：音乐是否具有再现性?》(1994)、[8]《合二为一的艺术》(1995)[9] 以及《投射论、移情与音乐性的张力》(1999)[10] 等都是这一领域的成果。20 世纪 90 年代的"假扮游戏"论的发展对沃尔顿而言是成果丰硕的，

---

1   Kendall Walton, "Fiction," in *Handbook of Metaphysics and Ontology*, edited by Hans Burkhardt and Barry Smith, Vol. 1 (Munich: Philosophia Verlag, 1991), pp. 274 – 275.

2   Kendall Walton, "Seeing-In and Seeing Fictionally," in *Mind*, *Psychoanalysis*, *and Art*: *Essays for Richard Wollheim*, edited by James Hopkins and Anthony Savile (Oxford: Blackwells, 1992), pp. 281 – 291.

3   Kendall Walton, "Make-Believe, and its Role in Pictorial Representation and the Acquisition of Knowledge," *Philosophic Exchange* (1992), pp. 81 – 95.

4   Kendall Walton, "Metaphor and Prop Oriented Make-Believe," *The European Journal of Philosophy*, Vol. 1, No. 1, April 1993, pp. 39 – 57.

5   Kendall Walton, "On Pictures and Photographs: Objections Answered". In Richard Allen and Murray Smith, editors. *Film Theory and Philosophy* (Oxford: Oxford University Press, 1997), pp. 60 – 75.

6   Kendall Walton, "Aesthetics, I. Introduction," in *The Dictionary of Art*, edited by Hugh Brigstocke (London: Macmillan, 1994).

7   Kendall Walton, "Understanding Humour and Understanding Music," in *The Interpretation of Music*: *Philosophical Essays*," Michael Krausz, ed. (Oxford, 1993). Published also in the *Journal of Musicology*, Vol. 11, No. 1 (1993).

8   Kendall Walton, "Listening with Imagination: Is Music Representational?" *The Journal of Aesthetics and Art Criticism* Vol. 52, No. 1, The Philosophy of Music (Winter, 1994), pp. 47 – 61.

9   Kendall Walton, "Two Arts That Beat as One (Review of Edward Rothstein, *Emblems of Mind*: *The Inner Life of Music and Mathematics*)", *The New York Times Book Review* (June 16, 1995).

10   Kendall Walton, "Projectivism, Empathy, and Musical Tension". In *Philosophical Topics*, Vol. 26, No. 1&2 (Spring & Fall, 1999), pp. 407 – 440.

基于之前近二十年的积淀,"假扮游戏"论终于在世纪之交实现了自身的突破。其间,最为关键的论文是《洞穴探险、摹拟与怪物:论被虚构所感动》(1997)。[1] 于其中,沃尔顿提出了"精神摹拟"的概念,将文学艺术及日常生活领域的假扮现象与认知科学关于精神摹拟的理论相联系,指出他所谓的"假扮游戏"实质上就是一种精神摹拟行为。这一观点直接推进了他在 20 世纪末及 21 世纪初的研究,得以从更为深入的心理层面阐述"假扮游戏"的相关问题。

21 世纪的第一个十年,沃尔顿出版了另一部代表作《非凡的图像:论艺术与价值》(2008)。时任英国美学学会主席的马尔科姆·巴德(Malcolm Budd)对此书给予推荐和评价,指出"肯德尔·沃尔顿是当今世界最杰出的美学家。他的著作所展示的洞察力与创造力的融合是无可匹敌的。这部著作是我期待已久的,因为它凝聚了沃尔顿理论的不少精华,它的出版必将使沃尔顿久已负盛名的声誉百尺竿头更进一步"。[2] 这部著作集合了沃尔顿在过去三十余年间发表的关于图像审美体验、视觉感知与视觉"假扮游戏"以及摄影通透性的诸多成果,也收录了其关于虚构假扮、想象性抵触与伦理道德的关系、艺术作品的价值、艺术审美研究的范畴、时间对艺术作品的考验、艺术风格与创作过程之关系等问题的成果。在《"真不可思议啊!":走向一种审美价值论》一文中,沃尔顿阐释了审美价值与其它领域的价值之间的关系,尤其对道德价值进行了深入探讨。围绕"想象性抵触"的问题,沃尔顿以两篇文章描述了这一现象,指出当虚构作品要求受众想象接受现实中应受指责的道德观,并要求受众信以为真时,受众往往无法强迫自己假装服从,而是表现出抵触心理。沃尔顿以此区分了"虚构作品中的道德观"与"虚构的道德观"。除此之外还有若干文章发表,譬如 2000 年的《存在是一种隐

1　Kendall Walton, "Spelunking, Simulation and Slime: On Being Moved by Fiction". In Mette Hjort and Sue Laver, *Emotion and the Arts* (Oxford University Press, 1997), pp. 37 - 49.

2　Kendall Walton, *Marvelous Image: On Values and the Arts* (New York: Oxford University Press, 2008).

喻吗?》[1] 与《"艺术是什么"真是一个问题吗?》,[2] 以及《描绘、感知与想象:对理查德·沃海姆的回应》(2002)、[3]《有限量化、非实存性与虚构》(2003)[4] 和《风景与静物:对静止景观的静态再现》(2005)[5]等。其中,最为重要的纲领性文章是沃尔顿对艺术哲学研究方法论原则的阐发。2007 年,《美学与艺术批评杂志》刊发了沃尔顿就任美国美学学会主席的述职演讲《美学——是什么? 为什么? 为了什么?》,[6] 提出了"慎用支柱,民主备选""尊重历史,还原多样""价值中立,去除预设"的方法原则。[7] 2011 年至今,沃尔顿又发表了《诗歌与音乐中的思想写作》[8]《图像、标题与描绘性内容》[9]《电子音乐与传统音乐中的两种物质性》[10] 等文章,并有《扮假作真的模仿:再现艺术基础》姊妹篇《站在他者的立场上:音乐、隐喻、移情、存在》以及《美学》《保守的表达、夸张的说法与讽刺的手法》等著作与论文出版或即将出版。

---

1   Kendall Walton, "Existence as Metaphor?" In *Empty Names, Fiction, and the Puzzles of Non-Existence*, edited by Anthony Everett and Thomas Hofweber, Center for the Study of Language and Information, (Stanford University press, 2000), pp. 69 – 94.

2   Kendall Walton, "Is 'What Is Art?' Really the Question?" (Review of Michael Kelly, editor, *Encyclopedia of Aesthetics*). *Times Literary Supplement* (September 29, 2000), pp. 8 – 9.

3   Kendall Walton, "Depiction, Perception, and Imagination: Responses to Richard Wollheim", *The Journal of Aesthetics and Art Criticism*, Vol. 60, No. 1, 60th Anniversary Issue (Winter, 2002), pp. 27 – 35.

4   Kendall Walton, "Restricted Quantification, Negative Existentials, and Fiction", *Dialectica*, Vol. 57, No. 2 (2003), pp. 241 – 244.

5   Kendall Walton, "Landscape and Still Life: Static Representations of Static Scenes", *Rivista di Estetica* 25 (February, 2005), pp. 105 – 116.

6   Kendall Walton, "Aesthetics-What? Why? and Wherefore?", *The Journal of Aesthetics and Art Criticism*, Vol. 65, No. 2 (Spring, 2007), pp. 147 – 161.

7   参见刘心恬:《论沃尔顿美学三原则对文艺本质研究的启示》,载《山东大学学报》(哲学社会科学版),2012 年第 1 期, 第 148 – 153 页。

8   Kendall Walton, "Thoughtwriting—in Poetry and Music", *New Literary History*, Vol. 42, No. 3 (Summer, 2011), pp. 455 – 476.

9   Kendall Walton, "Pictures, Titles, Depictive Content," In *Image and Imaging in Philosophy, Science and the Arts*, Volume 1, Proceedings of the 33rd International Ludwig Wittgenstein-Symposium in Kirchberg, 2010 (Frankfurt: Ontos Verlag, 2011).

10   Kendall Walton, "Two Kinds of Physicality, in Electronic and Traditional Music", In *Bodily Expression in Electronic Music: Perspectives on a Reclaimed Performativity*, ed. by Deniz Peters, Gerhard Eckel, and Andreas Dorschel (Routledge, 2011).

第二节 "假扮游戏"论的基本概念

一、 何为"假扮"？

沃尔顿的"假扮游戏"论以"假扮"（make-believe）为核心概念。从字面意义来看，make 是"使"，believe 是"相信"，make-believe 即"使之相信"，即某人使某人相信某个内容为真实。关于这一术语的译名问题，必须指出的是，由于国内译本稀缺，尚未形成统一的译名。陆扬、赵新宇、费小平等学者在翻译沃尔顿的代表作时所采用的"扮假作真"的译名，已能充分地映照该术语的基本内涵。但"扮假作真游戏美学"的名称较长，故本书采用"假扮"的译名，并将沃尔顿的理论暂定为"'假扮游戏'论"。此前，已有学者在翻译托马斯·沃滕伯格（Thomas Waternburg）的《什么是艺术》一书对沃尔顿艺术哲学的介绍时，使用了"假扮"与"假扮游戏"的译名。这一译法较为直白，基本符合其理论的本意，侧重于再现艺术真假二元之假——即便是真，也是虚构的真实；即便是信以为真，也是假装信以为真，可见其最终落脚在再现艺术的创作、作品与欣赏三个维度的虚构性上。鉴于此术语译名的可商榷性，我们不妨从以下四个层面来理解其概念内涵。

首先，从宾语的角度来看，由于"使之相信"的前提是"不相信"，使某人相信的内容往往是与现实真实有别的虚构。正因为这一内容难以像实际存在的事实一样被相信，才有"使之相信"的施动必要。譬如，斯威夫特在《格列佛游记》中要虚构若干内容使读者相信马会说话。"马会说话"这一命题并不符合读者对现实世界的认知，它是读者难以相信的虚构内容。正因为这一命题难以被相信，斯威夫特使读者相信它的行为才具有施动的意图性。换言之，假如斯威夫特要使读者相信马不会说话，而"马不会说话"本身就符合读者对马的认知，则这一行为的出发点与目标之间的距离被消除，就失去了施动的意义。由于 make-believe 总是与非实存的虚构内容相关，久而久之在习惯性的言语表达中也有了"非真实""非实存""虚构""虚假"之意，这是其内涵的第一个层面。

其次，从主语的角度来看，当"使之相信"的施动与受动双方不是同一主体时，以"使之相信"为目的的主体要通过某种手段达到塑造虚构事实以令对方信服的目的。这一手段往往是借助道具将尚不真实的虚构实体或虚构事实装扮得真实可信。因而，make-believe 又有"假装""装扮"之意，这是其内涵的第二个层面。譬如，京剧舞台上的布景道具与演员的戏服都具有假扮性，其功用在于装扮演员使之变为角色，装扮舞台使之变为故事场景。

再者，从假扮者、道具及其对应物的指涉关联来看，这一指涉实质上是一种再现与被再现的关系。戏服使演员再现了戏中角色，道具使舞台再现了虚构世界，故 make-believe 又与"再现""摹拟"密切相关，这是其内涵的第三个层次。然而，作品中的名字未必指涉实际存在的对象，即其所再现的人与物未必在现实世界中有对应物。因此，与 make-believe 相关联的"再现"概念并不是虚构与现实之间的"相似"或"匹配"。

仍从主语的角度来看，当"使之相信"的施动与受动双方是同一主体时，即主体自愿使自己相信某个内容为真实时，make-believe 便有了"信假为真""假戏真做"的意义。譬如，观众自愿接受 3D 电影呈现的独特视觉效果，伸出手去接住"飘来"的雪花。既然是"自愿地"，就意味着观众明知从荧幕一方飘向自己的雪花并不存在，仍乐意配合这一虚拟效果，假装相信飘雪场景与自己身处其中的虚构事实为真实。故而确切地说，make-believe 应当是"使之假装相信"，这是其第四层内涵。

综上四个方面，以文学艺术的创作与欣赏为例，可以见出"假扮"与文艺的关系。一方面，艺术家要创作出包含虚构成分的作品，就要构建虚构世界，以文学语言、画笔与颜料、刻刀与石材等媒介再现虚构或实存的事物，这一过程具有假扮性。再现艺术的创作目的在于使欣赏者相信其所建构的内在于作品的虚构世界及虚构事实为真实，因而是一种艺术家使欣赏者假装相信虚构事实为真实的行为。另一方面，欣赏者也要乐于配合，自愿假装相信虚构事实为真实。欣赏者对虚构作品所描述的事实"信以为真"必然要依赖想象，才能将"假的"转换为"真的"。缺失了想象，作品中的真与假无从被关联，同时，真与假之间的张力也无从作用于读者，并使之产生审美感受与情感反应。这一"变假为真"进而"假戏真做"的过程，正是无数人在欣赏小说、诗歌、电影、戏剧以及绘画、摄影、雕塑作品时获取审美体验的平台，被沃尔顿称之为"假扮游戏"（game of make-believe）。

二、 何为"假扮游戏"？

既然了解了"假扮"的概念，便不难理解何为"假扮游戏"。"假扮游戏"的概念不仅分享了"假扮"概念中的"虚构""想象""再现""摹拟""道具""虚构事实""虚构世界"等基本的关键词，还作为一种"游戏"包含着"规则"和"游戏者"这两个要素。

首先，"假扮游戏"的展开要以一定的规则为前提，规则给定并描述游戏语境中的虚构事实，以约束全体游戏者有条件地参与游戏。其次，"假扮游戏"要求游戏者对虚构世界进行积极的想象，若游戏者多于一人，规则应建构在全体游戏者的协同想象基础上。再者，游戏者对规则的遵守是自愿而为的，倘若个别游戏者质疑虚构事实在游戏语境下的真实性，会被视为放弃参与并离开游戏，但游戏的平台即便处在等待玩家的状态下，仍然是潜在有效的。

将文学艺术作品的审美活动视为"假扮游戏"便是这样一种情形。艺术家作为游戏规则的提议者与首位制定者初步塑造了若干虚构事实，以约束被邀请进入作品进行"假扮游戏"的欣赏者。艺术家作为作品的第一欣赏者，其身份具有二重性，既是游戏规则的权威阐释者，也是玩家的一分子。因此，在艺术作品只有被欣赏者审美接受后才算是完全意义上的作品的前提下，当基于作品的审美欣赏作为一种"假扮游戏"呈现时，当艺术家与欣赏者作为游戏者参与其中时，这一"假扮游戏"的参与者必然是多于一人的，其间发挥作用的想象力必然是多人之间的协同想象，则该游戏的规则必然由多人的协同想象为基础而制定。换言之，艺术家与欣赏者的任务便是在"假扮游戏"中共同解读并建构艺术作品所承载的意义，使之成为"假扮游戏"的道具；即是说，艺术作品作为游戏道具所生发的虚构事实是在艺术家的初步制定下，由艺术家与欣赏者协同衍生并丰富的。由此，艺术家、作品与欣赏者在"假扮游戏"的虚构语境下所参与的是作品意义的循环生成。在一次又一次的"假扮游戏"中，作品的道具意义便似滚雪球般逐渐丰满。

由此可知，沃尔顿所谓的"假扮游戏"与一般的假扮现象不同。围绕文学艺术作品展开的"假扮游戏"既为一种游戏，自然有其超越于日常假扮现象之上的更为复杂的组织特征。这一组织性具体表现为三方面：其一，游戏者要进行协同想象；其二，在协同想象基础上要制定游戏规则；其三，要有道具生发出虚构事实。因此，想象、规则、道具便是界定"假扮游戏"概念的三个要素。

综上，在基于文艺作品的"假扮游戏"中，游戏者罕有为主为客之分，从艺术家到作品再到欣赏者，皆为"假扮游戏"的主体，均在游戏过程中扮演着无可替代的环节，彼此之间攀附生长、双向塑造。因此，"假扮游戏"论是由三方主体、四层内涵、十个关键词阡陌交错而成的网状系统。

三、作为"假扮"的摹拟

沃尔顿主张"Mimesis as make-believe"是再现艺术的基础，这是"假扮游戏"论的核心观点之一。"Mimesis as make-believe"可直译为"摹拟即假扮"，或"作为假扮的摹拟"。

"摹拟"与"摹仿"的概念内涵不同。首先,拆解字面意义来看,所谓"摹仿"之"摹"与"仿"是近似的行为,即以某实存对象作为摹本,对其进行形式特征的仿拓,摹仿的目的是求真求似,是否与被摹仿物的样貌贴近是判定摹仿是否成功的首要标准。而所谓"摹拟"之"摹"与"拟"却是不等同的两种行为。一方面,"摹"表征了摹拟者向被摹拟者靠拢的努力与趋势,亦是一种摹本先行的行为;但另一方面,"拟"的调和却使该摹本丧失了决定权,摹拟比摹仿享有更多的自由,无须以近似于摹本为行为目的。

其次,从词源上看,"摹仿"是 imitation,而"摹拟"是 simulation。塔塔尔凯维奇曾对西方美学史上的摹仿概念做了如下梳理。[1] 他认为,mimesis 一词在古希腊时期最早由德谟克利特正式提出,其希腊文形态是 μί μησις,对应的拉丁文是 imitatio。其中 mim 即 to imitate,是摹仿之意,也是摹仿论最为根基的原初之意。时至近代,拉丁文"从罗马的拉丁文中采取了 *imitatio* 一词,而意大利文 *imitazione* 和法文、英文 *imitation* 都出乎其中"。[2] 以 imitation 为官方认可名称的"摹仿"在 15—16 世纪的欧洲是最为通行的,同时,"也没有其他的原则比模仿原则更加通用";[3] 16—18 世纪,原本固守机械摹仿论(摹仿即忠实临摹)的柏拉图信徒大多放弃了,而亚里士多德的创造性摹仿论逐渐占据了主导地位,但所谓"创造"仍不出乎摹本先行的"摹仿"之外。[4]

表意"摹拟"的 simulate 由 simul 与 ate 两部分组成:前者是 simil 的另一形式,与 similar 同词根,表示"相同";后者表示行为的施动,

---

1 [波兰]塔塔尔凯维奇:《西方六大美学观念史》,刘文潭译,上海:上海译文出版社,2013年,第 304 - 314 页。
2 [波兰]塔塔尔凯维奇:《西方六大美学观念史》,刘文潭译,上海:上海译文出版社,2013年,第 308 页。
3 [波兰]塔塔尔凯维奇:《西方六大美学观念史》,刘文潭译,上海:上海译文出版社,2013年,第 312 页。
4 [波兰]塔塔尔凯维奇:《西方六大美学观念史》,刘文潭译,上海:上海译文出版社,2013年,第 312 页。

即是"制造相同""使之相同"之意。据维基百科释义，安全工程学测试、培训教育与电子游戏领域中的 simulate 是指"对一种现实世界的过程或系统的操作运转的非实时摹仿"。[1] 摹拟行为首先要求建构基础模型作为前期准备，这一模型必须再现被摹拟的实存过程、抽象过程或系统的关键特征和行为功能。模型所再现的是被摹拟过程或系统本身，而摹拟行为所再现的是对这一系统的非实时操作运转。通过给定条件的变换，摹拟常被应用于呈现被摹拟过程运转之后最终会出现的真实效果。由于被摹拟过程可能存在危险性，或并不在现实世界中真实存在，摹拟对于无法亲自参与这一真实进程却要获知其效果的目的而言具有一定的应用价值。[2] 可见，"摹拟"之"拟"与"虚拟"之"拟"同义，不仅是以虚构的方式再现被摹拟过程，还以虚构的方式体验被建构为模型的被摹拟过程。

"摹仿"imitation 与"摹拟"simulation 具有深层的亲缘关系，二者在日常口语表达中未必得到明晰区分。区别在于，从摹仿到摹拟，是从对实存对象的临摹匹配到对实存或非实存过程的虚拟体验的一种转变。文学艺术的审美欣赏不止于前者，也应包纳后者。因此，在不悖于二者亲缘性的前提下，为了申明"假扮游戏"论所强调的"摹拟"概念及其阐释再现艺术的路径与既有摹仿论的差异，沃尔顿使用 as（作为）而非 is（即是）来表述 mimesis 与 make-believe 之间的关系。这是在尊重传统摹仿论的基础上，在后现代语境下为之提供一种新的可选路径。

沃尔顿强调，"假扮游戏"是一种从精神上展开的摹拟行为。作者在文学艺术作品中塑造的虚构世界只为欣赏者提供了一种可于其中进行虚拟体验的模型，作品的内涵即道具的意义，是由游戏者虚拟化地体验被摹拟情境时生发出的虚构事实组成的。接受美学深刻地影响了人们对文学艺术作品内涵的解读。作品意义的阐释不再由作家单方面决定。对

---

1   See URL: http: //en. wikipedia. org/wiki/Simulation.

2   See URL: http: //en. wikipedia. org/wiki/Simulation.

大多数再现艺术作品而言，虽然存在一条相对正确的把握创作意图的路径，但作品的意义已不再局限于斯。对作品进行阐释的可能性是多样化的，这已是无可争议的共识。"假扮游戏"论对这一方向的推进，即在于阐释了在虚构世界的模型中填充未定点的工作的具体展开环节，以及作为游戏者的艺术家、作为道具的作品、作为游戏者的欣赏者于其中承担的职能与发挥的功用。作品的意义在审美体验中见出，并在摹拟再现的过程中变易。艺术家不是将虚构实体送入现实世界中进行审美接受，而是建构虚构世界之后，将读者引入这一模型中进行以虚拟体验为主的审美接受。因此，所谓再现（representation，re 表示再次，presentation 表示呈现，再现即再次呈现），是在精神摹拟中的再次呈现，而不仅是物理摹仿中的再次呈现。由"假扮游戏"的参与体验而产生的情感反应是欣赏者自主、自愿、自由地精神摹拟的产物，而非由艺术家、批评家或作品强加于之的结果。因而，经由"假扮游戏"生发的对作品的阐释，被赋予了浓重的主体色彩。在"假扮游戏"论的观照下，对文学艺术作品的审美欣赏体验延展为一个具有虚拟时间和虚构空间之维的可持续动态过程。

第三节　在"假扮游戏"论提出之前

沃尔顿并不是第一位以"make-believe"表示"假扮"并将之引入艺术哲学研究的理论家。在他之前，赫伊津哈已在文化人类学领域使用了此词，赖尔已在分析哲学著作中使用了"假扮活动"的表述方式。除此之外，弗洛伊德、阿恩海姆、加达默尔、贡布里希与巴赫金虽没有明确使用此词，也已在各自的论著中描述了儿童游戏、白昼梦、视知觉、节庆狂欢等领域的"假扮游戏"现象。

1908 年，弗洛伊德在《诗人同白昼梦的关系》中，论述了作家创作与儿童游戏的共通点。他认为，儿童通过游戏构建了一个世界，按照自己的方式，实现自己的想象，满足自己的愿望，对成人的行为进行摹拟，渴望通过游戏快速成长。游戏者能够清醒地区别游戏与现实之间的差异，并将丰富的情感注入其所创造的世界，以严肃认真的态度对待它。弗洛伊德将儿童游戏与作家创作相比，指出"作家正像做游戏的儿童一样，他创造出一个幻想的世界，并认真对待之"，[1] 向其中注入丰富的情感。他又将儿童游戏与白昼梦作类比，指出儿童在长大成人之后逐渐脱离了儿时游戏，"开始用幻想来取代游戏……建造海市蜃楼，创造出那种称之为白昼梦的东西"。[2] 在现实中未能满足的愿望是白昼梦产生的动力，"每个幻想包含着一个愿望的实现，并且使令人不满意的现实好转"。[3] 因此，弗洛伊德指出，文学创作是"富于想象的创造，正如白昼梦一样，是童年游戏的继续及替代"。[4] 所谓诗的艺术是天赋异禀的作家在向他者转述自己的白昼梦时所使用的技巧，其中一个重要的技巧便是"作家通过变化及伪装，使白昼梦的自我中心的特点不那么明显、突出"。[5] 可见，他已经意识到"伪装"这一技巧对文学作品、白昼梦、儿童游戏中的"海市蜃楼"世界的建构作用。

1938 年，约翰·赫伊津哈（Johan Huizinga）在《游戏的人》中就曾提到了假扮现象，而且同时使用了表示"假装""伪装"的"pretending"与"make-believe"来描述这一现象。他指出，每一个游戏中的孩子"都明白地知道他'只是在装假'，或说这'只是玩玩'"，[6]

1　［奥地利］弗洛伊德：《论创造力与无意识》，孙恺祥译，北京：中国展望出版社，1986 年，第 42 页。

2　［奥地利］弗洛伊德：《论创造力与无意识》，孙恺祥译，北京：中国展望出版社，1986 年，第 43 页。

3　［奥地利］弗洛伊德：《论创造力与无意识》，孙恺祥译，北京：中国展望出版社，1986 年，第 44 页。

4　［奥地利］弗洛伊德：《论创造力与无意识》，孙恺祥译，北京：中国展望出版社，1986 年，第 49 页。

5　［奥地利］弗洛伊德：《论创造力与无意识》，孙恺祥译，北京：中国展望出版社，1986 年，第 50 页。

6　［荷兰］赫伊津哈：《游戏的人——关于文化的游戏成分的研究》，多人合译，杭州：中国美术学院出版社，1996 年，第 9 页。

又说"游戏'只是一种装假'的意识，无论怎样都不妨碍它拓展极端的严肃性"。[1] 譬如，运动员在赛场上狂热地比赛，却始终意识到这是一种游戏；又如在舞台上表演的演员以丰沛的情感投入表演，但他清楚自己不过是在演戏。[2] 赫伊津哈将潜伏着的"装假"意识视为游戏的一个"相当本质的特征"。在这一意识的作用下，再现者与被再现物实现了"同一性"的身份关系，这种同一性比象征性的符号与被象征物之间的指涉关系还要更进一步。赫伊津哈的成果终归是一种文化人类学和社会学研究，他借着对"假扮游戏"的论述来说明西方当代文明的发展。"假扮游戏"之于他而言，是作为一种文化现象而存在的，因而，赫伊津哈没有脱离现象层面而对假扮行为的心理根源作出认知科学与审美心理学意义上的阐释。

1949 年，吉尔伯特·赖尔（Gilbert Ryle）出版《心的概念》一书，其中第八章探讨"想象"时专门提到了"装扮"（pretending）的现象和概念。他将想象、幻觉、记忆与装扮行为关联起来进行思考，甚至已经意识到在游戏语境下的主体内心处在一种介于相信与怀疑之间的特殊心理状态中。赖尔在使用"pretending"表示"装扮"的同时，也正式使用了"activities of make-believe"来表述"假扮活动"。"说某人在装扮就是说，他在扮演一个角色，而扮演一个角色通常就是扮演某个不在扮演角色而在坦率自然地为人处事的人"，[3] 这是赖尔为"装扮"下的定义。他已意识到"装扮与各种程度的怀疑和轻信都相容"，[4] 是一种介乎信疑之间的微妙心理状态；但又指出，处在装扮性的幻想中的人们有时"完全被他自己的行动所骗"，[5] 在幻想的同时"没有认识到这只不过是

1　[荷兰] 赫伊津哈：《游戏的人——关于文化的游戏成分的研究》，多人合译，杭州：中国美术学院出版社，1996 年，第 10 页。
2　[荷兰] 赫伊津哈：《游戏的人——关于文化的游戏成分的研究》，多人合译，杭州：中国美术学院出版社，1996 年，第 20 页。
3　[英] 吉尔伯特·赖尔：《心的概念》，徐大建译，北京：商务印书馆，2010 年，第 323 页。
4　[英] 吉尔伯特·赖尔：《心的概念》，徐大建译，北京：商务印书馆，2010 年，第 322 页。
5　[英] 吉尔伯特·赖尔：《心的概念》，徐大建译，北京：商务印书馆，2010 年，第 322 页。

幻想而已"。[1] 因此，这一阐述与"假扮游戏"论对游戏者清楚知道虚构与现实的差异与共存状态的表述是不同的。

1957 年，阿恩海姆（Rudolf Arnheim）在《艺术与视知觉》中，提到了这样一种视觉感知现象："当我们评论米开朗基罗的一幅画时，我们总是说：'这是一个人。'而不是说：'这幅画再现了一个人。'我们这样说，决不仅仅是为了简化语言，而是因为画面上的线条确实是被看成了一个人。"[2] 这一独特的视觉感知体验实质上正是沃尔顿所谓的视觉"假扮游戏"（visual game of make-believe）。但当时侧重于视觉艺术审美欣赏与视知觉研究的阿恩海姆只是提到了这个现象，没有对其心理根源进行阐释，也没有将之扩展应用于对其它再现艺术的阐释。

20 世纪六七十年代，加达默尔（Hans-Georg Gadamer）在著作与演讲中已列举了游戏与文艺欣赏中的假扮现象。譬如，他指出，"孩童无论如何是不愿在其装扮的背后被人猜出。他希望他所表现的东西应当存在，并且假如某种东西应当被猜出，那么被猜出的东西正是他所表现的东西，应当被再认识的东西，就是现在'存在'的东西"。[3] 又如，他认为"圣餐上的面包和酒'就是'基督的肉和血"，而不是面包与酒"显示"出了基督的肉和血的意义。即是说，"在艺术品中不仅只是指示出某种东西，在被指示的东西那里还有更加本原的东西存在着。……艺术作品意味着一种存在的扩展"。[4] 再比如，他在描述肖像画的存在方式时指出，"当一个众所周知的人物已经享有定评时，就用肖像画的形式来体现他的代表性"。所谓"代表"，"宁可说就是其本身，如同它完全能够当真的存在一样。在艺术的应用中，某种东西就由代表中的此在固

1　［英］吉尔伯特·赖尔：《心的概念》，徐大建译，北京：商务印书馆，2010 年，第 323 页。

2　［美］阿恩海姆：《艺术与视知觉》，滕守尧、朱疆源译，成都：四川人民出版社，1998 年，第 163 页。

3　［德］加达默尔：《真理与方法》（上卷），洪汉鼎译，上海：上海译文出版社，1999 年，第 147 页。

4　［德］伽达默尔：《美的现实性——作为游戏、象征、节日的艺术》，张志扬等译，北京：三联书店，1991 年，第 57 - 58 页。

定下来"。[1] 他还认为,"构成物就是另一个自身封闭的世界,游戏就是在此世界中进行"。[2] 游戏空间是有目的地为游戏行为所圈划的保留地,是艺术家创造的世界,是艺术家为之说话的团体世界。"这团体乃是一个世界,即有人居住的完整世界,是真正包罗万象的世界"。[3] 可见,加达默尔上述观点与沃尔顿对虚构真实、虚构世界以及虚构事实的确定性陈述语气的论述是相通的。

此外,加达默尔在《真理与方法》中还明确提出了"转化"(Verwandlung)与"伪装"(Verkleidung)的概念。所谓"转化"是指"某物一下子和整个地成了其他的东西,而这其他的作为被转化成的东西则成了该物的真正的存在,相对于这种真正的存在,该物原先的存在就不再是存在的了"。人类游戏真正转化为艺术的过程是"向构成物的转化",即是指"早先存在的东西不再存在","现在存在的东西,在艺术游戏里表现的东西,乃是永远真实的东西"。[4] 他指出,"只有通过这种转化,游戏才应得它的理想性,以致游戏可能被视为和理解为创造物"。[5] 因此,"只要游戏是构成物,游戏就仿佛在自身中找到了它的尺度,并且不按照任何外在于它的东西去衡量自身",[6] 向构成物转化是实现游戏自我表现这一真正本质的途径。而所谓"伪装",是指一个人想表现为某个他者并且被视为这个他者的作假行为,伪装自己造成假象的人们不愿意别人辨识出自己的真实身份。加达默尔认定,"游戏本身与

---

1 [德]伽达默尔:《美的现实性——作为游戏、象征、节日的艺术》,张志扬等译,北京:三联书店,1991年,第56-57页。
2 [德]加达默尔:《真理与方法》(上卷),洪汉鼎译,上海:上海译文出版社,1999年,第144页。
3 [德]伽达默尔:《美的现实性——作为游戏、象征、节日的艺术》,张志扬等译,北京:三联书店,1991年,第64页。
4 [德]加达默尔:《真理与方法》(上卷),洪汉鼎译,上海:上海译文出版社,1999年,第143-144页。
5 [德]加达默尔:《真理与方法》(上卷),洪汉鼎译,上海:上海译文出版社,1999年,第142页。
6 [德]加达默尔:《真理与方法》(上卷),洪汉鼎译,上海:上海译文出版社,1999年,第144-145页。

其中存在作假的游戏之间的这种主观区分，并不是游戏的真实性质"，[1]
游戏本身是向构成物的转化，而不是作假与伪装。他所使用的德语"伪
装"一词对应到英文既非"make-believe"，亦非"pretending"，也与
"再现""摹仿"关联不大，而是近似于遮盖与遮挡物的意思，是使用面
具对本真身份进行遮挡，同时显现出虚构身份的行为。此外，加达默尔
认定"游戏具有一种自身特有的精神。可是这并不是指从事游戏的人的
心境或精神状况"，[2] 因而并未进一步从心理层面探讨游戏者的精神摹拟
行为。

　　1963 年，恩斯特·贡布里希（Ernst Gombrich）在《木马沉思录》
中探讨了儿童游戏与再现艺术的相似性。他认为，一把扫帚即可满足儿
童在游戏中假装骑马的愿望。扫帚成为马的资质不在于它在外观上如何
与一匹真马相近，简陋的木马既不是一匹马的"物像"，也没有摹仿马
的"外形"。木马不是对"马的摹真"，而是"马的替代物"。儿童将一
根朴实的棍棒称作马"既不是意味着概念的马的符号，也不是一匹个别
的马的肖像"，因而"木马并不是摹拟我们对马的观念"，而是真马的替
代物。再现物之所以能发挥替代的作用，与其说是因为形式上的相似，
不若说是因为功能上的相似，即一根棍子能够成为一匹马的性质是可供
儿童骑乘。木马与真马的共同因素是功能而不是形式，故而被骑乘的功
能是木棍成为真马替代物的根源。贡布里希将这一思考比照于再现艺
术，认为再现艺术中的物像"只是在作为替代物的意义上才'再现'了
什么"。[3] 可见，他已消解了传统再现观与摹仿论关于再现作品与被再现
对象之间须在外观上相似匹配的观点，开始从审美欣赏的心理层面找寻
再现艺术的根基。但再现作品是对被再现对象的替代的观点仍在二者之

1　[德] 加达默尔：《真理与方法》（上卷），洪汉鼎译，上海：上海译文出版社，1999 年，第
　　144 页。
2　[德] 加达默尔：《真理与方法》（上卷），洪汉鼎译，上海：上海译文出版社，1999 年，第
　　137 页。
3　[英] 贡布里希：《木马沉思录：论艺术形式的根源》，徐一维译，北京：北京大学出版社，
　　1991 年，第 2－16 页。

间架设了一种替代与被替代的关系隔层，与沃尔顿的"假扮游戏"论的观点尚有一定差异。

　　1965 年，巴赫金（Mikhail Mikhailovich Bakhtin）在二战期间就已完稿的《拉伯雷的创作与中世纪和文艺复兴时期的民间文化》以《拉伯雷和他的世界》之名出版，于其中提出了著名的节庆狂欢理论。巴赫金认为，狂欢是"庆贺暂时取消一切等级关系、特权、规范和禁令"[1] 的行为，狂欢节"似乎在整个官方世界的彼岸建立了第二个世界和第二种生活"，[2] 狂欢节的节庆性是"民众暂时进入全民共享、自由、平等和富足的乌托邦王国的第二种生活形式"，[3] 狂欢节文化的基本内核"完全不是纯艺术的戏剧演出形式"，[4] 而在于艺术和生活本身的交界线上，因而狂欢节是被赋予一种特殊的游戏方式的生活本身，一切节庆活动都是人类文化极其重要的第一性形式。狂欢节没有演员和观众之分，人们在狂欢节期间不是袖手旁观，而是"所有的人都生活在其中"，[5] 因而狂欢节是属于全民的。在节日的诙谐之中，"一切祭祀性和限定性的成分都消失了，但全民性的、包罗万象的和乌托邦的成分却保存了下来"。[6] 巴赫金对狂欢与节庆性的论述与"假扮"与"游戏"的概念都是密切相关的，他所谓的"第二个世界"与"第二种生活"实质上就是虚构世界。此外，巴赫金还倡导狂欢者不分阶层在节庆活动中共同参与节日氛围的营造，是他对游戏行为之社会意义的研究的重要贡献。

1　[俄]巴赫金：《巴赫金全集》（第六卷），李兆林、夏忠宪译，石家庄：河北教育出版社，1998 年，第 11 页。
2　[俄]巴赫金：《巴赫金全集》（第六卷），李兆林、夏忠宪译，石家庄：河北教育出版社，1998 年，第 6 页。
3　[俄]巴赫金：《巴赫金全集》（第六卷），李兆林、夏忠宪译，石家庄：河北教育出版社，1998 年，第 11 页。
4　[俄]巴赫金：《巴赫金全集》（第六卷），李兆林、夏忠宪译，石家庄：河北教育出版社，1998 年，第 8 页。
5　[俄]巴赫金：《巴赫金全集》（第六卷），李兆林、夏忠宪译，石家庄：河北教育出版社，1998 年，第 8 页。
6　[俄]巴赫金：《巴赫金全集》（第六卷），李兆林、夏忠宪译，石家庄：河北教育出版社，1998 年，第 15 页。

综上可见，从 20 世纪初到 70 年代中期，文化人类学、分析哲学、艺术哲学、诠释学等领域的个别著作或多或少、或深或浅地涉及了假扮现象及假扮行为。这是沃尔顿"假扮游戏"论在 70 年代诞生的背景和基础。

以"假扮游戏"为核心所建构的沃尔顿艺术哲学体系中，包含着"虚构""想象""摹仿"等诸多范畴。以这些范畴为关键词进行梳理，可见出"假扮游戏"论产生的学术背景及其诞生之后对当今欧美艺术哲学界产生的影响。从宽泛的意义上来说，上至古希腊罗马时期哲人对文学艺术作品摹仿性的阐释，下至贝克莱、休谟、康德对"想象"这一人类独特心灵能力的论述，再至立普斯等人对"移情"与"内摹仿"行为的阐述，以及席勒、弗洛伊德、加达默尔、贡布里希、赫伊津哈等人对"游戏"及相关范畴的理论建构，都是"假扮游戏"由之汲取养分的沃土。从直接的影响上来看，20 世纪下半叶欧洲艺术哲学界对虚构与想象、虚构与情感、虚构与叙事、虚构与真实，以及虚构与信念各范畴之间关系的研究是"假扮游戏"登上西方当代艺术哲学史舞台的广义背景。

1967 年，斯巴肖特（F. E. Sparshott）在《美学与艺术批评杂志》上发表了《虚构中的事实》一文[1]，探讨虚构与真实之间的关系问题，但这一成果并未在当时引起反响。1973 年，沃尔顿提出"假扮游戏"，正式吹响了欧美艺术哲学界步入一个新的研究热潮的号角。自 1973 年至 1978 年，他先后发表若干文章，勾勒并雕琢假扮理论，逐渐在学界引起关注。1977 年，罗宾诺维茨（Peter J. Rabinowitz）发表《虚构作品中的真实：对受众的再反思》。[2] 1978 年，戴维·刘易斯（David Lewis）、伊娃·斯嘉普（Eva Schaper）与纳尔逊·古德曼（Nelson

---

1   F. E. Sparshott, "Truth in Fiction", *The Journal of Aesthetics and Art Criticism*, Vol.
     26, No. 1 (Autumn, 1967), pp. 3 – 7.

2   Peter J. Rabinowitz, "Truth in Fiction: A Reexamination of Audiences", *Critical Inquiry*,
     Vol. 4, No. 1 (Autumn, 1977), pp. 121 – 141.

Goodman)等为代表的哲学家不约而同地发表文章或出版专著,从不同角度开始涉足并建构有关虚构、想象、事实、符号话语与怀疑悬置的理论。刘易斯在《美国哲学季刊》上发表《虚构中的真实》一文,[1] 以虚构世界中的福尔摩斯为例,论述了在文学领域中关于虚构人物的虚构事实仅在虚构世界中为真实的问题。斯嘉普在《英国美学杂志》上以《虚构与怀疑悬置论》一文,[2] 论述了柯勒律治所提出的欣赏虚构作品时受众内心的怀疑悬置现象,并试图为其找寻心理层面的原因。古德曼出版专著《构造世界的多种方式》,以其分析哲学的特长,从语言符号构造世界的方式的角度对虚构问题进行阐释。沃尔顿分别于 1978 年春秋对这一热点问题的构建贡献了两篇文章,一是《惧怕虚构》,二是《虚构世界距离现实世界有多远》,从欣赏虚构作品的受众心理层面建构了查尔斯模型与亨利模型,用以阐释一种介于相信与怀疑之间的假装相信虚构事实为真实的心理状态。这两篇文章连同此前发表的一系列"假扮游戏"成果所提出的术语与观点为沃尔顿赢得了此领域的话语权,并为其他学者参与到这一问题的讨论中来提供了模型与言说方式上的便利。

显然,这一热潮在其登上艺术哲学史舞台之始就是学者们长期思考的产物,其在开端之际已具备了较为完善的问题体系,因而为 20 世纪八九十年代及 21 世纪初的研究奠定了基础。20 世纪 80 年代,原本专注于各自研究领域的哲学家开始纷纷撰文参与这一讨论,不少学者直接以沃尔顿所建构的模型为例进行分析,或者使用其所提出的术语进行论述。1980 年,戴维·诺维茨(David Novitz)在《美学与艺术批评杂志》上发表《虚构、想象与情感》一文,[3] 指出欣赏者只有处在可被虚构人物感动的状态中才能恰切地理解作品。1985 年,加拿大学者彼得·麦

1　David Lewis, "Truth in Fiction", *American Philosophical Quarterly*, Vol. 15, No. 1 (January, 1978), pp. 37 – 46.

2　Eva Schaper, "Fiction and the Suspension of Disbelief", *The British Journal of Aesthetics* (1978), pp. 31 – 44.

3　David Novitz, "Fiction, Imagination and Emotion", *The Journal of Aesthetics and Art Criticism*, Vol. 38, No. 3 (Spring, 1980), pp. 279 – 288.

克考米克（Peter McCormick）在《美学与艺术批评杂志》上刊发《情感与虚构》一文，[1] 亦试图解答现实生活中的读者为何能够真正地被非实存的虚构人物所感动的现象。行进至 20 世纪最后一个十年，两部里程碑式的著作的问世为"假扮游戏"在新世纪翻开新篇章规划好了蓝图。1990 年，沃尔顿出版《扮假作真的模仿：再现艺术基础》，[2] 格里高里·居里（Gregory Currie）出版《虚构的本质》，二者不仅是对过去数十载研究的回顾与总结，也开启了若干全新的问题领域。同年，诺埃尔·卡罗尔（Noël Carroll）以书评形式回顾了戴维·诺维茨所著《知识、虚构与想象》一书，探讨了虚构能否产生知识的问题。1991 年，沃尔夫冈·伊瑟尔（Wolfgang Iser）出版专著《虚构与想象——文学人类学疆界》一书，将虚构与想象的问题与读者反应批评及人类学贯通于一处。1993 年，亚力克斯·尼尔（Alex Neill）在《美国哲学季刊》上发表《虚构与情感》一文，试图回答约翰生提出的"既然已知其为虚构，为何以及如何会被其感动"的问题。[3] 1994 年，约翰·奥康纳（John O'Connor）在《英语杂志》上刊发《在虚构中找寻真实：教导那些不可靠的叙事人》一文，[4] 探讨日常生活言语表达与文学作品中的虚构叙事在虚构与真实上的差异性。1999 年，约翰·菲利浦斯（John Phillips）在《哲学研究》杂志上刊发《虚构中的事实与推论》一文，[5] 以《第二十二条军规》中的若干虚构事实命题为例，阐述了虚构作品中的事实被

---

1   Peter McCormick, "Feelings and Fictions", *The Journal of Aesthetics and Art Criticism*, Vol. 43, No. 4 (Summer, 1985), pp. 375 – 383.
2   此书译名参照赵新宇、陆扬、费小平译肯达尔·沃尔顿：《扮假作真的模仿：再现艺术基础》，北京：商务印书馆，2013 年。下文中出现此书时，使用现有中译本书名，不再将"模仿"改为"摹拟"。文中其它部分仍使用"摹仿"和"摹拟"。
3   Alex Neill, "Fiction and the Emotions", *American Philosophical Quarterly*, Vol. 30, No. 1 (January, 1993), pp. 1 – 13.
4   John S. O'Connor, "Seeking Truth in Fiction: Teaching Unreliable Narrators", *The English Journal*, Vol. 83, No. 2 (February, 1994), pp. 48 – 50.
5   John F. Phillips, "Truth and Inference in Fiction", *Philosophical Studies: An International Journal for Philosophy in the Analytic Tradition*, Vol. 94, No. 3 (June, 1999), pp. 273 – 293.

提出并推导的过程。在这一时期，有关受众何以能被非实存的虚构作品所触动以及虚构事实如何在接受心理上呈现为真实的问题被扩展到更为广阔的日常生活及文学艺术审美欣赏领域。

　　进入 21 世纪以来，欧美学者对关于虚构与想象的问题的研究热情不减，其中不乏博士生与中青年学者。2000 年，托马斯·佩维尔（Thomas Pavel）在《今日诗学》杂志上发表《虚构与摹仿》。[1] 2004 年，珍妮·戴斯兰德斯（Jeanne Deslandes）在《叙述学杂志》上发表《一种有关装模作样的表演的哲学》。[2] 同年，杰洛姆·麦克盖恩（Jerome McGann）在《批评探索》上发表《美、非真实与怀疑悬置论》。[3] 2005 年，特蕾西·戴维斯（Tracy C. Davis）在《戏剧杂志》上发表《你相信精灵的存在吗：戏剧化自由的嘘声》。[4] 2007 年，格里高里·布拉齐奥（Gregory Brazeal）在《当代文学杂志》上发表《纯粹虚构：虚构亦或事实?》。[5] 2009 年，斯蒂芬·戴维斯（Stephen Davies）也加入了这一讨论，于《美学与艺术批评杂志》刊发《以情感回应虚构》。[6] 2010 年，卢德利奇出版社策划了一套 12 本著作组成的"哲学新问题丛书"，旨在"向读者提供对当代哲学领域最为重要的若干问题的研究成果"。[7] 其中第一部即是圣兹伯里（R. M. Sainsbury）所撰写的《虚构与虚构理论》，此书是至今为全面地、跨越时间段最长地论述本领域各家理论的目录式文献。至此，当今欧美艺术哲学界较为知名的学

1　Thomas Pavel, "Fiction and Imitation", *Poetics Today*, Vol. 21, No. 3 (Autumn, 2000), pp. 521 – 541.

2　Jeanne Deslandes, "A Philosophy of Emoting", *Journal of Narrative Theory*, Vol. 34, No. 3, Narrative Emotion: Feeling, Form and Function (Fall, 2004), pp. 335 – 372.

3　Jerome McGann, "Beauty, the Irreal, and the Willing Assumption of Disbelief", *Critical Inquiry*, Vol. 30, No. 4 (Summer, 2004), pp. 717 – 738.

4　Tracy C. Davis, "Do You Believe in Fairies?: The Hiss of Dramatic License", *Theatre Journal*, Vol. 57, No. 1 (Mar., 2005), pp. 57 – 81.

5　Gregory Brazeal, "The Supreme Fiction: Fiction or Fact?", *Journal of Modern Literature*, Vol. 31, No. 1 (Fall, 2007), pp. 80 – 100.

6　Stephen Davies, "Responding Emotionally to Fictions", *The Journal of Aesthetics and Art Criticism*, Vol. 67, No. 3 (Summer, 2009), pp. 269 – 284.

7　See R. M. Sainsbury, *Fiction and Fictionalism*, (London and New York: Routledge, 2010).

者几乎均以专论、书评或争鸣的形式对虚构与想象、虚构作品欣赏中的情感反应、虚构与摹仿、虚构中的真实等问题发表了各自的看法。

第四节　在"假扮游戏"论提出之后

目前国内学界对沃尔顿"假扮游戏"论的研究较少，2013 年，陆扬、赵新宇、费小平等学者翻译并出版了《扮假作真的模仿：再现艺术基础》。2012—2014 年，以沃尔顿艺术哲学为研究对象的论文有《论沃尔顿美学三原则对文艺本质研究的启示》《肯德尔·沃尔顿论艺术的三种身份》等，以"假扮游戏"论为支撑阐释中西艺术审美特征及文艺理论问题的有《京剧艺术的假扮特征浅探》《镜子与窗口：论绘画的空间假扮》《从"羊人为美"看中国审美文化假扮基因的传承》与《论"文学性"的两个维度和四个范畴》等。可见，国内学界对沃尔顿"假扮游戏"论的译介、研究与应用尚处在起步阶段。

本书对"假扮游戏"论的研究现状的概述主要以欧美艺术哲学界的文献资料为主，包含围绕沃尔顿主要观点而展开的论争、学术期刊举办的沃尔顿艺术哲学专栏及知名学者受邀所撰写的书评与一般性的零散书评、学者在美学专著中对沃尔顿艺术哲学所作的分析与评价，及以沃尔顿艺术哲学为主题举办的国际学术会议等四部分。

一、 两次具有代表性的讨论

（一） 对查尔斯模型与亨利模型的讨论

1978 年，沃尔顿发表了两篇探讨虚构作品审美欣赏心理的文章——《惧怕虚构》与《虚构世界距离现实世界有多远》，分别以建构模型作为案例进行分析的形式阐述这种独特的精神状态。他认为，欣赏虚构作品时产生的反应并非日常生活中的真情实感，而是一种介乎真实与虚构之间的"类情感"体验，原因是欣赏者清醒地知道存在于恐怖电影的虚构世界中的绿泥怪物不会伤害处在现实世界中的自身；但这一情感反应的强烈程度并不比真实情感体验逊色，因而是欣赏者沉浸在"假扮游戏"状态下的行为。这一观点很快得到学界的反响，从80年代到90年代间，不少学者撰文阐述对这一现象的思考。譬如格伦·哈茨（Glenn Hartz）《我们为何能被安娜·卡列妮娜、绿泥怪物与小红马感动?》、[1] 拉尔夫·克拉克（Ralph Clark）《虚构实体：谈论它们并对它们产生感情》、[2] 亚力克斯·尼尔（Alex Neill）《恐惧、虚构与假扮》、[3] 罗伯特·纽瑟姆（Robert Newsom）《对虚构作品的恐惧》[4] 等，大多直接以沃尔顿建构的两个模型为案例进行分析。杰拉德·莱文森（Jerrold Levinson）在专著《美学的愉悦：哲学论文集》（1996）最后一章探讨对虚构作品的理解问题时，专门对查尔斯模型与"类情感"的概念进行了分析。[5] 十年后，沃尔顿又发表了《洞穴探险、摹拟与怪物：论被虚构所感动》（1997），通过提出"精神摹拟"的概念，进一步将类情感这一假扮现象从表象层推进到本质层，为假扮找到了深层心理根源，并在2012年"审美与伦理"哲学春季论坛的大会发言《移情、想象与若干现象概念》中发表了最新成果，细致地阐释了精神摹拟与移情的差异。[6]

1　Glenn A. Hartz, "How We Can Be Moved by Anna Karenina, Green Slime, and a Red Pony", *Philosophy*, Vol. 74, No. 290 (Oct., 1999), pp. 557 – 578.

2　Ralph W. Clark, "Fictional Entities: Talking about Them and Having Feelings about Them", *Philosophical Studies: An International Journal for Philosophy in the Analytic Tradition*, Vol. 38, No. 4 (Nov., 1980), pp. 341 – 349.

3　Alex Neill, "Fear, Fiction and Make-Believe", *The Journal of Aesthetics and Art Criticism*, Vol. 49, No. 1 (Winter, 1991), pp. 47 – 56.

4　Robert Newsom, "Fear of Fictions", *Narrative*, Vol. 2, No. 2 (May, 1994), pp. 140 – 151.

5　Jerrold Levinson, *The Pleasures of Aesthetics: Philosophical Essays* (Cornell University Press, 1996), pp. 288 – 305.

6　Kendall L. Walton, "Empathy, Imagination and Phenomenal Concepts", first given in lecture at California State University (2006); the modified version as speech at 2012 Philosophy Spring Colloquium "*The Aesthetic & The Ethical*" at University of Michigan, Ann Arbor; and as seminar talk at Carleton College for Carleton and St. Olaf Philosophy Department faculty (2012).

作为回顾与总结，沃尔顿对"假扮游戏""精神摹拟""移情"的研究成果被收录入最新出版的文集《别样的角度：音乐、隐喻、移情、存在》（*In Other Shoes：Music，Metaphor，Empathy，Existence*，Oxford Press，2015）。

（二）关于视觉感知体验的论争

理查德·沃海姆（Richard Wollheim）于 20 世纪 80 年代提出，观看图像的感知体验是一种被其称之为"于其中看到什么"（Seeing-in）的独特视觉体验，但观者于图像作品中能够看出什么的过程并不需要想象的辅助，即是说，想象在观看图像并于其中辨识出被描绘物的体验中不扮演关键性的角色。[1] 沃尔顿撰文《"于其中看到什么"与虚构地看》（1992），指出沃海姆排斥想象在视觉感知体验中的作用是对想象这一重要心灵能力的忽视，想象不可避免地在观看体验中发挥着作用。沃尔顿认为，观看绘画、摄影与电影的视觉感知体验实质上是一种视觉"假扮游戏"，观者往往以第一人称的模式去想象自己正在观看被描绘物。[2] 其后，沃尔顿又发表了《描绘、感知与想象：对理查德·沃海姆的回应》（2002），再次强调想象之于视觉感知体验是关键性的、本质性的，沃海姆的理论对想象的排斥无疑也是对再现虚构对象的绘画作品与以三维立体空间形式进行形象再现的雕塑作品的排斥。[3] 沃海姆坦言，"我赞成

1　See Anthony Savile, Richard Wollheim, "Imagination and Pictorial Understanding", *Proceedings of the Aristotelian Society*, *Supplementary Volumes*, Vol. 60 (1986), pp. 19 – 60. See also Richard Wollheim, "On Pictorial Representation", *The Journal of Aesthetics and Art Criticism*, Vol. 56, No. 3 (Summer, 1998), pp. 217 – 226. See also Richard Wollheim, Robert Hopkins, "What Makes Representational Painting Truly Visual?", *Proceedings of the Aristotelian Society*, *Supplementary Volumes*, Vol. 77 (2003), pp. 131 – 147, 149 – 167.

2　Kendall L. Walton, "Seeing-In and Seeing Fictionally," in *Mind*, *Psychoanalysis*, *and Art：Essays for Richard Wollheim*, edited by James Hopkins and Anthony Savile (Oxford: Blackwells, 1992), pp. 281 – 291.

3　Kendall Walton, "Depiction, Perception, and Imagination: Responses to Richard Wollheim", *The Journal of Aesthetics and Art Criticism*, Vol. 60, No. 1, 60th Anniversary Issue (Winter, 2002), pp. 27 – 35.

《扮假作真的模仿》这部著作中的大部分观点，其中有一些看法甚至开阔了我的视野。但也有或多或少的某些观点是我与沃尔顿一直以来无法达成共识的，那就是有关图像性再现的本质问题的看法。迄今为止，这一论争已持续近二十年了"。[1] 前后参与这一讨论的文章还有杰拉德·莱文森《沃海姆论图像性再现》、[2] 本斯·南尼（Bence Nanay）《慎待二重性的观点：沃尔顿论想象与描绘》、[3] 多米尼克·洛佩兹（Dominic Lopes）《图像与再现性意图》、[4] 派特里克·梅纳德（Patrick Maynard）《两个层面的观看》[5] 等，以想象是否在视觉感知体验中扮演重要角色，以及观者是否同时看到图像作品的表面形式与被描绘物本身而划分为两大阵营。

二、 1991 年"沃尔顿研究"专题

在《扮假作真的模仿：再现艺术基础》一书出版后，1991 年，《哲学与现象学研究》杂志邀请若干艺术哲学家以"沃尔顿研究"（Walton Symposium）为主题举办了专栏讨论。诺埃尔·卡罗尔、乔治·威尔逊（George Wilson）、派特里克·梅纳德、理查德·沃海姆、尼古拉斯·沃尔特斯托夫（Nicholas Wolterstorff）等当代知名哲人对沃尔顿的艺术哲学思想体系给予极高评价。

卡罗尔指出，"沃尔顿的《扮假作真的模仿》一书是一部从多个角度重构了艺术哲学研究框架的系统性著作，其启示性与诱惑力堪与纳尔

1　Richard Wollheim, "A Note on Mimesis as Make-Believe", *Philosophy and Phenomenological Research*, (Vol. 51, No. 2, June 1991), pp. 401–406.

2　Jerrold Levinson, "Wollheim on Pictorial Representation", *The Journal of Aesthetics and Art Criticism*, Vol. 56, No. 3 (Summer, 1998), pp. 227–233.

3　Bence Nanay, "Taking Twofoldness Seriously: Walton on Imagination and Depiction", *The Journal of Aesthetics and Art Criticism*, Vol. 62, No. 3 (Summer, 2004), pp. 285–289.

4　Dominic Lopes, "Pictures and the Representational Mind", *The Monist*, Vol. 86, No. 4, Art and the Mind (October, 2003), pp. 632–652.

5　Patrick Maynard, "Seeing Double", *The Journal of Aesthetics and Art Criticism*, Vol. 52, No. 2 (Spring, 1994), pp. 155–167.

逊·古德曼的《艺术的语言》比肩，充分并持续地展现出了令人钦佩的
专业研究素养。假如在未来的十年，沃尔顿的理论奠定了艺术哲学的研
究基调，我们甚至可以把这个领域改称为摹仿学了。"谈到"假扮游戏"
在西方当代艺术哲学史上将占据的位置，卡罗尔进一步指出，它可以与
席勒的《审美教育书简》相媲美，只不过沃尔顿所思考和解决的问题是
席勒尚未涉及的。[1] 威尔逊指出，"沃尔顿《扮假作真的模仿》一书对虚
构与想象等问题（尤其是对虚构世界模型）的研究，可谓是迄今为止最
具有系统性与严谨性的。这样一种严肃而持久的研究是我们期待已久
的，沃尔顿的著作一章紧扣一章，处处显示出洞察力，字字都是颇具说
服力的理论阐释"。[2] 英国美学学会前主席沃海姆如此评价这一著作：
"沃尔顿《扮假作真的模仿》一书的问世，不论对于那些热衷于哲学美
学的人来说，还是之于那些对象征主义、表现主义与交往问题都抱有哲
学化关注与思考的人来说，都是一个大事件。虽然这部著作集中讨论的
是艺术再现的问题，但它的光芒却照亮了一个更为广阔的领域"。[3] 沃尔
特斯托夫指出，"沃尔顿《扮假作真的模仿》一书为我们理解艺术如何
在人类生活中发生作用这一问题作出了巨大贡献。他以清楚而明了的风
格进行写作，以精致而巧妙的方式进行分析，其领域之广涉及整个哲学
与艺术，并且最重要的是，它绝对是一部理论性极强的著作。……虽然
沃尔顿习惯于时不时地穿插多样化的例子来阐释分析自己的理论，……
但他绝对没有像 20 世纪英美美学那样排斥理论化的风格"。[4]

1 Noël Carroll, "On Kendall Walton's Mimesis as Make-Believe", *Philosophy and Phenomenological Research*, Vol. 51, No. 2 (June, 1991), pp. 383 – 387.

2 George M. Wilson, "Comments on Mimesis as Make-Believe", Philosophy and Phenomenological *Research*, Vol. 51, No. 2 (June, 1991), pp. 395 – 400.

3 Richard Wollheim, "A Note on Mimesis as Make-Believe", Philosophy and Phenomenological *Research*, Vol. 51, No. 2 (June, 1991), pp. 401 – 406.

4 Nicholas Wolterstorff, "Artists in the Shadows: Review of Kendall Walton, Mimesis as Make-Believe", *Philosophy and Phenomenological Research*, Vol. 51, No. 2 (June, 1991), pp. 407 – 411.

三、 有关"假扮游戏"论的书评与著作

格里高里·居里的《虚构的本质》一书是在主题上与沃尔顿"假扮游戏"论最接近、在篇幅上对其论述最充分，并且直接受到其影响的代表性研究专著。此书出版于 1990 年，居里坦言自己受到沃尔顿的影响，不仅研读了他在七八十年代以论文形式发表的理论，更有幸在撰写此书的过程中收到了付梓中的《扮假作真的模仿》书稿，得以窥见此书的全部观点，进而重新修正了自己在《虚构的本质》一书初稿中对沃尔顿"假扮游戏"论的描述，并就"假扮游戏"关于虚构事实、虚构称名及其对应的虚构实体、对虚构作品的情感反应以及虚构作品的叙事人等问题阐述了自己的看法。[1]

在彼得·基维（Peter Kivy）主编的《美学指南》一书中，玛西娅·伊顿（Marcia Eaton）在分析卡尔松有关自然审美问题的观点时，提到了沃尔顿《论艺术的范畴》一文对艺术范畴与审美特征的论述；[2] 珍妮佛·罗宾逊（Jenefer Robinson）在论述欣赏者对虚构作品的情感体验时，提到了沃尔顿关于这种情感反应介于相信与怀疑之间的观点，指出欣赏者既能够清醒地意识到虚构人物的非实存性，同时又能够在情感上被其触动；[3] 彼得·拉马克（Peter Lamarque）与斯坦·奥尔森（Stein Olsen）在论述文学作品带给欣赏者的审美愉悦时，引用了沃尔顿关于文学作品不仅作为想象的产物而呈现，同时也作为想象的激发物而存在的观点；[4] 贝伊斯·高特（Berys Gaut）从现实主义的角度对摄

1　Gregory Currie, *The Nature of Fiction*, (Cambridge University Press, 1990), p. xi.

2　［美］彼得·基维主编：《美学指南》，彭锋等译，南京：南京大学出版社，2008 年，第 55 页。

3　［美］彼得·基维主编：《美学指南》，彭锋等译，南京：南京大学出版社，2008 年，第 155 页。

4　［美］彼得·基维主编：《美学指南》，彭锋等译，南京：南京大学出版社，2008 年，第 174 页。

影与电影的区别进行论述时，引用了沃尔顿关于摄影"通透性"的观点，指出观者透过照片能够直接看到被拍摄对象本身，摄影作品并非只是一种观看媒介；[1] 菲利普·阿尔佩松（Philip Alperson）在介绍形式主义之外的论述音乐唤起想象与情感的观点时，提到了沃尔顿关于音乐作品能够激起听众的想象性情感的观点，指出此情感或与作品本身是否旨在再现并包蕴某种潜在意象无关，而是一种内观性的个体化情感。[2]

这些引用与分析足以见出沃尔顿的理论所涉及范围之广，以及对欧美艺术哲学界的影响之深。但这些成果都不是对"假扮游戏"的系统而全面的介绍。托马斯·沃滕伯格在《什么是艺术》一书中介绍了从古希腊时代柏拉图与亚里士多德开始至现当代西方学界对艺术的界定，沃尔顿位列二十八位理论家之一，显然沃滕伯格认为其有关再现艺术即"假扮游戏"的观点在艺术哲学史上应当占据一席之地。沃滕伯格指出，"把'假扮游戏'作为理解艺术的钥匙，这既令人惊奇，也富有创新精神。……它似乎为我们提供了理解艺术作品如何起作用以及我们为什么很享受艺术的钥匙"。[3]

此外，杰拉德·莱文森在《美学的愉悦：哲学论文集》的多个章节都谈到了沃尔顿的"假扮游戏"，并在最后一部分专门探讨了其所建构的查尔斯模型，来阐释欣赏者对虚构作品的理解与情感反应。[4] 斯蒂芬·戴维斯在《艺术的定义》一书第八章、第九章中专门论述沃尔顿《论艺术的范畴》的观点，探讨艺术家的创作意图与艺术作品本身对艺术的定义而言究竟是否必要的问题。圣兹伯里在《虚构与虚构理论》的多个章节中也提到沃尔顿的理论，并就假扮与情感反应、对"假扮游

1   [美] 彼得·基维主编：《美学指南》，彭锋等译，南京：南京大学出版社，2008 年，第 197 - 198 页。

2   [美] 彼得·基维主编：《美学指南》，彭锋等译，南京：南京大学出版社，2008 年，第 228 页。

3   [美] Thomas E. Waternburg：《什么是艺术》，李奉栖等译，重庆：重庆大学出版社，第 249 页。

4   See Jerrold Levinson, *The Pleasures of Aesthetics*：*Philosophical Essays* (Cornell University Press, 1996), pp. 288 - 305.

戏"的反思、虚构实体名字的语义学与写实主义的关系、虚构语境下的确定性陈述口吻等问题对沃尔顿的理论进行了反思。

　　除了 1991 年沃尔顿研究专栏中知名哲学家为《扮假作真的摹仿》一书刊行所撰写的书评之外，其后陆续又有学者在其它期刊上发表书评。其中具有代表性的譬如同年科林·利亚斯（Colin Lyas）为其撰写了书评，[1] 次年，巴德[2]与詹姆斯·艾伦（James Allen）[3] 为之撰写了书评，1993 年居里[4]与莫拉维斯克（J. M. Moravcsik）[5] 又为此书撰写的书评，卡罗尔在 1995 年第二次为沃尔顿撰写的书评，[6] 1996 年罗伯特·豪威尔（Robert Howell）也为此书撰写了书评。[7] 2008 年沃尔顿出版《非凡的图像》一书之后，伊安·格郎德（Ian Ground）为之撰写书评。[8] 可见，从 20 世纪末到 21 世纪初，欧美艺术哲学界对沃尔顿"假扮游戏"论的关注热度仍在持续。

1　Colin Lyas, "Review（On *Mimesis as Make-Believe*：*On the Foundations of the Representational Arts* by Kendall Walton）", *Philosophy*, Vol. 66, No. 258 (Oct., 1991), pp. 527 – 529.

2　Malcolm Budd, "Review（On *Mimesis as Make-Believe*：*On the Foundations of the Representational Arts* by Kendall Walton）", *Mind*（New Series）, Vol. 101, No. 401 (Jan., 1992), pp. 195 – 198.

3　James Sloan Allen, "Review：Believing Make-Believe", *The Sewanee Review*, Vol. 100, No. 2 (Spring, 1992), pp. xli – xliii.

4　Gregory Currie, "Review（On *Mimesis as Make-Believe*：*On the Foundations of the Representational Arts* by Kendall Walton）", *The Journal of Philosophy*, Vol. 90, No. 7 (Jul., 1993), pp. 367 – 370.

5　J. M. Moravcsik, "Review（On *Mimesis as Make-Believe*：*On the Foundations of the Representational Arts* by Kendall Walton）", *The Philosophical Review*, Vol. 102, No. 3 (Jul., 1993), pp. 440 – 443.

6　Noël Carroll, "Review（On *Mimesis as Make-Believe*：*On the Foundations of the Representational Arts* by Kendall Walton）", *The Philosophical Quarterly* Vol. 45, No. 178 (Jan., 1995), pp. 93 – 99.

7　Robert Howell, "Review（On *Mimesis as Make-Believe*：*On the Foundations of the Representational Arts* by Kendall Walton）", *Synthese*, Vol. 109, No. 3 (Dec., 1996), pp. 413 – 434.

8　Ian Ground, "Review（On *Marvelous Images*：*On Values and the Arts* by Kendall L. Walton）", *Philosophy*, Vol. 84, No. 329 (Jul., 2009), pp. 458 – 463.

四、 六次主题学术会议

迄今为止，国际艺术哲学界已以沃尔顿"假扮游戏"论为主题举办了多次国际学术研讨会。[1] 2005 年 7 月，英国诺丁汉大学举办"肯德尔·沃尔顿著作专题研讨会"。2007 年 6 月 21 日—23 日，美国美学学会联合英国美学协会与英国利兹大学举办"形而上学、摹仿与假扮：向肯德尔·沃尔顿致敬"的专题研讨会。同年 11 月 30 日—12 月 1 日，英国肯特大学戏剧、电影与视觉艺术学院主办"肯德尔·沃尔顿与摄影、电影美学"学术论坛。2008 年 3 月 25 日，新西兰的惠灵顿维多利亚大学哲学系举办"肯德尔·沃尔顿学术成就回顾小型研讨会"。同年 6 月 16 日，英国华威大学举办"在美学与心灵哲学的交界处：肯德尔·沃尔顿著作研讨会"。2012 年 3 月，瑞典隆德大学主办了"如何假扮：论再现艺术的虚构事实"国际学术研讨会，来自英国、美国、瑞典、挪威、德国、法国等国家的学者与博士生就"假扮与虚构作品的创作""如何于非官方叙事中确认虚构事实""生发原则与阐释原则的方法论考量""道具论与游戏美学""虚构作品中的事实""角色扮演、假扮与道德共谋""叙事本身与怀疑悬搁的消除""在不同虚构媒介中的虚构事实的生发、游戏世界与叙事角度""隐喻与'假扮游戏'参与"等论题发表了颇富启发性的见解。

上述小型研讨会或国际学术会议体现了沃尔顿的艺术哲学理论在欧美的影响力。"假扮游戏"论自上世纪 70 年代被提出至今的五十余年间，一直是西方艺术哲学界讨论的热点之一。莫拉维斯克（J. M. Moravcsik）指出，"围绕假扮现象及假扮如何在我们的生活中普遍存在等问题，沃尔顿撰写了一部非常有趣而且非常具有启发性的著作。虽集中探讨假扮问题，这部著作却涵盖了当今哲学的若干分支，譬如美学、

1　会议外文信息请参见附录部分，沃尔顿教授学术著作及学术活动年表（2018 版）。

心灵哲学、哲学心理学等。如此跨越学科界线的著作在我们看来具有极大价值"。[1]

由"假扮游戏"论提出前后的研究状况可知，沃尔顿关于再现艺术的论述对当代欧美艺术哲学的发展有一定影响。但这一理论目前在国内的认知度较低，无论是论著的译介、理论本身的研究，还是其在中国传统文学艺术实践中的应用性阐释，都具有必要性。关于"假扮游戏"论的探讨对于西方当代艺术哲学史研究而言具有一定的文献价值，同时也具有其它方面的现实意义。

首先，随着当代艺术的不断变革发展，艺术阐释工作需要新的理论支撑。从柏拉图时代延续至 19 世纪的摹仿论与再现论虽然仍具有合理性，却已不能充分地阐释与全面地覆盖新兴艺术实践。塔塔尔凯维奇在梳理摹仿论历史时指出，这一理论至 19 世纪已持续了两千多年，经历了三个阶段：从柏拉图时代到中世纪再到文艺复兴时期追求艺术对对象的忠实再现，16—18 世纪末期艺术哲学家放弃这一忠实摹仿的追求，再到 19 世纪复燃对忠实复刻被再现对象的审美观念的热情。[2] 再现就是忠实摹仿被再现对象的观点占据了人们对再现艺术的主导看法。然而，后现代思潮兴起后，传统意义上的艺术再现机制与再现艺术概念都遭到了冲击。同时，计算机与相机等新的制图技术和成像手段的普及也使再现与摹仿过程中的主体性色彩逐渐被淡化与边缘化。由于作品与被再现物的匹配关系不再是界定再现艺术概念的决定因素，艺术哲学家不得不重新思考何为"再现"的问题。再现艺术的基础亟须与时俱进地得到合理的理论重构，但是，以"像"或"不像"来区分再现艺术与非再现艺术已是难以令人信服。新的创作等待新的理论跟进，新的审美风尚也呼吁新的理论指导。所谓的"像"与"不像"只会使艺术家、作品、欣赏

1　J. M. Moravcsik, "Review（On *Mimesis as Make-Believe*: *On the Foundations of the Representational Arts* by Kendall Walton）", *The Philosophical Review*, Vol. 102, No. 3（July, 1993）, pp. 440 - 443.

2　[波兰] 塔塔尔凯维奇：《西方六大论观念史》，刘文潭译，上海：上海译文出版社，2013年，第 304 - 318 页。

者、批评家跟随在被再现物的实存状态与形式样貌之后亦步亦趋，而要超越被再现物，占据意义编码的主导话语权，就要充分引入审美接受之维，把对作为游戏主体之一的欣赏者所能发挥的主观能动性阐释清楚。这是提出"假扮游戏"论的第一个现实意义。

　　其次，对"假扮游戏"论的研究也迎合了后现代语境下艺术哲学理论本身的建构发展的需要。如前所述，在接受美学登上历史舞台之前，对再现问题的探讨局限于创作主体与再现作品、再现作品与被再现对象的二分阐释模式，难以跳出"像"与"不像"的匹配标准之外。审美接受这一新维度的引入使摆脱这一束缚变为可能。"像"与"不像"的评判还有赖于欣赏者是否买账，在"假扮游戏"心理作用下，艺术家、作品、被再现的写实或虚构的世界和欣赏者等四个要素及其彼此之间的关联得以被统摄起来进行综合考量。在这一语境下诞生的"假扮游戏"论弱化了艺术家、作品、欣赏者三方在传统再现论意义上的主客位序关系。从艺术家与欣赏者塑造作品的道具意义，以及从艺术家与欣赏者的身份被作品所塑造的双向互释关系来看，过去的再现理论所强调的审美主客体之间的二分界线被淡化了，阐释的重心转向了再现艺术审美欣赏的过程。"假扮游戏"论将对文学艺术作品的审美欣赏体验延展为一个具有虚拟时间和虚构空间之维的可持续过程，显然具有一定的后现代色彩，这是"假扮游戏"论的另一个现实意义。

　　再次，"假扮游戏"论对虚构问题的研究具有承前启后的意义。在古希腊时期，柏拉图在《理想国》第十卷中对真实与虚假的问题进行了论述，亚里士多德在《诗学》中区分了历史的真实与诗建立在虚构基础上的真实。之后几千年间，文学艺术的虚构性一直是西方艺术哲学家思考的课题。"假扮游戏"论对这一经典问题的贡献即在于，不再孤立地分别论述审美客体层面的"虚"或审美主体层面的"构"，而是在"假扮游戏"的语境下将二者结合在一处，打破主客分立的模式，由此及彼地省察"虚"的内容与"构"的行为的内在关联。同时，"假扮游戏"论还将欣赏者与艺术家同样视为构建虚构世界的主体，从审美心理之维为虚构的本质增添了接受美学的理论元素。"假扮游戏"论提出之后，对虚构作品审美接受中的情感反应及其具体呈现过程的研究一时成为虚构问题研究的热门话题。因此，对"假扮游戏"论的研究有助于梳理虚构问题在西方艺术哲学史的流变，并把握当下西方艺术哲学界关涉这一问题的新话语和新思路。

此外，对"假扮游戏"论进行阐释与推介也是出于中西艺术哲学交流对话的需要。"假扮游戏"作为人类社会文化中普遍存在的现象，并不单纯属于某一种特定的文化背景。作为精神摹拟的"假扮游戏"概念一经提出，便为其审美心理根源的研究保留了重要的领地，因而在各民族文化背景下的"假扮游戏"现象具有互通性与互释性。中国古代文学艺术是挖掘"假扮游戏"现象的宝库。这一课题迎合了诞生自西方艺术实践背景下的"假扮游戏"论进一步在东方审美文化领域得以充实的需要，反之也为中国古代审美文化的理论建构提出一个可供选择的切口与支撑。因此，研究"假扮游戏"论是以此为话题展开中西艺术哲学对话的有益尝试。

第二章　"假扮游戏"论的基本架构与内在逻辑

第一节　"假扮游戏"论的三个建构动机

沃尔顿在《扮假作真的模仿：再现艺术基础》的概论中阐明了"假扮游戏"论的建构动机。[1] 他对"假扮"的关注始于对文学艺术作品的观察，试图从绘画、小说、故事、戏剧、电影等作品入手，找寻文艺与生活的密切关联及其在文化中扮演的重要角色，并反思再现艺术创作与审美欣赏体验的具体过程。

沃尔顿指出，区分再现性与非再现性艺术作品的判定标准悬而未决。某些作品在形式层面没有鲜明的再现性，艺术家可借助标题来指涉其所再现的对象。倘若拍摄了悉尼歌剧院的照片被赋予了"穿梭天堂的风帆"的标题，它便再现了一艘穿梭在天堂的船。杰克逊·波洛克的颜料滴彩画是抽象的，在被赋予"秋天的韵律"的标题后便再现了秋天的韵律。但这类"再现"与再现艺术的内涵不一致，照片与抽象画并不在传统再现艺术范畴内。研究再现艺术的基础，首先须界定"再现"的内涵与外延，这是"假扮游戏"论的第

1　See Kendall Walton, *Mimesis as Make-Believe*：*On the Foundation of Representational Arts* (Cambridge, Massachusetts：Harvard University Press, 1990)，pp. 1 - 8.

一个建构动机。

"再现"意味着作品及被再现对象之间具有某种关联，界定这一关联便是理解"再现"的关键。"再现性"（representationality）是沃尔顿所选择的切入点。再现性是超越再现艺术与非再现艺术分类界线的范畴，它不仅是再现艺术的性质，也表征在非再现艺术及非艺术性的社会现象中。护照照片、化学课本上描绘的分子示意图、田野中的稻草人、塑料花、圣餐用的红酒和面包、杜莎夫人蜡像馆的蜡人、沙滩上的脚印、国际象棋的棋子可被认为具有一定程度的再现性，但都不是再现艺术。"假扮游戏"论的研究对象是再现艺术、虚构作品及"一些文化对象的松散合集"。沃尔顿"无意于从语义学的角度去分析'再现'概念"。[1] 他认为，"艺术是什么"不应当成为学者们纠缠不放的问题，"假扮游戏"论将主要集中于艺术定义中有关"再现"的那些层面。小说、故事和传奇就比传记、历史和教科书更符合"再现"的称号，只有虚构作品才是名副其实的"再现"。因此，结合对再现性的理解来判定何种作品为虚构，便成为"假扮游戏"论的第二个建构动机。

"假扮游戏"论的第三个建构动机源自对传统摹仿论的省察。沃尔顿认为，传统摹仿论侧重形式上的匹配与相似，以及社会影响与教化功效，是作品的外部研究，忽视了再现艺术审美活动在精神心理层面的本质。譬如，门罗·比尔兹利（Monroe Beardsley）认为"在一首乐曲中无法被'聆赏'到的任何性质都不应作为'音乐'被归属于斯"。[2] 重形式的传统摹仿论狭隘地聚焦于作品本身，宣称一旦作品被艺术家完成，其兴其衰仅与作品本身相关，与作品相关联的环境因素不再被纳入重点考察的范围，与作品本源相关的因素对作品的审美性质并无本质影响。艺术家的创作意图研究被威廉·维姆塞特（William Wimsatt）、比尔兹

1　J. M. Moravcsik, "Review（On *Mimesis as Make-Believe* by Kendall Walton）", *The Philosophical Review*, Vol. 102, No. 3（July, 1993）, pp. 440 – 443.

2　Monroe Beardsley, *Aesthetics：Problems in the Philosophy of Criticism*（New York：Harcourt Brace, 1958）, pp. 31 – 32.

利与乔治·迪基（George Dickie）冠以"意图谬误"（intentional fallacy）
的名号。[1] 然而，艺术化的再现不只在形式的相似性上作浅层停留，小
说如何被阅读、画作如何被观看、音乐如何被聆赏的感知方式，即如何
通过感知被心理摹仿的研究，也应被纳入艺术哲学视野中。[2] 沃尔顿指
出，当代许多学者转向了语言，转向了标准的、普通的、非虚构性语境
下的自然语言写就的作品，旨在以此为范本去理解小说、绘画、话剧和
电影。语言范本研究的确取得了许多成果，通过将文艺作品与这类严谨
的语言应用范本置于一处进行比较研究，或者通过直接将语言理论应用
于作品分析的做法具有一定价值。但每一种范本研究都有风险，一时占
据虚构作品与再现艺术研究潮流的语言论路径存在着未被注意到的局限
性。此外，对再现艺术的审美价值与形而上身份的研究始终处于割裂状
态。美学家通常不关心虚构人物到底是否真实存在，而形而上学家和语
言哲学家通常不关注虚构作品的审美趣味和艺术价值何在。从上述现状
出发，沃尔顿将其所建构的"假扮游戏"论定位为一种整体性的理论，
"是在整一性的思路下对虚构作品的审美之维与形而上之维进行思考，
使每一分支问题的解答都指向并增进对另外一些分支问题及解答的理解
的理论"。[3] "假扮游戏"论不仅从假扮的角度理解对存在与非存在的判
断陈述，还对虚构作品和再现艺术作品无关的对象进行了研究。沃尔顿
指出，艺术中的再现与我们所熟识的人类体制与活动之间的连续性十分
密切，艺术并非需要单独进行阐释的某个专门领域。同时，"假扮游戏"
论也为艺术中那些与人类生活不具有连续性的维度"提供相当丰富灵活

1　See William Wimsatt and Beardsley, "The Intentional Fallacy", *The Sewanee Review*,
　　Vol. 54, No. 3 (July-September, 1946), pp. 468 – 488. See also George Dickie and W. Kent
　　Wilson, "The Intentional Fallacy: Defending Beardsley", *The Journal of Aesthetics and Art
　　Criticism*, Vol. 53, No. 3 (Summer, 1995), pp. 233 – 250.

2　Kendall Walton, "Categories of Art", *Philosophical Review*, Vol. 79, Issue 3 (1970),
　　pp. 334 – 367.

3　See Kendall Walton, *Mimesis as Make-Believe: On the Foundation of Representational Arts*
　　(Cambridge, Massachusetts: Harvard University Press, 1990). p. 7.

的理论支撑"。[1] 经由"假扮游戏"论的观照，这些维度所包含的"假扮游戏"的成分使之在再现艺术内外都能得到充分阐释。

为使"再现"的概念更加明确，沃尔顿厘清了如下几种范畴与再现的关系。

（一）"再现"与"反映"

"反映"一词的英文 reflection 也有"反思"与"反射"的词义。反射是机械化的，而反映是能动性的。人们依靠镜面反射对象，而靠创作反映对象，皆须有反映或反射的中介，以及被反映或被反射的实体对象。镜面无法反射非实体对象，相机也无法拍摄不具有实体性存在形式的对象。人们常在照片中寻找现实事物的影踪，也常在与现实的关联意义上使用"反映"一词来表述文学艺术作品的功用。"反思"的确能突显文艺的想象性与创造性，却又混淆了文艺与哲学、政论著作的差异。不妨从三方面省察"反映"一词是否普遍适用于再现艺术。

其一，"反映"作为人类心灵的一种能力，为多领域的认知活动所共有，并非文学艺术所独具。史官撰写的编年史是后世了解前代的依据，但与现代人记录历史的多媒体手段所达到的真实程度相比，古史的撰写显然较为朴素。"在中国大部分的历史中，写史一直是主导的叙事形态"，[2] 区分历史与小说的界线往往不在真实性上，而是被官方认可与否的身份差别，譬如正史与野史的划分。古时史传、哲论与骈赋的界线不明，但都是"反映"。"反映"是人类使用文字的一种基本功用，不独属于特定文体类型。反映现实、写照生活是许多文体共享的社会功能，不为文学艺术所独有。

其二，以虚构非实存对象作为创作意图的文学艺术作品并非像镜面

1　See Kendall Walton, *Mimesis as Make-Believe : On the Foundation of Representational Arts* (Cambridge, Massachusetts : Harvard University Press, 1990). p. 7.

2　［美］鲁晓鹏：《从史实性到虚构性：中国叙事诗学》，王玮译，北京：北京大学出版社，2012年，第4页。

反射一样忠实地反映现实世界中实存的对象。譬如，《西游记》传神刻画了孙悟空的形象，但其艺术价值不在孙悟空"为猴"的层面上，而在其"不为猴"的层面上，即在其人化的角色特征上。作品所再现的未必是现实世界的实存对象；虚构实体或许依赖现实世界的原型，但也可能迥异于人们所熟知的任何一类事物；艺术形象可以是多个原型按照现实逻辑嫁接而成的典型，也可能基于虚构逻辑而被塑造出来，比如电影《逆世界》与埃舍尔的《瀑布》所描绘的世界所遵循的规律都是迥异于现实规则与已知常识的。

其三，从艺术创作的实践与审美趣味的走向来看，虚构作品已从被主流排斥在边缘到越来越受欣赏者的青睐。从起初"强调历史的可信性和事实的精密性"到后来转向"在叙事文本中对编造的容忍和承认"经历了一个"漫长的渐变过程"，[1] 渐渐地又从"容忍和承认"转变为欣赏与欢迎。在后现代文学艺术创作潮流的影响下，魔幻、悬疑、科幻、惊悚题材的作品大为畅销，多部虚构经典被改编搬上银幕，依托多媒体特效技术的 3D 电影美轮美奂，视觉冲击效果甚于逼真。沃尔顿指出，判断一部作品是否具有再现性，人们常要问它再现了何种对象。虽说从广义的"反映"概念来看，虚构对象也属于被反映对象的行列，但从逻辑上看，作品"再现"了虚构对象的说法比作品"反映"了虚构对象的说法更易被接受。

此外，除对外部对象的反映之外，还要考虑对内部因素的反映。所谓内在反映，就是借作品抒发情感与投射思想。既然"再现"不尽是对外部事物的反映，"再现"是不是对内心情感的反映？有一种惯例性的解读方式，即认定文学艺术作品是创作者情感抒发和思想投射的产物。然而，抒情诗所运用的意象并不是情感抒发的对象，诗歌所再现的是意象而非情感，意象不直接指向诗人要抒发的情感。沃尔顿这一立场与贡

1　［美］鲁晓鹏：《从史实性到虚构性：中国叙事诗学》，王玮译，北京：北京大学出版社，2012 年，第 3 页。

布里希是一致的。贡氏认为,"不能把物像归之于外在世界的母题的时候,我们便把物像认作是艺术家内心世界母题的描绘"的观点是一种"误解"。人们常常毫无目的地随意涂鸦,但这些"可怕的怪物"或"有趣的面孔"并非"像从颜料管里'挤出来'那样是出自我们心灵的投射"。物像的创造固然代表了制作者的意图,但将之视为"反映某种现存现实的照片",就是对创作行为的"误解"。[1] 文学作品是语言文字的艺术,其所使用的文字必然是特定社会历史环境的产物;视觉艺术所依赖的色彩、线条、光影在自然中也能找到类似种属,现实的烙印是不可避免的,却未必对文艺之为文艺的本质构成必要条件。

(二)"再现"与"象征"

沃尔顿反驳了象征符号论的观点。这一派理论家认为,符号作为一种语义关联代表和指涉被再现对象,文学艺术作品的再现功能就是象征、代表、指涉自身之外的事物。譬如,古德曼就曾指出,"再现实际上就是指向,就是代表,就是象征。……每一个再现性作品都是一个符号;而没有符号的艺术则仅限于无主题的艺术"。[2] 又如,加达默尔追溯了象征的词源学意义——古希腊的好客主人打碎陶片分给来客以纪念并作为日后对证,用法类似于中国古代的虎符。"古代的通行证,这就是象征的原始的专门含义。它是人们凭借它把某人当作故旧来相认的东西"。[3] 因而,加达默尔所谓象征,强调的是能指与所指之间一对一的匹配关联。再比如,黑格尔认为,"象征一般是直接呈现于感性观照的一种现成的外在事物,对这种外在事物并不直接就它本身来看,而是就它所暗示的一种较广泛较普遍的意义来看"。他将象征划分为两大因

---

1 [英]贡布里希:《木马沉思录:论艺术形式的根源》,徐一维译,北京:北京大学出版社,1991年,第6页。

2 [美]古德曼:《构造世界的多种方式》,姬志闯译,上海:上海译文出版社,2008年,第62页。

3 [德]加达默尔:《美的现实性——作为游戏、象征、节日的艺术》,张志扬等译,北京:三联书店,1991年,第51页。

素——意义及其表现，分别对应象征概念中的"观念或对象"及"感性
存在"和"形象"，恰似作为古代通行证的两块碎陶片。黑格尔从单纯
符号与象征符号的差别入手，指出在单纯符号中，两大因素的联系是
"完全任意构成的拼凑"，但在艺术作品的象征符号中，两大因素不应当
是"漠不相关的"，因为"艺术的要义一般就在于意义与形象的联系和
密切吻合"。[1]

　　沃尔顿认为，将一切再现艺术都归结为象征符号的观点欠妥。假设
"任何对某对象的指涉都自动有资格成为一种'象征符号'"的前提为
真，则"无论某物是否指涉，只要是它被分配了一种指涉性的功能，或
者以某种方式作为一次指涉意图的成分和组成要素而存在，该物就是一
个象征符号"。[2] 但对于虚构作品而言，"要成为再现也未必一定归属于
一种再现意图"，其意义可能指向一个空值。他以"第一个登上珠穆朗
玛峰的人"与"唯一一个登上珠穆朗玛峰的人"作比较，前者对应了现
实世界中的一个可能对象，而后者在现实世界中的指涉为空。显然，当
意义的指涉为空时，黑格尔与古德曼所谓的象征符号就难以实现自身的
功能。"唯一一个登上珠穆朗玛峰的人"在文学作品的虚构世界中却可
以对应一个可能对象，而未必成为一种象征符号。此外，沃尔顿强调，
即便文学语言的虚构性应用必须寄生在语言符号的非虚构性应用上，图
像性再现作品的虚构性应用也不需要以图像符号的非虚构性应用为寄生
基础。再现艺术并没有为再现非实存对象预设任何规定，当作品所再现
的对象不是现实世界中实存的对象时，也就是当作品指向非实存对象
时，其所采取的手法是与再现实存对象相类似的手法，因而再现非实存
对象的虚构作品才得以被人们以惯常的方式进行理解。因此，当"象征
符号"的概念扩大到包含了对非实存对象的意义指涉时，即当"再现"
的这一广义概念被认可时，才可以说"几乎所有再现作品都实际地行使

1　[德]黑格尔：《美学》（第二卷），朱光潜译，北京：商务印书馆，1981年，第10页。

2　Kendall Walton, "Are Representations Symbols?", *The Monist*, Vol. 58, No. 2（April,
　　1974），pp. 236 - 254.

了再现职责"。[1]

（三）"再现"与"相似"

沃尔顿反驳了相似论对再现的阐释。传统再现论常将"再现"与"相似""匹配"的内涵相关联，甚至画上等号。沃尔顿指出，"认为再现一个对象就是与其在某个可能世界中的状态相匹配的观点是灾难性的"。[2] 如果现实世界中的某个真人与小说世界中的主人公相匹配，他必须在方方面面完完全全地与之相像，但这位人物在虚构世界中常常被艺术化地赋予了新的特征。即便在一种理想化的假设中，现实世界中的确存在着一位真实人物匹配了小说主人公，作品也没有再现这位真实人物，因为小说是关于虚构世界中的那位虚构角色的故事。先入为主地认定一部小说再现了现实世界中的某个真实人物相当于认定小说与此人匹配；更糟糕的情况是认定该部作品仅仅匹配此人，而且仅仅匹配此人在特定现实语境中的存在状态。事实是，不少文字性和图像性再现作品并不匹配任何现实中的对象。因此，"假如与一个可能的客体在某个世界中的样貌相匹配对于再现它而言是必要条件的话，就不是所有再现作品都能再现可能对象"。[3]

沃尔顿对相似论的反驳具有合理性。作品中的虚构世界所发生的一切未必按照现实世界的逻辑运转，也未必具有逻辑上的一贯性和一致性。在虚构的世界里，瀑布克服地心引力自下而上飞升式地倾泻，国王长出了驴耳朵，慧骃国的马统治着人类。现实因素无法阻止艺术家的自由发挥，作品世界里的一切皆要听从创作者的安排和调遣。要证实描写骑士生活的传奇故事或描绘骑士的画作是再现了某个现实对象还是完全

1　Kendall Walton, "Are Representations Symbols?", *The Monist*, Vol. 58, No. 2（April, 1974）, pp. 236 - 254.

2　Kendall Walton, "Are Representations Symbols?", *The Monist*, Vol. 58, No. 2（April, 1974）, pp. 236 - 254.

3　Kendall Walton, "Are Representations Symbols?", *The Monist*, Vol. 58, No. 2（April, 1974）, pp. 236 - 254.

杜撰了这位虚构人物，只能求助于创作意图，作者本人的创作动机总是最权威的解答。在作者不在场的情况下，解答线索可能隐藏在作品标题中，也可能隐藏在约定俗成、世所公认的认知习惯中，还可能隐藏在作品与被再现对象的因果关联中。譬如，根据文学史研究，该作品是应某位骑士或者某位并非骑士的贵族的委托与资助而作的，要求是以资助人为原型。倘若资助人付钱使自己在作品中的形象被美化，并不追求虚构人物与自身特征的相似或匹配，读者便不应认为这部骑士文学作品再现了资助人，或者作品中的骑士与作为原型的资助人是匹配的。

　　亚里士多德关于"典型"的论述也可证实沃尔顿的反驳是正确的。文学艺术中人物形象的刻画可以采用撷取众长而塑造典型的手法。亚里士多德认为，优秀的肖像画家"画出了原型特有的形貌，在求得相似的同时，把肖像画得比人更美"，并嘱诗人向画家学习这一技巧。[1] 但"塑造"典型并不等于"再现"典型。画家笔下的海伦是撷取各位原型人物之美的综合体，她再现了某位女士的臂膀、某一位女士的笑颜及另一位女士的身段。画家在现实意义上塑造了海伦的形象，画作在虚构意义上再现了海伦本人。17—19 世纪，许多西方绘画和雕塑作品应委托人的要求，以其样貌为原型来塑造古希腊神话中的人物。比如雷诺兹《装饰婚姻之神的美惠三女神》和卡诺瓦《扮作维纳斯的宝林·鲍斯》，在虚构意义上再现的是神话人物而非委托人，因而不与作为原型的委托人相匹配。沃尔顿又指出，在没有标题作区分说明的情况下，为某位男士所描绘的肖像会被误认为是他的双胞胎弟弟的肖像。从相似性的角度来看，认为该作品再现了他的胞弟似乎也没有不合理之处。画中人物与两兄弟的样貌皆匹配，但画家显然只再现了其中之一。因而，在相似、匹配与典型的意义上使用"再现"一词只会让再现的概念变得更加模糊。

（四）"再现"与"替代"

　　沃尔顿认为，"再现"也不是以作品替代被再现物。替代物理论是

1　[古希腊]亚里士多德：《诗学》，陈中梅译注，北京：商务印书馆，2008 年，第 113 页。

由贡布里希以儿童木马作为思考对象所提出的。他认为，在儿童游戏中，木马对于儿童来说是真马的替代物；再现艺术与儿童游戏相似，再现了一位男士的肖像画便是这位男士的替代物。[1] 沃尔顿不同意这一观点，指出"贡布里希认为一幅男士肖像是该男士的替代物、木棍马是真马的替代物的观点的确反驳了若干谬误，但也具有误导性"。[2] 在游戏时，儿童可能不会次次都费力去呈现以某物替代某物的环节，而是简单地将愉悦感归于游戏本身。沃尔顿认为，对于游戏中的儿童来说，木棍马就是真马本身，画中的男士就是一位男士，而非这位男士的替代物，因而将再现作品视为对被再现对象的替代也是牵强的。

排除了再现与形式相似匹配之间的必然关联，瓦解了再现与象征符号指涉在意义层面的必然关联，反驳了以典型与替代物界定再现的普适性，沃尔顿选择了以"假扮游戏"现象作为反思传统摹仿论并建构再现艺术基础的切入点。

第二节　"假扮游戏"现象

"假扮游戏"现象是人类社会的一种广泛而普遍存在的文化现象、心理态度和游戏行为。我们不妨列举以下若干案例来说明沃尔顿所谓的"假扮游戏"现象。

赫伊津哈在分析原始宗教仪式时，曾引用了詹森（E. Jansen）所记载的土著成年礼的案例：

> 人们似乎并不害怕在节日期间到处可见并强烈呈现的精灵。这

1　参见［英］贡布里希：《木马沉思录：论艺术形式的根源》，徐一维译，北京：北京大学出版社，1991 年。

2　See footnotes, Kendall Walton, *Mimesis as Make-Believe: On the Foundation of Representational Arts* (Cambridge, Massachusetts: Harvard University Press, 1990), p. 4.

是小小的奇观，看见这些同样的人在整个礼式上搬演：他们塑造并饰绘面具，装扮自己，用以隐瞒妇女。他们制造音响，预示精灵出现，他们在沙中留下足迹，他们吹笛再现祖先的声音，他们挥舞利器。……妇女并非是完全蒙在鼓里，她们清楚地知道这个或那个面具后面躲着谁。当面具在她们面前以恐吓的姿态掀开，妇女照样惊奇万状，尖叫着四散跑开。……事情"都是这么做的"，……她们明白她们不能"败兴"。[1]

人们以严肃的态度对待典仪，虽对其虚假性心知肚明，却煞有其事地扮演着特定角色，故意制造出戏剧化的效果，这就是原始宗教仪礼中的假扮现象。赫伊津哈指出，人种学与人类学研究一致赞同"在原始社会盛大宗教节庆中欢庆并表现出的心性态度并不是一种完全的幻觉"；同时，"当某一种宗教形式对两种不同秩序的事物认可为神圣同一性"时，学者将二者之间的关联视为"象征性一致"。但他认为这一提炼并不令人满意，因为这种同一性是"两物中本质性的东西"，它"远比实体及其象征形象的一致更为深入"。[2] 赫伊津哈已经意识到，"假扮游戏"一不是幻觉，二不是象征，还具有极高程度的严肃性。不少学者皆认为，事实上，土著民对祭神祈愿仪式的虚假性保持着一种相对清醒的认识，信仰与认知在此呈现分离状态。正如罗伯特·玛瑞特（Robert Marett）所描述的，"土著人都是好演员，他像孩童一般将自己投入哑剧表演中；土著人也是好观众，也像孩童一般沉浸在表演的意念中，他明知面前的'狮子'是虚假的道具，却假装被它的'吼叫'吓得魂飞魄散"。[3] 土著民并不知道什么是象征，因而也不会自发地以某物象征某物，而是直接将某物当作某物——他只知道自己在仪式上"就是一只袋

1　[荷兰] 赫伊津哈：《游戏的人——关于文化的游戏成分的研究》，多人合译，杭州：中国美术学院出版社，1996 年，第 24—25 页。

2　[荷兰] 赫伊津哈：《游戏的人——关于文化的游戏成分的研究》，多人合译，杭州：中国美术学院出版社，1996 年，第 24—27 页。

3　Robert Ranulph Marett, *The Threshold of Religion* (Kessinger Publishing, 1909), p. 51.

鼠"。[1] 西方进入阶级社会以来，先民宗教仪式的游戏基因被部分地保留，比如基督教圣餐中的红酒与面饼就是基督的血与肉，又如人们在贡多拉节上佩戴面具以虚构身份参加狂欢嘉年华时，不再是现实中的自我，而是虚拟的他者。

贡布里希所描述的儿童制造木棒马的行为也是一种"假扮游戏"现象。"那位骄傲地骑在木棒上走过地面的人，……决定给它套上'真的'缰绳，甚至最终还要在它顶端安上两只眼睛，或者加上几根草当作鬃毛。这样我们的发明家就'有了一匹马'。……他可能并不想把他的马给人看。当他骑着木马跑时，木马不过是他驰骋想象力的中心而已。"[2] 在游戏的语境下，不像真马的木棒马就是一匹真马。游戏者可以随时随意地赋予道具以想象特征，也可完全不理会它是否相似于被再现的对象，直接在游戏规则中约定木棒为真马。沃尔顿指出，儿童在创造一列火车的时候，使用几块积木进行搭建与使用铅笔在纸上涂鸦的效果是一样的，立体的积木火车与平面的铅笔画火车都"再现"了火车。游戏是无限自由的，因为在其中存在着无限的独裁。由之，游戏者相当清楚道具与其在现实生活中的对应物之间的差异性。正如韩非子所云，"夫婴儿相与戏也，以尘为饭，以涂为羹，以木为胾，然至日晚必归饷者，尘饭涂羹可以戏而不可食也"。（《韩非子·外储说左上·第三十二》）游戏行为与认知行为不同，因为游戏无关认知的正误。虽然在玩耍时以尘泥为羹饭，到了该回归现实世界的时刻，儿童并不会真的捧起尘饭涂羹食之，必定各回各家的饭桌边，端起真饭碗。游戏时的忘我与投入终归留在虚构的世界里，假装用来咂嘴品味的美食珍馐不过是烂泥一块，假装用来骑乘打仗的骏马良驹不过是扫帚一把。游戏者彼此遵守规则是参与游戏活动的最基本默契，"破坏游戏打破了幻术天地"的闯入者"必

1 [荷兰] 赫伊津哈：《游戏的人——关于文化的游戏成分的研究》，多人合译，杭州：中国美术学院出版社，1996年，第27—28页。
2 [英] 贡布里希：《木马沉思录：论艺术形式的根源》，徐一维译，北京：北京大学出版社，1991年，第8—9页。

须被撵出"。[1]

白昼梦的想象也是一种典型的"假扮游戏"现象。沃尔顿曾举了这个例子:"珍妮弗想象自己在森林里遇到一只熊,满脑子都是熊的样子,心中只有一个念头:自己面前站着一头熊!……她发现自己在想象一只糖果条纹的熊,看到这只奇特的熊轻轻一跃便跳上了月亮。"[2] 与夜间梦相比,白昼梦可随时随地出现在意识中,不受时间和环境的限制,甚至没有游戏规则与道具,因而是更为普泛的一般性假扮行为。人们常用"天马行空"来形容白日做梦的内容,便是形容白昼梦的自由想象。弗洛伊德认为,白昼梦者创造了属于自己的世界,"按照使他中意的新方式,重新安排他的天地里的一切",[3] 因而"富于想象的创造,正如白昼梦一样,是童年游戏的继续及替代"。[4]

沃尔顿将探寻"假扮游戏"现象的触角集中在儿童游戏、白昼梦与再现艺术的领域中搜索,而忽视了"假扮游戏"在特定历史时期还曾是整个社会的风尚。17—19 世纪,欧洲宫廷盛行假扮,皇室达贵以举办变装舞会或利用室内装饰与庭园设计的方式,将神话传说或传奇故事中的虚幻世界变为真实可感、可游可居的真实环境。据记载,"像斯托公馆这样的思想之园,已经包含着某种戏剧性色彩;……人们找来"隐士"或假冒的"僧人",付钱给他们,让他们坐在花园的废墟或庙宇里,在沉思中超凡出世。于是在带领朋友们游览花园时,拜访一下洞穴里的居士,便是很有戏剧性的消遣。"[5] 主题花园的"废墟中的僧侣""洞穴里

1　[荷兰]赫伊津哈:《游戏的人——关于文化的游戏成分的研究》,多人合译,杭州:中国美术学院出版社,1996 年,第 13 页。

2　Kendall Walton, *Mimesis as Make-Believe*: *On the Foundation of Representational Arts* (Cambridge, Massachusetts: Harvard University Press, 1990), pp. 14 - 15.

3　[奥地利]弗洛伊德:《论创造力与无意识》,孙恺祥译,北京:中国展望出版社,1986 年,第 42 页。

4　[奥地利]弗洛伊德:《论创造力与无意识》,孙恺祥译,北京:中国展望出版社,1986 年,第 49 页。

5　[英]琼斯:《剑桥艺术史——18 世纪艺术》,钱承旦译,南京:译林出版社,2009 年,第 67 页。

的隐士""城堡内的骑士"都是贵族雇佣来的演员，颇具神秘色彩，却是公开的秘密；虽是公开的秘密，却也颇具神秘色彩，满足了士绅淑女们向往浪漫传奇的游戏心理。有的园主还要求设计师按照当时著名的风景画的布局构图来规划园内景观，假装自己正漫步在克劳德的风景画里。再比如，英华庭园是在欧洲的土地上修建的具有东方风格的园林，无法亲临东方国度的人们在园内走一走就有了异域风情的感受体验，眼前的宝塔和山庄是实实在在的道具，再也不必仅靠头脑想象自己身处东方的神秘国度——英华庭园中的"假扮游戏"是全身心参与性的。中国古代园林也有类似传统，自秦始皇时代起，在皇家园林设计中传承的"一池三山"格局便是为了满足帝王追求长生不老的渴望，摹拟东海之东的三座仙山而建的人工岛池，斥巨资打造的场所为"假扮游戏"提供了获取戏剧性环境体验的平台。

此外，宗教仪式、儿童游戏、白昼梦与主题园林的"假扮游戏"现象与戏剧艺术的审美欣赏是相似的。我们还可以在尼采对古希腊悲剧表演的描述中，窥见这一艺术形式的"假扮游戏"性：

> 希腊人的悲剧歌队则必须承认舞台上的形象是实实在在的存在。扮演俄刻阿尼得们的歌队真的相信在自己眼前看见了提坦神普罗米修斯，并把自己看成和舞台上的那位神一样真实。……酒神式的希腊人要求最强有力的真实和自然——他们在魔幻中见到自己变为萨提尔。……他们误把自己看成被复原的自然守护神，看成萨提尔们。……现在酒神颂歌队就有了这样的人物：把观众的情绪激发到酒神的高度，以致当悲剧主人公出现在舞台上的时候，观众看见的绝不是戴着奇形怪状面具的人，而是一个几乎诞生于他们自己陶醉状态的幻觉形象。[1]

1　［德］尼采：《悲剧的诞生》，杨恒达译，南京：译林出版社，2012年，第44—53页。

悲剧像节庆与典仪一样，把人们凝聚在"假扮游戏"中。舞台上的表演者严肃地扮演着自己的角色，观众席上的欣赏者忘我地投入表演，假装相信自己看到了真实的普罗米修斯。悲剧的世界就是普罗米修斯和俄刻阿尼得们的世界，是表演者与欣赏者共同虚构出来的世界。但观众并非"误把自己看成"萨提尔，这并不是幻觉，因为他们既看见了戴着面具的表演者，又看到了其所扮演的奥林匹斯山诸神。他们的信仰与认知所感知到的真真假假并不冲突，相互矛盾的事实在假装相信的心态下得以共存。舞台世界中的希腊众神是否真实，取决于欣赏者的假扮心理，惟妙惟肖的道具服饰装扮都比不上欣赏者一句"我愿意相信"。假扮是舞台上的表演者之为普罗米修斯的最根本原因，而假扮的根基在于预先规定好的游戏规则。正如原始宗教典仪、节庆狂欢活动、儿童游戏与白昼梦一样，人们或为自己立法，或遵守共同制定好的规则。当游戏者在协同约定的基础上自愿恪守游戏规则并假装游戏所建构的虚构世界中一切事实皆为真实时，一次完整的"假扮游戏"行为就发生了。

除上述案例之外，沃尔顿还将目光投向了日常生活中的隐喻性的言语表达、热切盼望体育比赛的胜负结果的心理、对再现艺术作品的审美欣赏体验、为恐怖的电影尖叫以及为感人的故事哭泣的行为，认为这些现象都包含了"假扮游戏"的成分，并从分析其构成要素入手，对"假扮游戏"的内涵进行了描述性的界定。

第三节   "假扮游戏"的三个要素

一、想象

"'假扮游戏'是想象活动的一种，是包含道具的想象实践"。[1] 要理

---

1   Kendall Walton, *Mimesis as Make-Believe: On the Foundation of Representational Arts* (Cambridge, Massachusetts: Harvard University Press, 1990), p. 12.

解"假扮"，须从"想象"入手。想象作为审美心理学的重要概念，是"一种无拘无束的自由行为"，因为它"不必屈从于任何束缚与限制"。想象某种对象与相信某个内容的行为是不同的，相信是"有关对与错"的，它以真实和事实为探索目的，"只有真实的内容才能被相信"；但想象则不然，它无关现实意义上的事实对错，对社会法则与自然规律而言是错误的内容在想象中可以畅行无阻。[1] 想象的对象往往是虚构的，这由想象的概念所决定。一方面，虽然常伴随对真实对象与过往事件的回溯，想象并不是回忆，有关真实的联想是回忆而不是想象。另一方面，虽然常伴随类似信念的心理状态，想象并不是相信。沃尔顿将虚构与想象的关系比照于事实与相信的关系，指出"想象的目标在于虚构，正如相信以事实为目的。真实的内容应当被相信，虚构的内容应当被想象"。[2] 因此，人们不能随己所好地相信，却可以随心所欲地想象。譬如，想象的自由性典型地体现在想象感知某对象的体验中。想象的感知是虚拟的感知，主体借由想象假装嗅到了清新的空气、看到了油绿的稻田、听到了婉转的鸟鸣、感觉到了扎破手的刺痛。被想象对象向感官发出的刺激并不是直接通过介质传导的，在"想象嗅到花香"的体验中并不存在真正可被感知到的花香。事实上，既然被感知对象是虚构的，便无所谓直接感知或间接感知，且对此虚拟刺激的感知反应也具有一定程度的虚构性。比如在想象嗅到花香之后，想象自己变得神清气爽，而不必真的相信自己嗅到花香或神清气爽。想象性的感知是想象体验无法回避的组成部分，因为人们常在想象中充当主角，"所有想象都是部分地关于想象主体自身的"。由于所有的想象都包含一种"关于自我的想象"，主体把握被想象对象的途径便是虚拟的想象性感知。想象往往是"第一人称模式"（first-person manner）的，在从主体内部所生发出的想

1　Kendall Walton, *Mimesis as Make-Believe：On the Foundation of Representational Arts* (Cambridge, Massachusetts：Harvard University Press, 1990)，p. 39.

2　Kendall Walton, *Mimesis as Make-Believe：On the Foundation of Representational Arts* (Cambridge, Massachusetts：Harvard University Press, 1990)，p. 41.

象中，主体默认虚构内容是透过自己的眼睛亲自"看到"的正在发生的现时场景。即便在白昼梦、夜间梦与"假扮游戏"中不是主人公，人们也总是以主人公身边的某个角色或旁观者的身份"参与其中"。[1]

沃尔顿认为，关于自我的想象未必是从内部生发出的想象，但从内部生发出的想象一定是关于自我的想象。[2] 即便不是想象世界的主角，主体也是站在目击者的位置上通过亲自感知来完善虚拟体验的。他通过"格里高里模型"来说明"从内心生发的想象"（imagining *de se*）与"关于自我的想象"（imagining about oneself）之间的关联。"当格里高里想象自己是一场棒球比赛中的主力选手并打出一记本垒打时，他是从内心生发出了这次想象，想象自己在击球时球棒撞击手心的震动。但假设他是从场外一位观众的视角去想象自己打出这记本垒打的，他从观众席的位置上将这一场景变得可视化，他关于比赛场地的想象包含了格里高里'砰的一声'击打棒球飞越了中外场边线并环绕全部垒包又返回本垒。这一想象便是关于自我的想象。"[3] 在第一次想象中，格里高里是虚构场景的主角，他以自我感知的方式想象自己的行为是一种"从内心生发的想象"，同时也是"关于自我的想象"；在第二次想象中，格里高里不是虚构场景的主角，他站在自身之外旁观自己打出本垒打，并不以自我感知的方式想象自己，因而只是"关于自我的想象"，而不是"从内心生发的想象"。

沃尔顿将想象活动细分为三对类型六种模式：按照想象活动是否受主体意识控制的区别划分为偶发想象与自发想象；从想象内容是否具有前后相继的逻辑连贯性而划分为当前想象和后台想象；从想象主体间是否存在互动性而分为个体想象和协同想象。

1　Kendall Walton, *Mimesis as Make-Believe*：*On the Foundation of Representational Arts* (Cambridge, Massachusetts：Harvard University Press, 1990), p. 28.
2　Kendall Walton, *Mimesis as Make-Believe*：*On the Foundation of Representational Arts* (Cambridge, Massachusetts：Harvard University Press, 1990), pp. 29 - 30.
3　Kendall Walton, *Mimesis as Make-Believe*：*On the Foundation of Representational Arts* (Cambridge, Massachusetts：Harvard University Press, 1990), pp. 30 - 31.

主体进行想象时，关于想象内容的认知未必处在意识前台。当想象先于意识发生时，就是所谓的偶发想象（spontaneous imaginings），指的是主体在尚未意识到想象内容与想象行为时产生的想象。以珍妮弗的白昼梦为例，她没有意识到自己陷入了白昼梦，不清楚想象开始的时间点，也没能控制想象内容的发展走向，当意识到想象的内容时，她甚至为离奇的情节感到惊讶，因而偶发想象的内容"具有自己的生命"。[1] 当意识先于想象发生并持续性地向想象发出指令时，就是所谓的自发想象（deliberate imaginings），指的是主体根据自身愿望有意识生发出的想象，清楚想象行为的开端与结束并会调整其发展趋向。"自发想象与偶发想象之间的界线并不鲜明"，[2] 在实际的想象行为中，以偶发想象开端却以自发想象收尾或以自发想象开端却逐渐陷入偶发想象的复合情形更为普遍。在偶发想象的模式下，主体处于"旁观者"的位置上，在意识尚未触及的层面上被动地观看想象世界层层展开；在自发想象的模式下，主体处在"建构者"的位置上，为了满足自身愿望，主动地建构想象世界。无论是被动旁观还是主动建构，都是主体与想象世界进行交往的行为，但后者的互动性强于前者。

想象总有一个主题。这一主题有时是主体有意识地施加于想象内容之上的，与愿望直接相关，即所谓的当前想象（occurrent imaginings）；有时是潜行在意识层面之下的愿望偶然浮于意识表层的间接呈现，即所谓的后台想象（nonoccurrent imaginings）。前者指的是在主体当下想象的前景中出现的内容，后者指的是未出现在当前想象中，却始终于意识后台在场的内容。想象的主题常常是连续性的，一段想象结束后并不会彻底消失，而是留存在意识后台，等待再次登场。多个断片之间呈现因果相接的连贯性，过往想象中的部分虚构信息虽没有出现在当前想象中，

---

1 Kendall Walton, *Mimesis as Make-Believe*: *On the Foundation of Representational Arts* (Cambridge, Massachusetts: Harvard University Press, 1990), p. 14.
2 Kendall Walton, *Mimesis as Make-Believe*: *On the Foundation of Representational Arts* (Cambridge, Massachusetts: Harvard University Press, 1990), p. 14.

却始终在意识后台等待被激活调度。在想象内容持续累加的逻辑中产生了假扮现象，后台想象作为包含更多虚构信息的非实存世界，由无数个当前想象累加而成。后台想象是建立在当前想象基础上的，当前想象像滚雪球似地形成了后台想象的全部内容。

后台想象的存在向我们证明意识的多个层次共同运作的可能性。在进行想象时，主体的多重意识是如何并行不悖地运作的？在面对虚构对象时，对现实对象作出判断的能力是否仍然处于活跃状态？当意识参与到想象内容的生发过程中时，辨识真假对错的心灵能力就会不受控制地发生作用，违背逻辑与现实的谬误性命题的证据就会强迫性地施加在主体意识之上，进而使生动性地想象某非真命题在虚构语境下为真的任务更加困难。[1] 沃尔顿举例说明这一问题："假如我试图想象自己正身处人迹罕至的荒郊野外，我会闭上眼睛或者用手遮挡住摩天大楼与车流人潮，使之消失在我的视野中，这样我只看到树木与天空。目睹身边车来车往的同时想象自己身处野外的体验并不难达成，难的是将之想象得'栩栩如生'。闭上眼睛并不会使我忘记自己正站在交通拥堵的街道上，站在高耸入云的摩天大楼之下，它也不会为我创造任何的幻觉与幻象。正如往常一样，我清楚自己实际上没有身处野外环境中"。[2] 理解这一现象的关键并不在于主体的信念是否影响了想象的生动性，而在于这些信息是否持续干扰着主体的信念以及要排除这些想象内容有多大难度。主体沉浸在想象中的程度再深，都伴随着对多个对象的把握、对多种环境的适应及对多重刺激的捕捉，甚至在夜间梦的状态下，人们仍常保有对外在世界的模糊感知，亦非处在完全抽离的精神状态中。因此，想象行为本身总是受到现实环境的干扰，要集中精力地想象某一虚构情境不难，但有滋有味地把虚构细节生动化，达到身临其境的

1　Kendall Walton, *Mimesis as Make-Believe*：*On the Foundation of Representational Arts* (Cambridge, Massachusetts：Harvard University Press, 1990), p. 15.

2　Kendall Walton, *Mimesis as Make-Believe*：*On the Foundation of Representational Arts* (Cambridge, Massachusetts：Harvard University Press, 1990), p. 15.

效果却不易。

但在协同想象（social imaginings）的帮助下，在车流人潮的大都市幻想宁静绿野的任务却不难完成。所谓协同想象，是指若干主体针对同一虚构情境所贡献的共同想象，具有公开性与协作性。与之相反，珍妮弗的白昼梦属于个体想象（solitary imaginings），是指单个主体的独立而隐秘的想象，仅在个体范围内展开，无须社会化与联合化的约定，也无所谓被个体之外的其他主体肯定或否定。在协同想象中，想象世界由参与者各自贡献的想象内容建立，反映多个主体的愿望交集。协同想象既是选择游戏伙伴的过程，又是建构游戏的虚构语境的基础。在以言语形式交换想象内容时，当说话人与听话人在对同一对象或情景主题的想象被彼此认可时，协同想象就获得了成功，则说话听话双方选择彼此作为游戏伙伴，双方达成了契约以恪守假扮意义下命题的真实性；当听话人不领会说话人的假扮性或隐喻化表达并执意不以后者的假扮模式进行想象时，协同想象便面临失败，听话人无法参与说话人的"假扮游戏"。因此，协同想象处在不断寻求认可的过程中，它灵活地接纳参与者围绕同一虚构情境所贡献的信息。在不颠覆游戏的前提下，为满足个别游戏者的愿望，游戏主体会以集体协商的方式改写部分虚构事实。协同想象的约定是为了维护底线而制定的游戏规则。因此，协同想象的愉悦感不仅来自想象世界与现实世界之间的交往，更来自协同者主动参与建构的交往和互动的体验，游戏规则的制定就是确保游戏者不被"破坏游戏的人"扫兴的虚构法则。

二、 规则

"假扮游戏"的第二个要素是制定规则（stipulation）。游戏规则是由全体参与者在协同想象基础上共同达成一致的协议，以保障在假扮意义上实现自愿遵守该协议的所有人的共同幻想（joint fantasy），因而它是一种植入支配性秩序的限定（prescription）与章程。[1] 在规则发挥效力的前提下，"任何游戏总是能完全调动起选手来"，[2] 譬如裁判一声哨响，运动场上立刻进入紧张激烈的比赛氛围。

　　游戏向来是一种严肃行为。弗洛伊德指出，儿童在游戏时，艺术家在创作时，都"相当认真"地对待自己所创造的世界。"那种认为他没有认真对待他的世界的看法是不正确的；恰恰相反，他对游戏相当认真，倾注了相当多的感情"。[3] 加达默尔认为"游戏活动与严肃东西有一种特有的本质关联"，游戏行为本身"就具有一种独特的、甚而是神圣的严肃"，当游戏在出于特定目的的严肃性所规定的世界中存在时，游戏者与严肃性之间就建立了本质的关联，因而"使得游戏完全成为游戏"的因素正是"在游戏时的严肃"——只有当游戏者全神贯注于游戏时，游戏才能实现本身。[4] 赫伊津哈也认为"有些游戏确实是非常严肃的。……孩子们的游戏、足球和国际象棋是以深沉的严肃性来进行的；游戏者连一点笑的意思也没有"，[5] 不论是儿童的还是成人的游戏"都能体现出最完全的严肃性"，儿童在游戏中处于一种"完全真诚"的状态。[6] 规则的作用是确保游戏得以名正言顺地存在，无规则就不成游戏，戳破规则的假扮性则意味着游戏世界的崩塌。设置游戏规则便是为游戏树立了一堵院墙，将想象的世界与现实隔离开来，随时等待玩家回到想象世界中继续游戏。

1　Kendall Walton, *Mimesis as Make-Believe: On the Foundation of Representational Arts* (Cambridge, Massachusetts: Harvard University Press, 1990), pp. 38 - 39.
2　[荷兰] 赫伊津哈：《游戏的人——关于文化的游戏成分的研究》，多人合译，杭州：中国美术学院出版社，1996年，第10页。
3　[奥地利] 弗洛伊德：《论创造力与无意识》，孙恺祥译，北京：中国展望出版社，1986年，第42页。
4　[德] 加达默尔：《真理与方法》（上卷），洪汉鼎译，上海：上海译文出版社，1999年，第130—131页。
5　[荷兰] 赫伊津哈：《游戏的人——关于文化的游戏成分的研究》，多人合译，杭州：中国美术学院出版社，1996年，第6—7页。
6　[荷兰] 赫伊津哈：《游戏的人——关于文化的游戏成分的研究》，多人合译，杭州：中国美术学院出版社，1996年，第20页。

游戏规则分有了其它社会规则的严肃性特征，在该规则下游戏的全体参与者须以严肃自律的姿态始终遵守规则。但游戏规则的严肃性又不同于法律与道德的严肃性，与法律相关联的惩罚机制、与道德相关联的舆论谴责并不存在于游戏中。即便游戏本身规定了惩罚措施，也并不按照现实世界的处罚力度来执行。譬如，儿童手执木棍石子假装激烈地"战斗"，任何一方的"牺牲"无须另一方承担刑事责任。在假扮的语境中，游戏规则大于法律，是参与者必须无条件服从的。游戏的严肃性被渲染了假扮色彩，它实质上是一种"煞有其事"的严肃。参与者能够区分游戏时的严肃与现实中的严肃，因而遵守游戏规则的行为是一种假扮行为。游戏是自愿自由的，参与者誓守约定是出于自愿而非胁迫，为了外在于自身的目的而被迫遵守规则的行为不适合被视作游戏。规则塑造了不同的游戏世界，围棋与五子棋的棋子看上去极为相似，只因游戏规则不同而作为两类游戏存在。在下围棋时，黑白双方若有一方以五子棋的规则执棋，则违反了比赛规则。因此，沃尔顿指出：

> 一次协同性的白昼梦的全体参与者一致达成的关于想象力内容的协议可以被视为规定特定想象的规则。这是关于特定的联合幻想的规则……协议是人为规定的，规则是自愿建立的，而且规则与每位参与者在该想象活动中扮演的角色相关。即便如此，人们还是选择制定规则。任何拒绝想象协议规定的内容的人就是拒绝进行游戏，或以不合法的方式进行游戏，因为他违背了规则。[1]

游戏规则建立在协同想象的交往基础上，并以自发想象为主。当虚构与现实发生冲突时，规则被用来维护前者存在的合法性。皮球可以被拍打或被脚踢，但在不同球类比赛时却只能按照规则以特定方式触球，以规

---

1 Kendall Walton, *Mimesis as Make-Believe*: *On the Foundation of Representational Arts* (Cambridge, Massachusetts: Harvard University Press, 1990), p. 39.

则之外的方式触球是不被允许的。当人们提到"篮球"一词时，不仅指示特定外观的球，还隐性地说明篮球的比赛规则及其与其它球类比赛的差别。无论是儿童游戏、体育比赛，还是文艺欣赏、隐喻表达，凡是具有假扮性质的人类活动都设定了规则以约束参与者在虚构语境下的游戏行为。

　　文艺作品的审美欣赏也有一套游戏规则：从创作本源上讲，它是艺术家的创作意图所规定的；从传播接受的角度看，它受制于艺术史家、文艺批评家与欣赏者的协同想象。艺术家的创作意图是围绕作品展开"假扮游戏"的先决条件。对作品的解读固然是多元化与个性化的，但在创作意图明确的情况下，应当存在一条正确欣赏作品的游戏规则。在聆赏维瓦尔第的《四季》时，听众须判别曲风差异将之还原为四季不同的气候特征，这是作曲家在创作时设定的游戏规则。当艺术家明确表达了创作意图时，欣赏该作品的游戏规则就有了权威性的规定。欣赏者在创作意图的指引下得以辨识被再现对象并理解作品内涵，作为游戏规则的创作意图是稳定与凝聚的根源。

　　西方艺术史上有一些绘画与乐曲的标题是以数字编号的，艺术家并未以内容主题性标题或文本说明的形式表明创作意图，对这类作品的欣赏解读就需要艺术史研究权威的引导与辅助。创作意图是对游戏规则的先天规定而非全部规定，它仅指明了正确欣赏的方向，具体解读通常是在权威答案范围内的微调。批评家与艺术史家对作品的解读是对欣赏规则的补充规定，在艺术家创作意图不明确的情况下相对地具有权威性。艺术史家与批评家在游戏中的地位恰似体育裁判，首先熟悉比赛规则才能对参赛选手的表现进行判定。在普拉多美术馆工作的马尔克斯女士发现委拉斯开兹《宫娥》现存版本的画布之下还存在着另一个版本之后，达尼埃尔·阿拉斯（Daniel Arasse）才能参考当时的历史作出关于该画作有一前一后两个版本的判定。[1] 艺术史与哲学史上关于这幅画作的诸

1　其一是在菲利普四世的王储菲利普诞生之前的版本，描绘的是玛格丽特公主准备　（转下页）

多猜测也因马尔克斯与阿拉斯的新发现而永久停留在了猜测的层面上。在排除误读的前提下，艺术史家与批评家的解读是对理解作品的正确方向作出的指示、调整与更正。越是经典的作品越会凝聚来自不同文化背景的欣赏者，他们在解读作品时常常携带个性化的审美期待与先见性的理解习惯。欣赏者对作品的见仁见智的再塑造是不可避免的，对作品造成误读的现象实质上是在不了解艺术史背景的情形下对欣赏规则进行偏离创作意图的改写。

此外，历史时代变更与地域文化转换赋予作品新内涵的现象往往意味着新的游戏规则的产生。因背景因素发生变化而更新的欣赏规则不是误读。举例而言，用作器物的古代人工制品在后世出土之后成为艺术品，器物性被艺术性取代，欣赏方式随之改变。古希腊彩陶制作工艺从诞生到没落，经历了作为"盛放水食的容器"——"碑铭艺术、装饰艺术、瓶画艺术的载体"——"实用器物"——"出土后作为考古依据"——"仿古艺术品的摹仿对象"的演变过程。多重身份的历史变迁正是此类艺术品的审美魅力的根源。阿里斯多诺托斯制作的缸被陈列在罗马国家音乐学院博物馆内，策展人将之与其它陶器摆放在一处，缸身由破损的陶片重新黏合在一起，这些细节暗示了欣赏它的规则。艺术史家恰好获知阿里斯多诺托斯的创作意图：他在缸体表面描绘了奥德修斯智斗独眼巨人的故事，意在像诗人一样成为讲故事的人。[1] 由于碎裂的缸由"制品"变为"作品"，再也不是盛装酒食的器物，仅从制品与器物性的角度即仅从历史的而非审美的方式去欣赏作品的方式便是不恰当的。破碎的陶片呈现了缸的历史积淀与沧桑美感，欣赏者不理会碎裂粘补痕迹，

（接上页）受封王位继承人时的情景，其二是王储诞生之后，因玛格丽特公主作为王位继承人的身份丧失，画家不得不修改画作左半部分的内容，同时又因荣获圣地亚哥红十字勋章，而将自己画在了涂改后的部位，才形成了今天世人所见的样貌。参见［法］阿拉斯：《我们什么也没看见——一部别样的绘画描述集》，何蒨译，北京：北京大学出版社，2007年，第130—157页。

1　［英］伍德福德：《剑桥艺术史——古希腊罗马艺术》，钱承旦译，南京：译林出版社，2009年，第40—42页。

而是把它看作一件完好的作品，不时赞叹制作手艺的精细。

　　艺术史家提供的信息为欣赏者设置了游戏规则，但这终究是欣赏者自己的游戏，他所想象的情景未必在历史上真实地发生过，却可能有助于体会创作意图。欣赏者看着作品的同时想象阿里斯多诺托斯正在细致地描绘故事的情景，在想象世界中还原重塑了一尊承载艺术史盛誉的作品。因而，该作品的欣赏规则分化为两种呈现路径：一方面，艺术史家经过考古研究获取关于阿里斯多诺托斯之缸的信息，在艺术史的世界里的确存在过这样一位最早在作品上留下名字的艺术家；另一方面，欣赏者基于作品本身生成了想象的世界，想象的内容不是认知性的，或与艺术史无关。但不论欣赏者在想象中再现了多少关于阿里斯多诺托斯本人及创作过程的细节，都不违背游戏规则——这不是赫伊津哈所谓的"破坏游戏"，而是在官方游戏之外自行展开想象游戏的自娱自乐的行为。

　　由此可知，文学艺术作品审美欣赏的规则由标准规则与可变规则两部分组成。艺术家的创作意图与批评家、艺术史家的专业意见共同设定了关于一件作品如何被正确欣赏的标准规则。标准规则作为解读作品的权威答案依赖该作品"假扮游戏"的全部主体的协同想象，具有公认性与一致性。审美欣赏的个体在尊重艺术史解读的基础上享有想象的自由，将艺术家与作品元素视为虚构性存在而展开的游戏遵循的是可变规则。譬如，阿拉斯根据马尔克斯的新发现对委拉斯开兹当时创作《宫娥》情景的判定与福柯对《宫娥》创作情景的猜测便分别属于标准规则下的游戏与可变规则下的游戏，福柯的解答在现在看来虽然未必符合艺术史事实，但至少是他围绕作品自行展开的一次"假扮游戏"。从艺术史的角度来看，福柯与正确答案失之交臂；但从审美的角度来看，他成功地开展了一次充满丰富想象的"假扮游戏"。因此，可变规则是标准规则在审美意义上的合法变体，其虚构信息无碍于艺术史与艺术批评所提供的正确解读方式，但可变规则下的游戏往往更能激发丰富想象与审美愉悦。"假扮游戏"的规则是标准与变数的集合，它在不违背标准规则的前提下最大限度地包容来自多样化审美接受需求的变数，正是在这个意义上，规则与自由得以共存。

三、道具

　　雨后三五相聚的儿童看到地上的泥巴与折断的树枝，商量着要玩
"生火做饭"的游戏，于是有人用泥巴捏"餐具"搭"灶台"，有人捡树
枝准备"生火"，有人择树叶和石子用来"炖汤"。泥巴、枝叶与石子是
自然环境中真实存在的物品，它们促使儿童想象出生火做饭游戏。协同
想象分配的不同分工赋予了每位参与者新的身份。泥巴、枝叶、石子是
建构并践行游戏规则的物质条件，在游戏中作为道具而存在，一旦进入
假扮状态即丧失作为本原自然物的真实身份。"假扮游戏"通常与真实
对象密切相关，虚构的缘起与推演便是在真实事物的作用下发生的。沃
尔顿指出，"真实事物在我们的想象体验中主要扮演了三种角色：它们
提示（prompt）、激发并助推了想象，它们是想象的对象（objects），它
们生成（generate）了虚构事实"，[1] 能够生发虚构事实的事物被称作
"道具"（prop）。

　　真实事物有时在想象中只担任某一种角色，有时却同时充当提示
者、刺激物、对象和道具。几种身份同时存在却发挥着不同的功能。当
某物不被任何人想象，即不作为任何想象的对象时，仍可保留道具的身
份，生发出虚构的事实。沃尔顿认为，"不论主体是否对其进行了想象，
道具生发出的虚构事实都是独立于这些想象之外存在的。但又不是完全
依靠自身的独立，不能完全脱离于想象主体。道具仅在社会，至少是人
类社会的语境下才能发挥功用"。[2] 道具的意义不会脱离特定的社会背
景，在生火做饭、骑马打仗的游戏中，道具之所以被赋予餐具、灶台、

1　Kendall Walton, *Mimesis as Make-Believe*：*On the Foundation of Representational Arts* (Cambridge, Massachusetts：Harvard University Press, 1990), p. 21.

2　Kendall Walton, *Mimesis as Make-Believe*：*On the Foundation of Representational Arts* (Cambridge, Massachusetts：Harvard University Press, 1990), p. 38.

战马之类的意义，均是基于现实的人际关系、社会机构及生活方式。玩具生产商设计制造的玩具作为道具的虚构意义是自身固有的性质，是既定的而非由游戏者自行、临时决定的。沃尔顿将这类道具称作"既定道具"（given prop），专门为"假扮游戏"而制作。既定道具在特定文化语境中被赋予了相对稳定的意义，在"假扮游戏"中充当的角色是文化心理和集体意识的产物，因而在一定的社会范围内具有约定俗成性。西方儿童游戏有木马作道具，中国民间游戏亦有"郎骑竹马来，绕床弄青梅"的描述。除既定道具之外，还有另外一类道具，譬如生火做饭游戏中的现成自然物石子与树枝，由于不是人工制造而不具有既定的意义。这类道具在外形上与被假扮物不相似，在意义上与被假扮物不相关，而只在特定的游戏规则下才被随机赋予虚拟身份，沃尔顿将之称作"随机道具"（ad hoc prop）。随机道具在现实世界中的身份和"假扮游戏"中的身份不同，没有与生俱来地服务于特定游戏目的的性质。比如说，儿童在森林里约定以树桩作为"假扮游戏"中的"熊"，但在生火做饭的游戏中又约定将其作为"餐桌"；斜倚墙角的扫帚在赛马游戏中被当作"马"，在战争游戏中则被当作"枪"。

道具的功能不仅是扮演餐具、战马与孩子等角色，还在于能够生发出建构游戏语境的虚构事实。所谓虚构事实（fictional truth）是"供'假扮游戏'的参与者们去观察并发现的事实"，它作为命题的虚构性成分是"在既定而特定的文化语境中的预先规定"。[1] 概言之，虚构事实就是在虚构意义上为真的事实。再现艺术的审美欣赏具有"假扮游戏"的性质，作品包含了关于艺术家与欣赏者的想象世界的一切虚构事实，因而在再现艺术审美欣赏中发挥着道具的职能。道具并不"指涉"或"象征"某种外在意义或其现实对应物的身份，譬如，枕头在游戏中与婴儿的外形毫无相似之处，但对于假扮状态下的儿童来说，它"就是"婴儿

---

1   Kendall Walton, "Existence as Metaphor?", in Anthony Everett and Thomas Hofweber, *Emphty Names: Fiction and the Puzzles of Nonexistence* (Stanford: Center for the Study of Language and Inf, 2000), pp. 69 – 94.

本身，而非"指涉"某个婴儿或"象征"婴儿的意义。枕头"就是"婴儿是该游戏的虚构事实，是由枕头生发的在虚构意义上为真的事实。同理，枕头也不是婴儿的替代物，而就是婴儿本身。有时道具的意义是编造虚构情节的前提，也有时道具的意义是依据虚构情节发展的需要随机添加的，前者是既定道具，而后者是随机道具，二者在同一游戏中相伴出现。道具与"假扮游戏"的规则密切相关，"假扮游戏"的规则时常受外部条件的限制，沃尔顿称之为"条件性的规则"（the conditional rule 或 the categorial rule），是指该规则的生成依赖于对道具意义的预先规定。[1] 道具生成的虚构事实可分为两类——纯粹性的虚构事实（primary fictional truth）和依存性的虚构事实（implied fictional truth）。纯粹性虚构事实是结构较为单纯的简单命题，生发出其它复杂结构的依存性虚构事实。依存性虚构事实的前提是假装相信构成它的单个纯粹性虚构事实都为真实，才得以叠加组合出关于想象世界的全部信息。"每一个再现作品中都有一个由若干基本虚构事实组成的核心，基于此生发出作品内其它虚构事实的存在"。[2] 例如，对一部小说而言，虚构信息量越大，纯粹事实与依存事实之间的推导或叠加的生成关系越复杂，越具有引人入胜的魅力。"生发原则构成了条件性的规定，它规定了何种内容在何种条件下被想象，而且也规定了被想象的命题具有虚构性。"[3]

　　虚构事实的基本生发原则有两种，现实原则与共识原则。所谓"现实原则"（the reality principle），指的是道具生发的虚构事实所陈述的命题及其推演规律与现实相符合。沃尔顿如此概括现实原则的工作机制："假如命题 P_1……P_n 的虚构性是某个再现作品直接生发的，那么当且仅当命题 P_1……P_n 发生的情况下，另一个命题 Q 才能被推演出具备虚构

1　Kendall Walton, *Mimesis as Make-Believe*: *On the Foundation of Representational Arts* (Cambridge, Massachusetts: Harvard University Press, 1990), pp. 39 - 40.

2　Kendall Walton, "Points of View in Narrative and Depictive Representation", *Noûs*, Vol. 10, No. 1 (March, 1976), pp. 49 - 61.

3　Kendall Walton, *Mimesis as Make-Believe*: *On the Foundation of Representational Arts* (Cambridge, Massachusetts: Harvard University Press, 1990), p. 41.

性，也就是在虚构语境下为真实"。戈雅的画作《1808 年 5 月 3 日》生发了几个虚构事实，命题 P_1 "已被枪杀的马德里保卫者们倒在血泊中"、命题 P_2 "即将被枪杀的马德里保卫者们高举双手"、命题 P_3 "战士端起步枪准备射击"，由此直接生发出另外两个命题：命题 Q_1 "马德里保卫者们的血管里流淌着鲜血"和命题 Q_2 "即将被枪杀的马德里保卫者们也会倒在血泊中"。画面并未呈现命题 Q_1 与 Q_2，它们是欣赏者以画作为"假扮游戏"的道具并借助想象所生发的虚构事实。戈雅选择即将射杀的瞬间进行描绘，使虚构事实的生发成为一个完整连贯的过程。观赏者根据牺牲者倒地的样子想象尚未被枪毙的保卫者们也即将倒在血泊中的虚构事实时，内心产生了恐惧、崇敬和怜悯，是作品的感染力所在。

现实原则在大多数再现作品中普遍发挥着作用，艾哈伯船长追杀大白鲸的世界里也有高山河海、日月星辰、白昼与黑夜的交替。但在创作实践中，并非全部再现作品都以直接方式生发出命题的虚构性。沃尔顿指出，"在卡夫卡的《变形记》中，即使格里高尔的父母是人类，他本人最终却变成了一只大甲虫"，[1] 两则命题之间并无现实性的直接生发关系。因此他对该机制作了经验性的修正："无论是直接地还是间接地，命题 R_1……R_n 的虚构性从一开始就暗示了命题 Q 的虚构性，当且仅当命题 R_1……R_n 发生的情况下，命题 Q 才具备虚构性，也就是在虚构语境下为真实"。[2] 他以爱森斯坦的《战舰波将金号》为例说明这一机制，在这部无声电影中，"人物敲击钢琴琴键"的虚构事实从一开始就暗示了"琴声会向四周传播扩散"的虚构事实。[3] 观众并不考虑这类虚构事实是被直接还是间接生发出来的，因为它们的呈现是理所当然的，不会被干扰，也不会被消解。钢琴是何种颜色及弹琴的人穿了何种服饰的虚

1 Kendall Walton, *Mimesis as Make-Believe*: *On the Foundation of Representational Arts* (Cambridge, Massachusetts: Harvard University Press, 1990), p. 146.

2 Kendall Walton, *Mimesis as Make-Believe*: *On the Foundation of Representational Arts* (Cambridge, Massachusetts: Harvard University Press, 1990), pp. 144 – 150.

3 Kendall Walton, *Mimesis as Make-Believe*: *On the Foundation of Representational Arts* (Cambridge, Massachusetts: Harvard University Press, 1990), p. 145.

构事实都不会影响到"琴声会向四周传播扩散"的虚构事实,这是敲击琴键的虚构动作从一开始就暗示了的。现实原则下生发出的虚构事实有时太过隐性而容易被读者忽略,《战舰波将金号》的观众不会为电影的无声效果感到纳闷,看到人物敲击琴键的动作,他们便假装听到了琴声,看到敲击琴键的同时钢琴声已萦绕在想象的耳朵里了。因而,这类虚构事实的生发原则便是现实原则。

在欣赏虚构作品时,欣赏者往往有意忽略一些违背现实的虚构事实以避免影响欣赏。阅读《格列佛游记》的读者必须忽略在现实世界中不可能发生的现象,而将注意力放在作家所创造的虚构事实上。假如一位读者总是纠结于"慧骃国的马会说话"与"真马不会说话"的矛盾,便无法理解斯威夫特作品的魅力何在,要继续阅读这部作品,只有假装相信"慧骃国的马会说话"的虚构事实在作品世界中为真。对于凭借虚构技巧闻名于世的作品,现实原则在作品生发虚构事实的过程中不发挥主要作用,共识原则代替它行使了生发虚构事实的使命。所谓"共识原则"(the mutual believe principle),指的是在道具生发的虚构事实及其推演规律与现实相悖的情况下,人们共同假装相信的心理能够使该事实具备虚构的真实性。沃尔顿如此概括共识原则的工作机制:"假如命题 $P_1 \cdots\cdots P_n$ 的虚构性是某个再现作品直接生发的,那么当且仅当艺术家所在社会中的成员共同假装相信命题 $P_1 \cdots\cdots P_n$ 成立的情况下,命题 Q 才具备虚构性,也就是在虚构语境下方能成立"。与现实原则的工作机制一样,由于部分作品并非以直接方式生发命题的虚构性,沃尔顿对共识原则作了如下的经验性修正:"无论是直接地还是间接地,命题 $R_1 \cdots\cdots R_n$ 的虚构性从一开始就暗示了命题 Q 的虚构性,当且仅当在艺术家所在社会中的成员共同假装相信命题 $R_1 \cdots\cdots R_n$ 为真的情况下,命题 Q 才具备虚构性,也就是在虚构语境下为真"。[1] 举例来说,在斯威

1　Kendall Walton, *Mimesis as Make-Believe*: *On the Foundation of Representational Arts* (Cambridge, Massachusetts: Harvard University Press, 1990), pp. 150 – 160.

夫特的《格列佛游记》中，命题 R_1 "格列佛乘船到达慧骃国"、命题 R_2 "慧骃国的统治者是富有智慧的马群"、命题 R_3 "格列佛学会了说马语"、命题 R_4 "格列佛与慧骃谈论人性之恶"，这些虚构事实是小说直接生发的。仅在斯威夫特所在社会成员共同假装相信 R_1……R_4 在虚构意义上为真的前提下，命题 Q "慧骃国的马会说话"才具有虚构性。在未被翻译为其它语言之前，《格列佛游记》的英语读者已在命题 R_1……R_4 与 Q 的虚构真实性上达成了共识；但被翻译为其它语言之后，《格列佛游记》的虚构事实要在异域文化背景的读者群体中经历重新获得共识的过程，才能再次变为虚构性的真实。

　　沃尔顿指出，"道具之所以能生发出相应虚构事实，仅仅是因为事先存在一种特定的习惯和理解，以使之在'假扮游戏'中达成一致"。[1]不论现实原则还是共识原则，都是建立在协同想象基础上的约定。那么，共识原则与现实原则是何种关系？它是不是超越现实原则的一种进步？沃尔顿认为，一部再现作品并非被现实原则或共识原则单独占据，两种原则或可并存其中。在两种生发原则同时作用于一部作品时，现实原则要为共识原则让道。对于再现艺术作品而言，"共识原则通常是优于现实原则的"，[2]现实原则在欣赏者关于被再现物的认知方面只扮演了基础原则的角色。要对一部再现艺术作品进行充分的审美欣赏，仅凭基础原则是远远不够的。现实原则"帮助欣赏者在虚构事实与自然事实之间建构起必然联系，使虚构事实陷入与现实真实的依存关系中，因而削弱了作者对作品世界的创造和掌控"。[3]但对于虚构性的再现作品，作者对作品世界的控制与对虚构事实的驾驭反而是体现其创作技巧之处。沃尔顿指出，"我们应当期待更多虚构事实的生发是基于共识原则而非现

1　Kendall Walton, *Mimesis as Make-Believe: On the Foundation of Representational Arts* (Cambridge, Massachusetts: Harvard University Press, 1990), p. 38.

2　Kendall Walton, *Mimesis as Make-Believe: On the Foundation of Representational Arts* (Cambridge, Massachusetts: Harvard University Press, 1990), p. 54.

3　Kendall Walton, *Mimesis as Make-Believe: On the Foundation of Representational Arts* (Cambridge, Massachusetts: Harvard University Press, 1990), p. 151.

实原则",而"当虚构事实与道德伦理观念之间的关系濒临破裂的时刻,现实原则比共识原则更为合理"。[1]

此外,基于道具自身的性质、道具在"假扮游戏"中充当的角色及其生发的虚构事实对"假扮游戏"作出了何种贡献,沃尔顿将"假扮游戏"划分为"道具导向的假扮"(prop-oriented make-believe)与"内容导向的假扮"(content-oriented make-believe)。当"游戏的乐趣存在于假扮的主题和内容"时,游戏者所参与的是"内容导向的假扮"游戏。[2]骑木棍马打仗与生火做饭等游戏都是内容导向的类型,游戏的愉悦来自道具所生发的情节性的虚构事实。儿童将纸叠成"米格战机"并投向空中,看它攀升、下降并坠毁。但也有时,"即便没有想象任何虚构情节,只是看着它在空中滑翔,观察它的构造,思索如何折叠能飞得更高远,也可以通过这一动作本身获得乐趣"。[3]这便是以道具本身为导向的假扮游戏。通常来说,道具是为假扮服务的,充当了中介的角色,游戏的目的不在于认知道具本身的性质。但道具并不总是为"假扮游戏"服务的,甚或有时假扮才是理解道具的手段,游戏的目的不在假扮,而在通过假扮来把握道具的特征和意义。对于道具导向的"假扮游戏"来说,参与者的乐趣并非来自游戏行为和想象内容,而是主要来源于对道具特征的理解和把握。事实上,"假扮游戏"很难被明确划分为道具导向或内容导向,而通常是由道具导向的"成分"和内容导向的"成分"构成。若想象是假扮的基础,且想象的对象是虚构事实,游戏便很难停留在纯粹的道具层面。

一般来说,"假扮游戏"通常是两种导向的混合体,所谓导向只是其中占据主导性的成分,是游戏世界中虚构事实的生发运转所呈现的主

1　Kendall Walton, *Mimesis as Make-Believe*: *On the Foundation of Representational Arts* (Cambridge, Massachusetts: Harvard University Press, 1990), pp. 153 – 154.

2　Kendall Walton, "Metaphor and Prop Oriented Make-Believe," *The European Journal of Philosophy*, Vol. 1, No. 1 (April, 1993), pp. 39 – 57.

3　Kendall Walton, "Metaphor and Prop Oriented Make-Believe," *The European Journal of Philosophy*, Vol. 1, No. 1 (April, 1993), pp. 39 – 57.

导倾向而非单一类型。当"假扮游戏"尚处在道具导向阶段时，作为道具的物品生发出的信息大多是纯粹性的虚构事实，作为想象世界的构建基础，多与道具的外在形式特征相关联；当游戏者的注意力由道具的形式层转向意义层时，纯粹性的虚构事实叠加组合为依存性的虚构事实，内容导向的成分最终占据"假扮游戏"的主导地位。

第三章 "假扮游戏"现象的心理根源

第一节 亨利模型与查尔斯模型

欣赏者在观看戏剧表演时，常常忘我地投入舞台世界正在上演的故事中，为虚构人物落泪、悲叹、感动。席勒在思考悲剧艺术的审美体验时，曾就这一现象作出过如下描述：

> 令人悲伤、令人恐怖、令人战栗的东西本身就带有不可抗拒的魔力吸引着我们，而悲惨、恐怖的东西一出现，我们也以同样的力量推开自己，却又矛盾地被吸引，这是一种我们自然本性中的最普遍的现象。大家都紧张地在一件谋杀故事的讲述者的周围充满期待；我们如饥似渴地读着最离奇古怪的神怪故事，越是读得毛发直竖，就越是津津有味。[1]

基于现实世界的伦理道德观，观众应当对悲剧英雄的牺牲表示严肃的同情与尊敬，内心却同时产生了不严肃的快感；碍于自身安全与人性关怀的考量，读者应当对谋杀故事和神怪故事表现出惧怕的反应，结果却如

---

[1]　[德] 席勒：《审美教育书简》，张玉能译，南京：译林出版社，2009 年，第 299 页。

席勒所说，越是读得毛发直竖，就越是津津有味。正如马克·帕克所指出的，"就悲剧作品本身而言，它们都具有使人产生悲感的性质，这些悲感诸如激动、恐惧、怜悯和悲哀，乃是大多数人在日常生活中设法要避免的。而与此同时，悲剧的读者和观众为了获得一种愉快的体验，却又会心甘情愿地去寻找体验各种痛感的机会。"[1] 事实上，席勒与帕克所描述的戏剧审美体验是一种参与"假扮游戏"的体验，即便清楚地意识到屏幕上的故事不过是演员在演戏，欣赏者仍乐于假装相信虚构事实正在发生，想象自己亲身体验了虚构故事，煞有其事地热衷于故事的进展，随着非实存人物的命运跌宕而情绪起伏。欣赏虚构作品的"假扮游戏"体验恰如尼采所说的，"是整部活生生的'神曲'，连同其中的'地狱'篇，从他身边经过，不只是像皮影戏一样——因为他在这些场景中一起生活，一起受苦"。[2]

为阐释"假扮游戏"现象的心理基础，沃尔顿在 1978 年发表的《虚构世界距离现实世界有多远？》与《惧怕虚构》中分别建构了亨利模型与查尔斯模型。

首先来看亨利模型。剧院正在上演女主角被恶棍绑在铁道上的戏，呼啸而来的火车渐渐驶近，绑住女主角的绳索难以挣脱，随着火车鸣笛声越来越大，女主角即将面临惨死的命运，台下的观众亨利"是一位来自偏僻森林区的村民，他在观看戏剧表演时冲到舞台上从恶棍的魔掌中拯救了女主角，使之免于惨死"。[3] 亨利显然不熟悉话剧艺术的表演形式与欣赏之道，但即便只是沃尔顿假设案例中的人物，人们也不难发现亨利们就在自己身边。恶棍与女主角是男女演员装扮的，铁道是并排摆放的木条，火车是后台播放的音效，但亨利却是真心急着冲上舞台拯救女主角于危难之中。然而，女主角被亨利拯救了吗？

1　[美] 帕克：《悲剧悖论的解析》，载《开封教育学院学报》，1993 年第 2 期，第 13—18 页。
2　[德] 尼采：《悲剧的诞生》，杨恒达译，南京：译林出版社，2012 年，第 17 页。
3　Kendall Walton, "How Remote Are Fictional Worlds From the Real World?", *The Journal of Aesthetics and Art Criticism* (Fall, 1978), pp. 11 – 23.

如果没有亨利的干预,女主角必将面临惨死的结局,这是剧本早已写好的,演员们都要照着演。亨利的干预使演出意外中断了,扮演女主角的演员被救下了舞台。但她只有在舞台上才是女主角,舞台赋予她女主角的虚构身份,一旦下了舞台,女演员不再是她所扮演的角色。假如这一意外不是编导暗中策划,而是纯粹的突发事件,那么亨利的举动与剧本毫无关联,既没有依照剧本表演,也没有改变剧本的内容。中断表演与拯救女主角是两种不同意义上的表述,亨利中断了表演是确切的、真实的事实,但这不意味着他改变了女主角的命运,因为二者言说的语境发生了性质上的变化。这表现在:女主角是虚构世界中的人物,她在现实世界中没有对应的实存;在现实世界中实存的是扮演该角色的女演员而非女主角,亨利的初衷是要拯救话剧世界中的女主角,但他搬下舞台的却是现实世界中的女演员。由此可见,身处现实世界的亨利无法打破虚构世界和现实世界的隔膜以物理形式拯救虚构世界的女主角;而现实世界的女演员既然不在虚构语境之中,就不面临被恶棍残杀的噩运,也就没有被拯救的必要,亨利实施拯救的对象显然不是她。

虚构世界距离现实世界究竟有多远?二者之间的距离是物理手段无法消除的,现实中的亨利单凭解开绳索、搬离舞台的动作无法打破他与虚构的女主角之间的隔膜并实现对她的拯救。沃尔顿指出,"一个人只能拯救与自己共存于同一个世界的人",跨世界(cross-world)的拯救是不可能的。同理,"跨世界的杀害、祝贺与握手等行为也是不可能的"。[1] 若亨利将女主角从虚构世界拉入现实世界,则虚构世界的女主角丧失了原本的虚构身份,也就不复存在;若亨利通过拯救女主角的行为而进入虚构世界并具备了虚构身份,譬如剧作家安排了一位演员来扮演名为亨利的虚构观众冲上舞台拯救女演员,由于亨利和女主角是在同一虚构世界中的两个虚构人物,拯救行为在整个虚构故事中便符合了逻

---

1 Kendall Walton, *Mimesis as Make-Believe*: *On the Foundation of Representational Arts* (Cambridge, Massachusetts: Harvard University Press, 1990), p. 195.

辑。即便如此，两个世界之间的隔膜只是在虚构意义上而非现实意义上被打破。因而亨利的拯救行动最终是失败的，他的初衷在于改变女主角牺牲在铁轨上的虚构事实，行动的效果却只是阻断了虚构事实在那一次演出中的呈现。话剧是依托表演才能实现自身的艺术，但假如是小说而非话剧，虚构事实无须被表演即可生发，读者无法单方面改变作品的既有文本，则亨利不会获得干预故事进程的机会。或许亨利可以在围绕作品展开的游戏世界中借助想象改变作品世界中的虚构事实，但这一举措局限于亨利的个人体验而非群体体验，几乎不对原作的固定虚构世界产生任何改变。况且，"对绘画或小说的改写并不会改变虚构世界里所发生的事件，但可能创造出一部新作品；与此同时，也创造出一个新的虚构世界"。[1]

就亨利模型而言，要改变有关女主角命运的虚构事实，只有依靠创作剧本的作家。"对于虚构世界而言，画家、作家及其他艺术家才是真正的神明"。[2] 欣赏者没有资格擅自更改虚构事实的内容，但有权利选择感知虚构事实的方式。譬如在观看恐怖片时，观众会因心理承受不住电影的惊悚程度，而选择闭眼或转头的方式来切断虚构事实的感知途径。虽然观众的选择不能阻止虚构事实在虚构世界中变为真实，闭眼或转头无法避免虚构事实在作品世界中的生发，却可以阻止其在观众的游戏世界中被感知到。亨利的举动也是一种选择，但这一举动无法使虚构事实在虚构世界中变为真实。即便是走向后台关闭火车驶临的声效开关，也比冲上舞台为女演员松绑更符合虚构世界的拯救逻辑；但意识到火车只是声效，女演员并无危险的观众也不会起身去关声效开关。除了亨利之外，大多数观众很清楚话剧表演的虚构性，并没有群起冲上舞台集体拯救女主角，只选择了闭眼或转头的方式。

1   Kendall Walton, *Mimesis as Make-Believe*: *On the Foundation of Representational Arts* (Cambridge, Massachusetts: Harvard University Press, 1990), p. 193.
2   Kendall Walton, *Mimesis as Make-Believe*: *On the Foundation of Representational Arts* (Cambridge, Massachusetts: Harvard University Press, 1990), p. 193.

假设剧作家安排了一个眼睁睁看着女主角即将罹难却不伸出援助之手的角色,观众必将谴责他见死不救的行径,但"在对袖手旁观的角色施加道德谴责的同时却仍像被胶水粘在座椅上一样坐得那么牢稳而安心"。[1] 观众的心理是矛盾的——他们期待有人在最后关头冲出来拯救女主角,但又十分清楚此人一定不是自己;他们相信扮演女主角的演员此刻并无生命危险,但又随着后台火车音效音量的逐渐增大而感到紧张和担忧。一方面,"物理互动只对那些实际存在的事物而言是可能的……现实世界中的观众不能与虚构作品中的人物有肢体互动";[2] 另一方面,两个世界之间的屏障确实存在一个缺口使之得以实现连通。心理矛盾来自欣赏者相信或怀疑虚构事实真实性的内心活动,二者作为行为意图联动着特定的行动后果——"相信"关联着拯救,而"怀疑"则关联着不拯救。

相信与怀疑不仅仅是观众单方面选择的结果,还在不同程度上受到艺术作品的诱导和影响。艺术家常常在作品中使用特定手法诱导观众去感知虚构事实并产生强烈的情感反应,以实现艺术家所期待的审美效果。譬如,希区柯克悬疑片的背景音乐与音效强化了悬疑、惊悚、恐怖的氛围,即便没有以文字形式陈述任何虚构事实,也能让观众的注意力紧紧跟随镜头移动,目不转睛地被电影场景吸引,逐渐投入、沉浸、忘我,以至被突如其来的恐怖场面与增大的音量效果吓出一身冷汗。文艺作品的一些元素虽不在虚构世界中充当角色,却作为必要组成部分内化于作品之中;这些元素不是"假扮游戏"的道具或玩家,却对假扮心理的促成发挥了重要推动作用。但并非作品的全部元素都有助于增进"信"和排除"疑",也有一些组成元素不出于任何意图地阻碍着假扮心理的实现。譬如京剧表演的"场面"在舞台一侧配合唱腔表演吹奏乐

1　Kendall Walton, *Mimesis as Make-Believe: On the Foundation of Representational Arts* (Cambridge, Massachusetts: Harvard University Press, 1990), p. 193.

2　Kendall Walton, "Fearing Fictions," *The Journal of Philosophy*, Vol. 75 (January 1978), pp. 5 - 27.

曲，本身不陈述任何虚构事实，也没有为构建虚构世界作出直接贡献，沉浸于京剧故事的听众看到乐队的存在便会意识到舞台表演的虚构性。场面是显性的台前表演，观众能够感知吹拉弹奏的表演，清楚知道乐队不仅为配合演员唱腔而演奏，也为武打场景营造气势，是一种表演元素；而电影配乐是隐性的幕后播放，服务于特定目的，渲染气氛、使情绪直观化或者使关键剧情鲜明化、放大化。欣赏小说、电影、戏剧等再现作品时，人们沉迷在有别于现实真实与逻辑真实的虚构事实中，在明知作品违背了常识和经验的情况下，对非实存人物的命运表示关切，甚至产生与真实情感极为相似的强烈反应。这一现象普遍存在于审美体验中，基于信疑二元心理结构的张力而呈现极为鲜明的冲突性和矛盾性。

为解答这一现象的原因，柯勒律治提出了怀疑悬置说（the willing suspension of disbelief）。他指出，在欣赏虚构作品时，人们只有暂时悬搁对虚构事实的怀疑，才能接受作品所叙述的内容。怀疑悬置说"所阐述的观点被认为应当指向超自然的人物和角色，或者至少是浪漫化的人物和角色，但这样一来就将我们的内在本质转化为一种人性的旨趣和真理的样貌，于此前提下，我们足够通过想象力的观照来获得对怀疑的自愿悬置，这种悬置是暂时的而非永久的，它构成了诗性的信念。"[1] 然而，所谓悬置，意味着怀疑与相信并存的奇特现象并没有得到解答，悬置是推迟怀疑而非不怀疑，欣赏者仍然会再次遭遇信疑二元矛盾的冲击。

柯勒律治之后，斯嘉普提出了相信结构说（the belief structure），认为欣赏者对虚构事实的相信心理分为两个梯级，第一级相信（first-order beliefs）针对的是欣赏者对虚构作品的一般接受，关涉由欣赏本身带来的一切为真的命题，是对作为人为虚构创作产物的作品本身的相信；第二级相信（second-order beliefs）针对的是欣赏者被作品所感动的

1　Samuel T. Coleridge, *Biographia Literaria*, ed. James Engell and W. Jackson Bate (Princeton, 1983), p. 6.

独特接受，关涉虚构人物的所言所行的人格特质及其承受的痛苦，不是对介质（画布、墙壁、书页或舞台）而是对活生生的虚构人物的感知。[1] 相信结构说旨在消解柯勒律治怀疑悬置说所提出的信疑矛盾，由此 "第一级相信和第二级相信之间就无矛盾可言，而相信与怀疑之间的矛盾也消除了，所谓'怀疑悬置'在二者之间设置的冲突性随之减弱"，[2] 要解开欣赏者对虚构作品接受心态之谜，首先须厘清其下隐藏的相信结构。但是，斯嘉普这一结构并不完善，虽旨在消解信疑矛盾，却只对相信的梯级进行单方面分析，忽视了同时存在的怀疑心态，仍是一种 "悬置"而没有直面信疑之间的张力。在现实中，人们对某一事实的相信会导致相关性的行为后果，而在虚构世界中，欣赏者对虚构事实的信念只导致特定的情感反应，而不导致实质性的行为后果。因此，我们应思考的对象不在相信也不在怀疑，而在信疑之间的转换瞬间，是何心理原因使欣赏者作了不实施实际行动的决定。这一信疑之间的转换及其心理根源是柯勒律治及斯嘉普并未阐述清楚的。相信与怀疑的确是彼此矛盾的二元，但仅将其当作分立的二元却又无法认识作为整体的假扮心理。

不难发现，信疑之间的转换来源于现实语境与虚构语境的转换所导致的真实情感与虚构情感之间的转换。沃尔顿提出了类情感说（quasi-emotion），以分析真情实感与类情感之间的差异并阐释信疑二元结构。他如下建构了查尔斯模型：

> 查尔斯正在观看一部可怕的绿泥怪物为主角的恐怖电影。当绿泥怪物在地表流淌前进，缓慢却毫无怜悯之心地摧毁所到之处的一切，他在座椅上不由自主地向后退缩。正在这时，一个油乎乎的头颅从这摊起伏冒泡的绿泥中抬起，一对圆溜溜的大眼在头顶飞快地

1　Eva Schaper, "Fiction and the Suspension of Disbelief", *The British Journal of Aesthetics* (1978), pp. 31 – 44.

2　Eva Schaper, "Fiction and the Suspension of Disbelief", *The British Journal of Aesthetics* (1978), pp. 31 – 44.

旋转，突然锁定向摄像机的方向，改变了原本的路径，径直加速向查尔斯的方向冲过来。查尔斯吓得一声尖叫，双手紧紧扣住座椅，仿佛绿泥怪物马上就要流淌出屏幕之外把他淹没。观影结束后的一段时间，查尔斯仍在颤抖，他承认自己"被吓坏了"。[1]

沃尔顿问道，查尔斯是否真的惧怕绿泥怪物？如果他真的被吓坏了，为何没有从座位上站起来逃跑？假如他不是真的被吓坏了，又为何害怕得尖叫、双手紧紧扣住座椅并在观影结束后持续颤抖？沃尔顿指出，"查尔斯并没有被电影以如此直接的方式所恐吓到。他很可能清醒地知道电影中的怪物并不是真实的，而他自己也并未处于危险之中"。[2]而且查尔斯的恐惧是观看虚构作品的一种独特反应，与日常生活中的恐惧有本质的不同。按照这个逻辑来看，既然意识到自己并未身处危险之中，他就不应当感到内心恐惧；但事实上，查尔斯"坦言自己感到恐惧，并处于一种类似于受到即将到来的真实世界灾难威胁的恐惧状态中。他的肌肉紧张、脉搏加速、肾上腺素分泌过多、手抓座椅，都是恐惧的表现"。[3]

沃尔顿排除了关于"查尔斯模型"的几种可能的分析观点。其一，"查尔斯半信半疑地认为存在着一种真实的危险，并由此产生了半恐惧的心理状态"[4]的观点和"查尔斯的心理状态不是半信半疑而是一种特殊的相信"[5]的观点都不合理。倘若一个人真正相信自己身处真实险境，便不会仍坐在观众席上而不离开影院求救；查尔斯却始终坐在那里，没

1   Kendall Walton, "Fearing Fictions," *The Journal of Philosophy* (January, 1978), pp. 5 – 27.

2   Kendall Walton, "Fearing Fictions," *The Journal of Philosophy* (January, 1978), pp. 5 – 27.

3   Kendall Walton, "Fearing Fictions," *The Journal of Philosophy* (January, 1978), pp. 5 – 27.

4   Kendall Walton, *Mimesis as Make-Believe: On the Foundation of Representational Arts* (Cambridge, Massachusetts: Harvard University Press, 1990), p. 197.

5   Kendall Walton, *Mimesis as Make-Believe: On the Foundation of Representational Arts* (Cambridge, Massachusetts: Harvard University Press, 1990), p. 198.

有报警呼救也没有警告他人远离,显然不是真正的恐惧。其二,认为查尔斯肌肉紧张、脉搏加速、肾上腺素分泌过多、手抓座椅的动作出于内心真正恐惧的观点也不合理。虽然刻意的动作总是出于特定的原因而为之,这类行为被实施的原因是出于主体的意志,主体认为行为的实施能带来其所期待的结果,但人们也常常有意识地抑制自己不去做想要做的事情,而且人们也未必总是出于特定理由才实施此类行为,比如心跳加速、手心出汗与胃部痉挛,只是身体的自动反应(automatic responses)。因而,将特定信念与欲望强加于查尔斯而使其身体反应变得有理可循的做法是不必要的。其三,"在绿泥怪物突然向查尔斯的方向扑过来的那一刻,查尔斯丧失了自己身处现实世界的清醒认识而在那一瞬间认定绿泥怪物是真实的而真的惧怕它"[1] 的观点也是不合理的。查尔斯的恐惧感及附带产生的身体反应不仅强烈地存在于观影过程中,在观影结束后他仍感到心有余悸,可见这一恐惧感是持续性的而非"瞬间"的和暂时的。况且,欣赏者对自己身处现实的现实感(sense of reality)可能始终保持强烈而稳固的水平,难以在某一瞬间处于完全忘我的状态。现实感是确保查尔斯将绿泥怪物的刺激控制在心理承受范围之内的重要屏障。即便不在意识前台工作,现实感也始终在潜意识层面在场。再者,还有将恐惧感及其它感受与相信相分离并强调前者独立性的观点,认为恐惧不必然要相信危险的存在,即仅仅依靠想象某种危险就足以使人产生恐惧感。这一观点给想象与信念之间原本就模糊的界线增加了更多令人困惑的因素,因而也是不合理的。此外,还有学者虽然否定查尔斯是真正害怕绿泥怪物,却将恐惧对象转移到其它方面,譬如彼得·拉马克认为查尔斯恐惧的对象是关于绿泥怪物的念头和想法,即一想到绿泥怪物或对绿泥怪物的描述,查尔斯就会感到害怕。[2] 这一观点也不合

1　Kendall Walton, *Mimesis as Make-Believe*: *On the Foundation of Representational Arts* (Cambridge, Massachusetts: Harvard University Press, 1990), p. 199.

2　Peter Lamarque, "How Can We Fear and Pity Fictions?" *The British Journal of Aesthetics*, *Vol. 21*, *No. 4* (1981), pp. 291 - 304.

理，因为拉马克的提议"摒弃了我们关于查尔斯害怕的对象是绿泥怪物的最初观点，同时也没有认识到我们否认这一观点的理由何在"。[1] 但沃尔顿不否认，关于绿泥怪物的念头和想象即便不是恐惧的对象，也可能是引发恐惧的原因之一。

由沃尔顿对查尔斯模型的分析可以得出五个结论。其一，查尔斯的恐惧感与现实生活中面临真实危险时所产生的恐惧感并不是同一种性质的情感反应。其二，查尔斯的类情感体验不是半信半疑，也不是某种特殊类型的相信心理。其三，查尔斯在欣赏电影的整个过程中始终没有忘记他的现实身份及他在现实世界而非虚构世界中的安全处境和存在状态。其四，查尔斯的类恐惧感是持续性的而非瞬间的，恐惧对象的刺激结束后，这一感受仍然在不同程度上存在。其五，查尔斯恐惧的对象是绿泥怪物，而非电影、特效或者他关于绿泥怪物的想法。

由此，我们需要重新界定欣赏主体在感知虚构个体及虚构事实时所表现出的相信心理，才能恰切理解其所关联与唤起的情感反应。沃尔顿指出，"对欣赏者在'假扮游戏'中所扮演的心理性角色的认知将为我们理解虚构的性质及其在生活中的重要性提供颇具意义的帮助"。[2] 上述模型正是"假扮游戏"的一个典型案例，查尔斯在心理上参与到了自己建构的"假扮游戏"之中，他惧怕绿泥怪物的事实是虚构的而非真实的。查尔斯通过表述自己对绿泥怪物的恐惧而参与了这个游戏，"他害怕绿泥怪物的事实是虚构的，而且他对这一事实的陈述也是虚构的"。[3] 因此，查尔斯的"相信"是在虚构作品的语境下为应对虚拟事件的刺激而表现出的"假装相信"，其内心的类恐惧感正是来源于假装相信而非真正相信电影中的虚构事实。

1　Kendall Walton, *Mimesis as Make-Believe: On the Foundation of Representational Arts* (Cambridge, Massachusetts: Harvard University Press, 1990), p. 202.

2　Kendall Walton, *Mimesis as Make-Believe: On the Foundation of Representational Arts* (Cambridge, Massachusetts: Harvard University Press, 1990), p. 241.

3　Kendall Walton, *Mimesis as Make-Believe: On the Foundation of Representational Arts* (Cambridge, Massachusetts: Harvard University Press, 1990), p. 242.

通过对亨利模型与查尔斯模型的分析，阐释"假扮游戏"心理维度的入手点被定位在了相信与怀疑构成审美心理的二元，即人们欣赏虚构作品时的信疑矛盾心理上。这种心理状态的输出结果最终并不落脚于二元中的任何一元，亦不在二者程度对半折衷之处。当虚构事实违背了道德观念，或者过分刺激而强烈冲击欣赏者的心理承受能力时，欣赏者会选择某种发泄途径来对抗非道德观念的侵袭并捍卫自己的立场、对抗潜在的危险并确保自身安全。亨利选择了上台干预的方式，而查尔斯选择了切断感知虚构事实路径的方式，前者以自我主动地压倒虚构，而后者则是被动地被虚构压倒。查尔斯在应对虚构情境的刺激时表现出优于亨利的自控力。亨利面对虚构对象所产生的并不是类情感，他没有正确认识舞台表演的虚构性，这一认识偏差引发的是真实情感而非类情感。以查尔斯模型为例，沃尔顿进一步思考了欣赏者在心理上介入虚构世界的具体过程，以及"假扮游戏"中的类情感的实质。

第二节 作为精神摹拟的"假扮游戏"

欣赏虚构作品的人们同时具备现实身份与虚构身份。现实身份与虚构身份产生于不同的语境，具有不同的性质，却可以在与主体相关联的时空内共存。借助"假扮游戏"的展开，现实身份所携带的真情实感和虚构身份所衍生的虚构情感在主体的心理层面共存是类情感中信疑二元结构的逻辑矛盾得以化解的根源。欣赏者随虚构事实的进展变化在现实身份与虚构身份之间自如地转换，并于特定身份下遵从创作意图的期待而生发出特定情感。因此，类情感的产生是普通欣赏者升华为理想欣赏者的心理标志。从类情感的角度理解欣赏者的假扮心理，是化解信疑二元结构矛盾性而重塑心理行为的整一性的合理方式。

沃尔顿认为，"假扮游戏"的心理维度与心灵哲学和认知科学领域的术语"精神摹拟"（mental simulation）具有高度相似性，虽然该领域的学者并未提及再现艺术审美欣赏中的假扮现象，其关于摹拟的研究强化并扩展了"假扮游戏"论。他指出，"我所描述的那种假扮活动的参与行为本身就是精神摹拟的一种形式"。[1] "精神摹拟"这一术语的提出是为了帮助阐释我们是如何从其他人那里获知他们的心灵世界和精神生活的，指的是"我们借助想象的力量将自我置于他人的心理状态之中，……以自我想象为基础，判断她的所思所感或者她的决策等的摹拟行为，也可以为预测一个人自己的体验感受而服务"。[2] "精神摹拟"不仅存在于对再现艺术作品的欣赏体验中，也广泛存在于日常生活中。譬如，甲看到面前的乙切破手指流血不止时，会瞬间抽回自己的手指或喊叫出来。在读到文学作品对山地风光的栩栩如生的描写时，丙会想象自己站在山巅云端嗅到了清新的空气。观众丁在观看恐怖片，行走夜路的主人公猛然回头、瞳孔放大、表情惊恐时，丁也吓了一跳，脊背发凉、毛骨悚然。这些现象涉及对虚构情境下感觉的虚拟感知、对想象中的环境体验的虚拟获取，及将他人真实体验在想象中转换为自身虚拟体验等内容。由此可见，其一，处在精神摹拟状态下的行为主体主要依靠想象对虚构情境进行摹拟，想象是摹拟的心理前提；其二，被摹拟的情境具有虚构性，并非行为主体本人亲身经历的真实情境；其三，精神摹拟不仅在停留在想象层面，还产生了实际的身体反应。类情感是精神摹拟的产物，既非移情，亦非幻觉。对"精神摹拟""移情""幻觉""物理摹仿"四个概念进行以下辨异，将进一步明晰类情感的概念并建构精神摹拟与类情感的关联。

　　首先，精神摹拟不是一种幻觉。现实感始终贯穿在欣赏者体验虚构作品的过程中。这意味着欣赏者的自我意识始终没有退场，也没有让位

1　Kendall Walton, "Spelunking, Simulation, and Slime: On Being Moved by Fiction," in *Emotion and the Arts*, ed. Mette Hjort and Sue Laver. (Oxford: Oxford University Press, 1997) pp. 37 - 49.

2　Kendall Walton, "Spelunking, Simulation, and Slime: On Being Moved by Fiction," in *Emotion and the Arts*, ed. Mette Hjort and Sue Laver. (Oxford: Oxford University Press, 1997) pp. 37 - 49.

于幻觉。现实感的始终在场来源于人类的自我保护意识，使有限的心理承受能力在应对虚拟刺激时免受过度压力，这种符合趋利避害原则的推论是合理的。尼采曾指出"日神文化的最高效果"是"凭借强有力的装疯卖傻和快乐的幻觉，成为超越对世界的可怕深思和敏感的痛苦感受能力的胜利者"；[1] 又将酒神精神描述为一种忘我境界，指出随着酒神激情的苏醒和高涨，"主体淡出，完全进入忘我的境界"；[2] 还指出幻觉的力量十分强大，足以"使目光变得呆滞而麻木不仁，对'现实'的印象，对周围一排排座位上的有修养之人视而不见"。[3] 在观赏演出时，观众看到不是佩戴奇形怪状面具的表演者而是一个幻觉形象，即"萨提尔歌队首先是酒神大众的一个幻觉，而舞台上的世界又是萨提尔歌队的一个幻觉"。[4] 实际上，观众并非处在主体淡出的忘我境界，目光呆滞、麻木不仁、视而不见是与查尔斯模型极为相似的反应。既然观众看到演员戴着面具进行表演，就看到了戏剧的虚构性质。况且，在没有药物刺激或神经系统疾病的作用下，此类征兆不足以判定欣赏者产生了幻觉。始终在意识或潜意识层面在场的现实感帮助观众将虚构事实对内心的刺激控制在可被接受的范围之内。观众清醒地知道自己看到的不过是戴着面具进行表演的演员，只是假装相信面前站立的是萨提尔。因此，尼采对所谓幻觉的描述是一种极富诗意的文学化表述，并不是真正的幻觉。

　　人们在欣赏艺术作品的过程中所达到的忘我状态是在清醒意识下展开的，并非完全不谙周围环境及自我现实身份的催眠状态。欣赏者只是通过想象摹拟了某种心理状态，并非真正亲身经历。因此，精神摹拟行为中情感的投入与忘我并不是完全的沉浸与催眠，而是在清醒意识下展开的，主体明确地知晓自己在现实世界中的身份，同时还能以游戏所赋予的虚构身份参与到假扮语境中。幻觉与假扮之间的差别正是夜间梦与

1　[德] 尼采:《悲剧的诞生》，杨恒达译，南京:译林出版社，2012 年，第 27 页。
2　[德] 尼采:《悲剧的诞生》，杨恒达译，南京:译林出版社，2012 年，第 19 页。
3　[德] 尼采:《悲剧的诞生》，杨恒达译，南京:译林出版社，2012 年，第 51 页。
4　[德] 尼采:《悲剧的诞生》，杨恒达译，南京:译林出版社，2012 年，第 51 页。

白昼梦之间的差别，二者都以假为真，前者不知假为假，后者却是有意识地假戏真做。

其次，精神摹拟与移情不同。立普斯所谓的移情是指"向我们周围的现实灌注生命的一切活动……我们把亲身经历的东西，我们的力量感觉，我们的努力和意志，主动或被动的感觉，移置到外在于我们的事物里去，移置到在这种事物身上发生的或和它一起发生的事件里去"，[1] 因而"对象就是我自己，根据这一标志，我的这种自我就是对象"。[2] 沃林格认为对移情的审美特点的最简单描述就是，"审美享受是一种客观化的自我享受。审美享受就是在一个与自我不同的感性对象中玩味自我本身，即把自我移入到对象中去"。[3] 因此，所谓"移情"（empathy）指的是一方主体将情感植入另一方主体或对象物之中，这一内摹仿的过程使主体与被移情对象在心理上合而为一，二者之间对象性的对立关系消失，主体的自我在对象物中得到实现。

精神摹拟却不同于此，假扮游戏主体尝试感受对方的体验并予以情感的传输，却没有将自己当作对方。移情行为是在同一虚构语境下进行的，假扮行为却是同一内容在不同虚构语境下的两次呈现，即移情是从虚拟意义上体验他者的体验，而精神摹拟是在虚拟意义上以自我为中心的自我体验。因此，移情是将自我投射至对象中，使对象物在移情主体的心理观照下呈现他的人格特征；而精神摹拟则是将虚拟情境请入自我心理观照的范围之内，将之重新塑形并输出情感反应与身体反应结果。移情是有对象物的，而且是从心理上对物体进行形式的观照；精神摹拟不仅不要求被摹拟对象的必然在场，也不是对物体形式的观照。当主体将情感投射于对象物时，自我在对象物中找到了安顿之所——对象物是

1 蒋孔阳、李醒尘：《十九世纪西方美学名著选》（德国卷），上海：复旦大学出版社，1990年，第601页。

2 蒋孔阳、李醒尘：《十九世纪西方美学名著选》（德国卷），上海：复旦大学出版社，1990年，第606页。

3 ［德］沃林格：《抽象与移情：对艺术风格的心理学研究》，王才勇译，北京：金城出版社，2010年，第4页。

自我存在的场域，自我以对象物为载体而呈现，情感输出结果是他物之中的自我情感。当主体对虚构情境进行精神摹拟时，自我在想象中的虚构情境中栖居，仍以自我为载体呈现自身，情感输出结果是虚拟状态下的纯粹自我的情感。此外，依照立普斯关于移情特征的论述，还可见出移情与精神摹拟的两处差别，其一，移情行为未必总是出于意识控制，主体常不由自主地向对象物投射情感，而精神摹拟在意识范围之内运作，主体知晓想象内容及情感行为的虚构性；其二，立普斯在界定移情时排斥筋肉感官的身体反应，"在移情中审美主体完全意识不到自己身体状况的感觉"，[1] 但精神摹拟行为常伴随着不同程度的身体反应。

　　举例来说，当 B 看到 A 的手指被切破时，自己的手也抽回了一下，这一过程是 B 在看到 A 的情况发生之后，以自我为主角虚构出自己手指被切破的场景而作出的身体反应，是在头脑中凭借想象对 A 的遭遇的摹仿而非对其痛感的摹仿。当 B 看到 A 的手指被切破时，他将手指被切破的主体 A 转换为自己。在新的虚构情境下，"A 的手指被切破"是"假扮游戏"的道具，B 通过精神摹拟而生发出的虚构事实是"B 的手指被切破"；进而 B 的身体随之作出联动反应，由于并未真正被切破，B 的手指不会感到疼痛，激发这一反应的原因是 B 看到了 A 的遭遇和反应。假如取消"A 切破手指"而仅保留"A 抽回手指"的事实，则 B 就不会因"A 抽回手指"而摹仿抽回手指的动作。因此，B 的行为不是向 A 的移情，而是对 A 的遭遇的精神摹拟。假如 B 是因为看到 A 的疼痛反应而移情于 A 并对其表示同情的话，这一行为就具有移情性质。但移情于 A 是为了理解 A 的痛感，未必在 B 身上造成关联效果，即未必关联 B 将手抽回的动作，因而是否产生行动结果也是区分精神摹拟与移情的一种方法。

　　精神摹拟可以是纯粹想象性的，而不假以直观的感官感知作为唤起想象的刺激物。假设隔天早上 B 又回想起 A 切破手指的场景，再次虚拟

[1]　李醒尘：《西方美学史教程》，北京：北京大学出版社，2005 年，第 333 页。

地感到了疼痛，A 此时不在场，B 并没有向 A 投射同情的情感，而是以"我的手指被切破"为道具进行了虚拟情境的摹拟，并由此产生了类痛感或类恐惧感。于是，区分移情与精神摹拟的另一个标志可被如此描述，移情行为发生时，被移情对象以物质形式在场，且在可被主体的感官感知的范围之内。当对象物脱离可被主体感知的范围之外时，移情通道处于封闭状态。在精神摹拟行为发生时，主体单凭想象而不采取任何实际的感知行为，就可以完成摹拟虚构情境的过程。类似于此的不依赖物质道具而仅靠精神摹拟便可完成的"假扮游戏"普遍存在于日常生活中，譬如，当患有恐高症的人在头脑中想象站在山顶并一只脚向下迈出时，当患有幽闭恐惧症的人想象自己被关闭在电梯中没有人听到呼喊前来营救时，或者当同时患有恐高症和幽闭恐惧症的人想象自己乘坐摩天轮到达最高点突然断电悬在半空中不上不下时，内心都会产生无比的恐惧感，并伴有心跳加速、手心出汗等身体反应。因此，类情感的持续性与想象对象未必在场的特征也是区分移情和精神摹拟的另外两个路径。

再次，精神摹拟与物理摹仿不同。之所以将 mental simulation 翻译为"精神摹拟"而非"精神摹仿"，正是为了强调"摹拟"和"摹仿"的概念在"假扮游戏"论语境下的差异性。再现艺术作品的创作行为是艺术家以现实中的被再现物为摹仿对象，借助画笔、刻刀、肢体、音符等艺术元素对被再现物的物理特征进行摹仿的过程，因而再现与被再现的关系是一种对象性的关系。沃尔顿指出，摹拟未必包含对象，是一种无目标、无对象的体验，类似于被一则故事或一部小说所吸引的基本体验。摹拟行为未必总是包含一个对象或一个目标，因为"主体可以摹拟自己正处在一个特定情境下，却不必摹拟任何处在相同情境下的他者的体验"。[1] 他所谓的无目标对象的摹拟与机械性的物理摹仿不同，是一种

1　Kendall Walton, "Empathy, Imagination and Phenomenal Concepts", first given in lecture at California State University (2006); the modified version as speech at 2012 Philosophy Spring Colloquium *The Aesthetic & The Ethical* at University of Michigan, Ann Arbor; and as seminar talk at Carleton College for Carleton and St. Olaf Philosophy Department faculty (2012).

精神层面的摹拟。精神摹拟体验作为一种对虚构情境的假设性演练，其主人公是想象主体本人，这意味着该体验未必包含一个目标对象，而只是想象主体在头脑中围绕自身展开的"假扮游戏"。贡布里希关于"所有的艺术都是'制像'，而所有的制像都植根于替代物的创造"[1] 的观点描述的是再现艺术创作的物理摹仿。假如物理摹仿是主体以复制对象的方式创造出其形式替代物，精神摹拟就是主体以重演虚构条件的方式创造出被摹拟情境的心理替代物。精神摹拟这一特征与第一人称模式想象的自我中心导向有关。人们对他者的想象总是一种"平行想象"（parallel imagination），譬如当 A 对 B 的经历进行精神摹拟时，A 所展开的想象是一种以 A 为中心的第一人称的平行想象，B 的形象不必须出现在 A 的想象中，A 从想象中获得的情绪感受和相应作出的身体反应都来自 A 自身而非对 B 的情绪感受及身体反应的摹仿。

摹仿与摹拟不同。二者都是临摹，但摹仿重在仿照、参照，要求摹仿者与被摹仿物之间有形式层面的相似性；摹拟重在虚拟，是对实际并未发生的假设情境的摹仿。摹仿与摹拟都是再现行为，但其所匹配的内容不同。前者再现的是对象物，对象物即便不以物质形式存在，也在摹仿者的认知结构与既往经验中在场，摹仿行为的自主性受到一定程度的局限与束缚；而后者再现的是虚拟情境，对该刺激作出何种反应是摹拟者的自由自主的行为。概言之，摹拟是在虚构情境下产生类情感的行为，它以主体在脱离既往经验的可能语境下所作出的反应作为考察样本，帮助主体理解自我及潜在的、可能的心理反应。

基于上述分析，可对文学艺术的创作与欣赏活动作"假扮游戏"论的阐释。首先，艺术创作是摹仿行为，艺术家以艺术手段对被再现物进行描绘刻画，以匹配肖似为目的，旨在追求艺术上的真实与忠实；艺术创作也是摹拟行为，艺术家为自我设定了营造乌托邦式虚拟情境的任

---

1 ［英］贡布里希：《木马沉思录：论艺术形式的根源》，徐一维译，北京：北京大学出版社，1991 年，第 16 页。

务，完成它就可以获得"假扮游戏"的快感。当艺术家的创作意图倾向于摹仿时，作品呈现现实主义风格，写实程度较高，艺术形象具体可辨；当艺术家意在摹拟时，作品或呈现现代主义风格，虚构程度较高，艺术形象可能是抽象难辨的。其次，文艺作品的审美欣赏是摹仿行为，欣赏者对艺术家的创作意图进行还原和参照，以求真求似为目的，旨在理解创作意图，把握作品真意；文艺作品的审美欣赏也是摹拟行为，欣赏者对虚拟情境的感悟以自由快乐为目的，旨在以作品为道具展开"假扮游戏"，于其中获得审美愉悦。无论摹仿还是摹拟，都具有不同程度的假扮性。艺术家对欣赏者有所期待，当欣赏者实现了艺术家的期待时，摹仿与摹拟的效果达到一致，欣赏作品的方式就遵循了相对正确的路径。但当欣赏者尚未充分理解作品时，其认知结构和情感结构在输入虚拟情境后得出的输出效果与艺术家的期待之间呈现出较大偏差，则欣赏作品的方式没有匹配理想的预期路径。

根据不同的艺术媒介与感知方式对精神摹拟的贡献不同，再现艺术作品的欣赏体验分别归属基于文字的精神摹拟、基于图像的精神摹拟与基于声音的精神摹拟等，电影与戏剧等复杂艺术样式则同时包含多种手段的精神摹拟。用精神摹拟的概念来描述文艺审美欣赏体验的心理特征，强调了其假扮性、摹拟性、虚构性对作品价值的重要作用，同时也说明文艺作品作为乌托邦并不是空想。文学艺术在围绕虚构世界的想象中之所以能达到超越现实的真实，主要依靠的就是审美欣赏体验中的假扮心理。

第三节　类情感与戏剧"假扮游戏"

精神摹拟及类情感在再现艺术作品的审美实践中是如何实现的？不妨以戏剧这一典型的假扮艺术形式为对象，从观众对虚构世界的介入与干预入手，分析审美欣赏体验中的受控与自控现象，以及卡塔西斯效用的三面性，以此见出戏剧艺术的假扮游戏特征。

在亨利模型里，观众能看到舞台上恶棍和女主角所发生的故事，但恶棍不会"发现"面前坐着许多观众，不会意识到他们看到了自己的恶行，女主角在噩运临头之时也不会向台下观众求救。"在以再现作品为道具的'假扮游戏'中，虚构角色通常不会注意到欣赏者或者与欣赏者展开互动、四目相对或彼此交谈"。[1] 对于虚构世界中的人物来说，观众是不存在的隐形人。观众和舞台之间先天存在一道屏障，这道屏障对于观众来说是透明的，透过它可以从舞台上向观众传输声音、情态、动作、台词等虚构事实信息；但这道屏障对于舞台世界来说是不透明的，观众对表演的反应不会透过它传输到虚构世界中（但可被表演者感知到）。那么，观众借助何种通道介入了舞台上的虚构世界？

话剧是叙事性的艺术，虚构事实的陈述需要通过文字表达、行动表演和舞台布景等形式来实现，其中尤为关键的是幕后旁白和内心独白。这两类陈述虚构事实的途径都能让观众偷窥到舞台世界上发生的一切，甚至是虚构人物彼此之间不知道的秘密。电影和戏剧表演中的旁白和独白通过从荧幕或舞台上向观众发出进入"假扮游戏"的邀请来打破两个世界之间的屏障。沃尔顿以《汤姆·琼斯》（1963）和《魔笛》（1976）为例指出，"在电影或者戏剧中，某个虚构角色突然转向观众征求意见或者求得同情的场景时有发生"。[2] 这种"向观众述说的旁白"（abides to the audience）的手法对观众施加着影响，却未必被观众觉察。"当某人从虚构意义上望向我们，或者使用第二人称口吻与我们说话时，观众就会自然而然地意识到此人注意到了自己或者向自己说话"。[3] 在以作品为道具的"假扮游戏"中，向观众述说的旁白相当于对游戏规则的说

1　Kendall Walton, *Mimesis as Make-Believe*: *On the Foundation of Representational Arts* (Cambridge, Massachusetts: Harvard University Press, 1990), p. 229.

2　Kendall Walton, *Mimesis as Make-Believe*: *On the Foundation of Representational Arts* (Cambridge, Massachusetts: Harvard University Press, 1990), pp. 229 - 230.

3　Kendall Walton, *Mimesis as Make-Believe*: *On the Foundation of Representational Arts* (Cambridge, Massachusetts: Harvard University Press, 1990), p. 233.

明，规定了"假扮游戏"的虚拟时空背景，对欣赏者的参与行为起到约束作用。旁白总是面向观众表述的，虚构世界中的人物并不需要听某个叙事人重申本世界的、关于自身的信息。因而，旁白的作用是向观众参与的"假扮游戏"提供虚构事实信息，以便连贯前后两幕的故事情节，同时确保观众的想象被限定在该剧的虚构世界中。

剧作家还巧妙地通过表演者面向观众表露心声的手法，使观众看到本应看不到的事件，听到本应听不到的内心活动、情绪纠结与阴谋秘密。譬如，当扮演哈姆雷特的演员表述内心的纠结时，演员是在向观众述说虚构人物哈姆雷特内心的纠结，而不是他本人的心理活动。从逻辑上讲，虚构世界中的哈姆雷特并没有向现实世界的观众述说自己内心的纠结，因为在他的世界中没有"观众"的存在，他的面前应当是不透明的"第四堵墙"。但在"假扮游戏"中，观众假装相信舞台上的男士便是哈姆雷特本人，默认他所述说的内心纠结便是哈姆雷特在虚构意义上的真实情绪。沃尔顿并未明确区分旁白与独白的概念，但从"假扮游戏"的角度来看，旁白与独白的作用是有差别的。旁白"赋予欣赏者一种客观化的、远距离的视角来观察他所游戏于其中的世界。……这允许欣赏者移情于虚构人物，即一种更纯粹地从虚构人物的角度观看舞台世界的能力"，[1] 此时欣赏者移情于虚构人物的视角未被欣赏者自身的个性化视角所影响。而演员面对观众的独白所引发的心理沟通却不仅是观众向演员的移情，更是观众假装自己便是角色本身的精神摹拟。造成这一差别的原因在于，不面向观众的旁白往往使用第三人称叙事，第三人称拉开了现实世界与舞台世界之间的距离。观众聆听旁白就像阅读以第三人称写就的文学作品，是在看其它世界里的故事和别人的人生，这些虚构事实与己无关。向观众述说的旁白常使用第二人称的语气直接与观众对话，虽拉近了两个世界之间的距离，却仍将观众排斥在虚构世界之

1　Kendall Walton, *Mimesis as Make-Believe*: *On the Foundation of Representational Arts* (Cambridge, Massachusetts: Harvard University Press, 1990), pp. 236 – 237.

外。而独白往往是演员以第一人称口吻表述的,第一人称将舞台上下的两个世界合而为一,距离感在偷窥虚构人物内心活动的过程中逐渐淡化。观众聆听独白就像阅读第一人称叙事或日记体的文学作品,代入感极强,难以客观化地逃避表演者的心理活动,他所面临的抉择就是自己所面临的选择。当哈姆雷特表述内心的纠结时,观众早已在内心为他(更确切地说是为自己)做出了决定和选择,只是剧情未必按照观众的意愿发展。与移情于哈姆雷特不同,观众站在自己的视角上想象"假如我是哈姆雷特""假如我面临这样的困惑",在虚拟意义上作出与自己相符合而非与哈姆雷特相符合的情感反应。

　　从空间上看,三面甚至四面全开放的舞台设计将虚构世界的空间延展到观众席,将观众纳入虚构世界的空间;从时间上看,"旁白"对背景信息与故事进程的介绍将虚构世界的时间延展到观众席,"独白"公开了虚构人物的心理活动并为故事的发展作了铺垫,也将观众纳入了虚构世界的时间。但是,尽管旁白的作用的确在于将欣赏者带入虚构世界之中,"欣赏者却无论如何都归属于他们自己的游戏世界"。[1] 而且,即便在偷窥到了本不应该看到的虚构事实或偷听到了本不应该听到的内心秘密之后,能够以精神摹拟的途径为哈姆雷特作出抉择,欣赏者也无法跨越两个世界的隔膜向他提供援助,分担或解除他的困惑。角色以旁白或者独白的方式向观众发问,只是将虚构事实植入观众的头脑引导进一步的想象和判断;观众的回答与建议却不会左右该角色的命运——悲剧中有价值的东西还是会按照剧本的安排毁灭给人看。虽然向观众述说的旁白旨在打破虚构世界与现实世界之间的隔膜,却最终在审美心理效果上强化了这一隔膜。假设在亨利模型中,被捆绑在铁轨上的女主角以旁白的形式向观众呼救,观众虽表现得无动于衷,却在这一表象下隐藏了见死不救的无奈感和无助感。那么,这一隐藏的无奈感和无助感是以何

1　Kendall Walton, *Mimesis as Make-Believe*: *On the Foundation of Representational Arts* (Cambridge, Massachusetts: Harvard University Press, 1990), p. 233.

种途径发泄出来的呢?

艺术家是其所建构的虚构世界的"神明",是"假扮游戏"规则的权威制定者,全知全能地创造了一切虚构事实。观众知晓剧中的一切虚构事实,甚至角色之间的秘密与误会,却碍于虚构世界和现实世界的隔膜无法对虚构事实作出实质性的干预,因而相对于创作者,观众是全知非全能的。观众关心虚构人物的命运,这是由假扮心理决定的。当故事出现转折或危机时,观众会依自己的愿望期待产生强烈的干预冲动。观众以作品生发的虚构事实为道具,产生关于虚构世界的想象,进而沉浸在类情感之中,被虚构事实束缚在"假扮游戏"中,呈现不由自主、无法自控的情感状态。与此同时,观众清楚地知道自己并未身处虚构世界的境地,只是在心理上有身临其境的感觉,自我意识与现实感仍共存于对虚构作品的反应中。观众在向作品投入情感的同时,也能对该情感进行自我控制,使之不至于过分极端与强烈。因而,受控与自控之间的张力状态显现了类情感的存在属性。无法抑制救人冲动而作出荒唐举动的亨利是极端受控的典型,而面对悲剧结局内心毫无怜悯忧伤的观众则处于极端自控的状态中,二者都不是正确欣赏作品的类情感状态。那么,欣赏者是如何以自控方式克服虚构作品的控制,又是如何避免过度超离作品而保留受控状态的?为了更好地欣赏戏剧,人们应如何在受控与自控之间实现心理调节呢?

欣赏者介入并干预虚构世界的过程包含了"郁积冲动—假想渴望—化身虚构"三个阶段。郁积冲动的根源在于欣赏者无法以物理形式触碰虚构世界的人物、参与虚构事件的进程、与虚构实体进行对话交流。观众通过旁白和独白,部分地分享了剧作家的全知全能性,了解其隐藏在作品中的不被虚构人物所知却关涉其命运发展的重要线索。积累的秘密线索越多,对情节的预见性越准确,悬念越离奇、危机越紧急,观众干涉虚构事件发展的焦虑和冲动越强烈,物理干预失灵所造成的无力感越能占据类情感的体验。欣赏者必须找寻一条既不抵消虚构作品的受控效果,又不在受控中失去自控意识的途径来疏导干预虚构世界的渴望。精神摹拟与类情感便是替代物理手段打通虚构世界与现实世界之间隔膜的心理途径。类情感的产生标志着虚构作品与欣赏者的沟通成功地达成了预定目标,于是以想象与精神摹拟的方式在游戏世界中对虚构世界进行干预就变为了可能。欣赏者为虚构世界创造了可能情况,想象着假如哈姆雷特果断一些、假如有人将女主角从铁轨上救下的话,故事将如何发展,这便是在个体化的游戏世界中虚拟性地干预了虚构世界的发展。但观众的想象与愿望未必是作品发展的方向,当二者出现偏离时,观众的无助感仍然未得到完全的疏导。观众在虚构世界中郁积的复杂情感强烈要求显现自我,却又无法在虚构世界中得到释放,只得回归自身,表现为哭泣、叹息、惊恐、大笑等反应。当以类情感的方式反馈于表演时,观众就具备了虚构语境下的新身份,意味着他被作品纳入了虚构世界,在"假扮游戏"中占据了一席之地。

戏剧艺术对观众施加的影响正是通过"郁积冲动—假想渴望—化身虚构"的过程实现的。由此得以对卡塔西斯效用作"假扮游戏"论的阐释。亚里士多德在《诗学》中谈及卡塔西斯效用(katharsis)的问题,包含阐释其内涵的文本或在《诗学》佚失的一卷中,[1] 是亚氏悲剧定义在《诗学》现存版本中"没有作过说明的唯一的一项内容"。[2] 根据亚氏只言片语的线索,翻译界就在卡塔西斯的译名及内涵上出现了分歧,"宣泄""净化"和"陶冶"这三种译名代表了对亚氏悲剧理论的三种流传最广的理解。

首先,支持宣泄说的学者认为,卡塔西斯本是宗教术语与医学术语,在希波革拉第学派医学著作中指宣泄作用,其含义是借助药力把有害之物排出体外。卡塔西斯的作用是宣泄怜悯与恐惧中的坏因素,或认为过于强烈的怜悯和恐惧可用同样强烈的情感来医治以达到以毒攻毒的目的,又或认为其功用在于满足人们的强烈的怜悯与恐惧之情的欲望,

---

1 [古希腊]亚里士多德:《诗学》,陈中梅译注,北京:商务印书馆,2008年,第9页。
2 [古希腊]亚里士多德:《诗学》,陈中梅译注,北京:商务印书馆,2008年,第67页。

还有的学派认为"重复激发怜悯与恐惧之情，可以减轻这两种情感的力量，从而导致心理的平静"。[1] 其次，朱光潜认为卡塔西斯意为"净化"，亚里士多德在《政治学》中所使用并阐释的卡塔西斯与《诗学》中的相关表述是同一种意义。他指出，"'净化'的要义在于通过音乐或其它艺术，使某种过分强烈的情绪因宣泄而达到平静，因此恢复和保持住心理的健康"，[2] 又强调"悲剧的主要的道德作用决不在情绪的净化，而在通过尖锐的矛盾斗争场面，认识到人生世相的深刻方面……不同种类不同性质的文艺激发不同的情绪，产生不同的净化作用和不同的快感"。[3] 再者，罗念生认为卡塔西斯意为"陶冶"，他指出：

> 观众看一次悲剧，他们的情感受一次锻炼；经过多次锻炼，即能养成一种新的习惯。每次看戏之后，他们的怜悯与恐惧之情恢复潜伏状态；等到他们在实际生活中看见别人遭受苦难或自身遭受苦难时，他们就能有很大的忍耐力，能控制自己的情感，使它们发得恰如其分，或者能激发自己的情感，使它们达到应有的适当的强度。这就是卡塔西斯作用。悲剧使人养成适当的怜悯与恐惧之情，而不是把原有的不纯粹的或过于强烈的怜悯与恐惧之情加以净化或宣泄。[4]

三派观点皆有合理性，却又无法独立成为令人信服的解答，问题就在于对卡塔西斯的阐释脱离了对戏剧虚构特质的考察。"宣泄"说、"净化"说、"陶冶"说对卡塔西斯的三种阐释有着内在关联。戏剧表演中激发欣赏者产生净化效用的元素未必与既往经验与真情实感相关联，对卡塔

---

1   罗念生：《卡塔西斯笺释——亚理斯多德论悲剧的作用》，载《剧本》，1961 年第 11 期，第 81—90 页。
2   朱光潜：《亚理斯多德的美学思想》，载《北京大学学报（人文科学）》，1961 年第 2 期，第 45—60 页。
3   朱光潜：《亚理斯多德的美学思想》，载《北京大学学报（人文科学）》，1961 年第 2 期，第 45—60 页。
4   罗念生：《卡塔西斯笺释——亚理斯多德论悲剧的作用》，载《剧本》，1961 年第 11 期，第 81—90 页。

西斯效用的阐释要全面建立在充分尊重戏剧虚构性的基础上，至少应包含作品的虚构性、欣赏主体的虚构身份、类情感反应及全部虚构要素建构的"假扮游戏"语境。若缺失对戏剧虚构性的全面把握，则易步入将欣赏虚构作品的审美体验与生活化的情感体验混为一谈的误区。事实上，无论是"净化""宣泄"还是"陶冶"，卡塔西斯效用所疏导与影响的对象并不纯粹是既有体验与现实情感，其间虚构性的成分不可忽视。卡塔西斯产生的源头在于虚构的戏剧作品与融入"假扮游戏"而具有虚构身份的观众在心理层面的沟通互动。语境、主体与对象三方面的虚构性证实卡塔西斯的产生虽不可避免地受到现实因素影响，却不由现实因素决定。普罗米修斯非真实地存在于古希腊城邦公民的现实世界中，但埃斯库罗斯的"普罗米修斯三部曲"却能够引发观众强烈的情感反应。普罗米修斯的命运是观众一生都不会经历的，作品所激发的情感也是观众在现实中没有机会体验的空白地带。在"假扮游戏"中被疏导的情感毕竟不是面对真实对象所产生的，观众并非在审美体验中直接释放自己的情绪，也无法在虚构世界中充分满足情感欲望。情感的宣泄与欲望的满足仍须留待现实中加以实现和解决，类情感的暂时表现不过是再现艺术氛围下的假象。将游戏主体等同于真实自我，把类情感简化为真情实感，或强调戏剧的教化功能，认为舞台上的表演能够直接影响观众等观点是对卡塔西斯效用生发机制的偏离。那么，这一生发机制是如何运作的呢？

虽然戏剧的人物角色与故事情节具有虚构性，串联虚构成分的纽带却深植于现实逻辑中。卡塔西斯作用于观众的可行性正在于虚构世界与现实世界所共享的道德观念与价值选择，这些成分是非虚构的。虚构事实的呈现使观众清醒地认识到两个世界之间的距离，非虚构成分所催生的类情感却又打破了这一距离。虚构成分关联着抑制类情感转换为真实情感的自控意识，非虚构成分激发的是解决问题和矛盾的冲动。一方面，观众假装相信普罗米修斯为救助人类的义行付出了痛苦的牺牲，内心产生崇敬与悲悯的类情感，期待悲剧结局尚有挽回的余地，这是解决问题和矛盾的冲动；另一方面，却又告诫自己，普罗米修斯不过是男演员所装扮，按照剧本的编排，英雄应当在虚构世界中牺牲，但男演员不会真的死去，这是抑制类情感转换为真实情感的自控意识。抑制意识与解决冲动之间的力量对比对不同的观众来说有不同的表现。

亨利模型设想了一种理想化的状态，即假定亨利是第一次观看话剧这种艺术形式。他的举动说明的是解决冲动瞬间压倒抑制意识而完全沉入假扮身份与虚构情境无法自控的情况。但真实的观众在重复欣赏同一部作品或不断欣赏若干作品的审美体验中得到训练，知晓如何按照作者的创作意图对虚构对象做出恰切反应。因此，大多数没有冲上舞台解救女主角的观众的举动说明的是理智对待虚构对象时抑制意识压倒了解决冲动的情况。想必即便是亨利，在第二次观看该话剧时，也会意识到女主角是女演员所扮演的，她不会真的牺牲在舞台上，"铁轨"是并排木头临时搭建的，呼啸而来的"火车"只不过是后台音效等事实。此时亨利内心的抑制意识和解决冲动之间的冲突力度就会因提前了解了故事的结局及表演的假扮性而得到一定程度的减弱，并终将在累积了多次欣赏体验之后达到抑制意识与解决冲动之间的平衡状态。在这种平衡状态下，解决冲动仍然存在，但抑制意识已无须付出太大努力便可轻松实现自我控制。

由此可见，第一种情况即解决冲动瞬间压倒抑制意识而使观众完全沉入假扮身份与虚构情境无法自控的情况是一种"宣泄"；第二种情况即理智对待虚构对象时抑制意识压倒了解决冲动的情况是一种"净化"；第三种情况即累积了多次欣赏体验之后达到抑制意识与解决冲动间的平衡状态是一种"陶冶"。根据作品内容的不同以及欣赏者个体经验和审美感知力的差异，卡塔西斯效用在戏剧欣赏体验中可能单独地存在或综合地呈现三种不同样貌。对于每一位欣赏个体的单次审美体验而言，卡塔西斯效用呈现何种样貌部分地取决于该欣赏者自身的因素。假扮是实现卡塔西斯效用的前提，观众投入虚构世界的类情感的不同程度影响着卡塔西斯效用在不同层面上的实现。但无论卡塔西斯效用呈现何种层次的程度，极端受控与极端自控的情况都不是艺术家所期待的理想审美欣赏方式。类情感是实现卡塔西斯的钥匙，是检验戏剧对观众的感染力的捷径，充分感受虚构语境下产生的类情感才能恰切把握作品所传达的主旨。"精神摹拟—类情感—卡塔西斯"是观众自主地而非被动地对自我进行情绪宣泄、灵魂净化与心灵陶冶的动态过程。不仅是戏剧艺术，这一动态过程也普遍地出现在其它基于"假扮游戏"的再现艺术审美欣赏中，也是更多再现作品实现审美价值的过程。以精神摹拟为手段的"假扮游戏"正是艺术作为审美乌托邦发挥效用的心理根基。

第四章　"假扮游戏"之虚构语境的建构

"假扮游戏"的展开需要一个虚构语境作为平台。这一游戏语境的建构过程关涉五个"世界"的概念：现实世界（the real world）、可能世界（possible worlds）、虚构世界（fictional worlds）、作品世界（work worlds）与游戏世界（game worlds）。厘清五种"世界"的概念及其内部关联是理解再现艺术作品的"假扮游戏"语境如何建构运转并影响欣赏者的审美接受心理的前提。

第一节　虚构事实与虚构世界

假扮行为是在特定虚构世界 W_f 的语境下假装相信作为虚构事实的命题 P 具有虚构性，即认可 P 在 W_f 中具有虚构的真实性的行为。虚构世界 W_f 中的虚构事实 P 具有虚构的真实性、确定性与必然性，即这些性质只在 W_f 内部成立，在脱离了 W_f 的其它世界 W_x 中，[1] P 的虚构性不复存在或不再具有逻辑合理性。虚构实体（fictitious entity）在虚构世界中的存在对于与其相关的虚构事实而言是充分必要条件。

1　W_x 指的是无法与 W_f 通达的世界，在可与 W_f 通达的世界 W_{f1}……W_{fn} 中的情形详见第三节"跨界身份识别与嵌套世界"。

譬如，虚构事实 P_1 "孙悟空存在于《西游记》的世界里"是虚构事实 P_2 "孙悟空是会说汉语的猴子"的充分必要条件，当且仅当孙悟空存在于《西游记》的世界中，它才是会说汉语的猴子。与孙悟空有关的一切虚构事实只在《西游记》的虚构世界中具有真实性，脱离了《西游记》的世界而转换为其它作品的虚构语境时，这些虚构事实便丧失了虚构意义上的真实性。因此，内在于《西游记》的文本之中，之所以有一个虚构的世界，是由于作为道具的《西游记》所生发出的全部虚构事实只在这个特定的虚构世界语境下才具有真实性，也是因为唐僧师徒西天取经的虚构世界及其相关的全部虚构事实之间是充分必要关系。

假如仅在虚构世界与虚构事实这两个范畴间界定彼此，会产生陷入循环论证的风险。一方面，作为道具的作品生发出若干虚构事实，方能组合成虚构世界，"若干虚构事实的组合是构成'虚构世界'的基础"；[1] 另一方面，只有在虚构世界的语境下，这些虚构事实方能为真，因而会出现找不到逻辑起点而循环互证的局面。在没有虚构世界作为语境保障虚构事实为真的情况下，虚构事实的真实性是不合法的；在没有虚构事实作为根基的情况下，虚构世界便因缺少砖瓦而无从建构。作品尚未完成时，艺术家可通过改变虚构事实而操控虚构世界的外观；而欣赏者要先行假装相信存在西天极乐世界再逐章逐回地了解取经故事。因此，要阐释虚构世界与虚构事实的深层关联，须从上述循环之外找寻一个使二者合法存在的根据。这一支点不在作品，也不是作者，而在于欣赏者。虚构世界不具备物质实在性，但在"假扮游戏"中，虚构世界具有虚构的实在性即非物质实在性。协助实现这一非物质实在性的途径是想象，而想象的主体是欣赏者。因而，欣赏者通过想象在心理层面实现了虚构世界的非物质实在性——只有欣赏者假装相信虚构事实为真，虚构世界才能被建构。虚构事实与虚构世界的成立皆依赖于假扮心理，它确定了

---

1 Kendall Walton, "Points of View in Narrative and Depictive Representation", *Noûs*, Vol. 10, No. 1 (March, 1976), pp. 49–61.

虚构事实与虚构世界在"假扮游戏"中的实存性，进而消解了二者孰先孰后的生成次序。

虚构世界的构建有赖于虚构事实的陈述，作品每生发出一条虚构事实，虚构世界的一角面貌就呈现出来。因此，虚构事实的叠加组合的逻辑与虚构世界的建构逻辑是一致的，虚构事实的生发原则是虚构世界的构筑规则，即是说，虚构世界的建构也遵循现实原则与共识原则。建构虚构世界的现实原则是，当且仅当作品生发出虚构事实 P_1……P_n 的情况下，即当且仅当 P_1……P_n 在虚构意义上发生的情况下，作品的虚构世界才能被建构出有关 P_1……P_n 所描述的虚构实体及其关系的方面。首先，在作品并未提及 P_1……P_n 之前，虚构世界中不应当出现这类虚构事实。譬如，若吴承恩无意在小说中描写沙僧这个人物，沙僧就不会存在于《西游记》的虚构世界。其次，P_1……P_n 的出现时间要遵循创作顺序，这一顺序体现了虚构世界内时间的线性特征。譬如，当虚构事实 P_1"唐僧自五行山下解救了悟空"已被描述而虚构事实 P_2"唐僧自高老庄收服了八戒"尚未被描写时，唐僧在西天取经的道路上就只与孙悟空为伴。再次，虚构世界的运行秩序比照于现实世界，即便改变规律法则进行虚构，也是以对现实的认知为基础的。托尔金（J. R. R. Tolkien）写道，"童话故事就是仙女、矮人与妖精所存在的王国与疆域。除了矮人与女神、侏儒与巫师、山怪、巨人与龙之外，童话故事的世界里还存在着许多其它事物，比如大海、太阳、月亮、天空、大地以及一切于其中存在的事物：树木、鸟群、流水、岩石、红酒与面包，以及我们自己——凡间的人类"。[1]

虚构世界的构筑也遵循共识原则：当且仅当作品生发出的命题 P_1……P_n 被艺术家所在社会中的成员共同假装相信时，其所建构的虚构世界才能被艺术家所在社会中的成员共同假装相信，该虚构世界才具

---

1 J. R. R. Tolkien, "On Fairy-stories", *The Tolkien Reader* (New York: Ballantine Books, 1966), p. 38.

有虚构的真实性。毕尔博·巴金斯是在现实中找不到对应原型的虚构人物，他所归属的霍比特种族也是托尔金虚构的，其所在的霞尔是中土世界（Middle-earth）大陆上的一块区域。与巴金斯家族、霍比特人社区及中土世界相关的全部虚构事实构成了《霍比特人》的虚构世界。当与托尔金同社会的读者一致假装这位虚构人物的存在为真时，巴金斯所在的霞尔及居住于霞尔的霍比特人的虚构事实才建构起在虚构意义上为真实的中土世界，中土世界才具有虚构的真实性。与之相似，"极乐净土""金陵""桃花源"也是被与艺术家同社会的受众共同假装相信为真实后才得以建构的虚构世界。

因此，再现艺术作品充当了"假扮游戏"道具的角色，生发出若干基本虚构事实，全部组合在一起就构筑了该作品的虚构世界。这一建构过程有赖于想象、规则与道具这三个"假扮游戏"要素的协同合作，有赖于欣赏者假装相信虚构事实及虚构世界为真的"假扮游戏"心理。

第二节　虚构世界、现实世界与可能世界

本杰明·威斯特（Benjamin West）的画作《沃尔夫将军之死》在展出时，"受到公众的热烈欢迎，他们成群地拥向铁圈球场去观看这幅画，有些甚至被画中的情绪感动得'昏过去'"。[1] 该画作逼真再现了沃尔夫将军为英国殖民事业牺牲的场景，但画作世界并不是现实世界的真实部分，而只是对现实事件的艺术化再现。该画作在现实世界和虚构世界之间架构一种关联。这一关联不是物质性的，而是精神性的，因为分处两个世界的欣赏者与虚构人物无法实现物理意义上的接触互动。正如

1　[英]唐纳德·雷诺兹：《剑桥艺术史——19世纪艺术》，钱承旦译，南京：译林出版社，2009年，第12页。

沃尔顿所指出的：

> 我们不能从孤岛上将鲁滨逊·克鲁索拯救出来，或者向参加汤
> 姆·索亚葬礼的亲戚们赠送鲜花以表慰问。威利·罗曼不能向我们
> 倾诉他的烦恼，我们也不能向他提供任何建议。弗兰肯斯坦怪物
> 或许可以威胁到不幸存在于它那个世界中的任何人物，但对存在
> 于真实世界中的我们，它却无计可施，因而我们处于绝对安全的
> 状态。[1]

将虚构世界与现实世界之间的隔膜称作"距离"并不妥当，因其无休无
止地绵延在两个不相关的世界之间，无法测量，无法到达，也无从解
除。毋宁说这是一种彼此隔绝的孤立存在状态，虚构世界与现实世界之
间的"逻辑的障碍"和"形而上的隔膜"是将之称为不同"世界"的
原因。

　　但从认知的角度来看，虚构世界与现实世界并非毫无关联：克劳德
风景画世界里的树木河流与被再现景观分享了近似的样貌，哈姆雷特与
莎士比亚所说的语言是同一种，贝尼尼的人像雕塑依照的是人体的基本
构造。在观看《玛丽亚·斯图亚特》时，观众会辨识出哪一位演员扮演
的是历史上被推上断头台的苏格兰女王；在阅读《三国演义》时，读者
会依据真实的历史来预料三国鼎立的局面如何终结。毋庸置疑，再现作
品中的虚构历史与自然历史是不同的，但虚构世界常常从现实世界中借
用时间、空间、事件与人物。以历史为题材的再现作品有时会使欣赏者
混淆审美与认知之间的差别。当欣赏者在获知作者为撰写小说或剧本曾
查阅过相关史料时，更易错将虚构当作历史。例如，"拉美西斯五部曲"
的作者克里斯蒂安·贾克（Christian Jacq）是少数能够当场破译古埃及

1　Kendall Walton, "How Remote Are Fictional Worlds From the Real World?", *The Journal of Aesthetics and Art Criticism* (Fall, 1978), pp. 11 - 23.

文字的古埃及学博士,他对拉美西斯二世及相关历史的了解达到了一般作家无法企及的广博程度。但"拉美西斯五部曲"以恢弘史诗的风格与笔法写就,人物性格刻画与战争场面描绘多为虚构,若被当作了解历史的依据看待则会造成谬误。这一混淆是不恰当的,正如沃尔顿所说,"在准备一次历史测验的时候,我可能避免阅读一部历史小说,因为我了解到它对历史事件的叙述不那么精准,恐怕会混淆我对历史事件的已有知识。"[1] 可见,再现艺术作品中的虚构世界与现实世界的关系何其复杂。

在虚构世界与现实世界之间还存在着一个可能世界。"可能世界"的概念最早由莱布尼茨提出,其核心在于"无矛盾性"即"逻辑的一致性"。"只要事物的情况或事物的情况组合推不出逻辑矛盾,该事物情况或事物的情况组合就是可能的",[2] 也就是说,"一个由事物情况 A_1、A_2、A_3……构成的组合是可能的,当且仅当 A_1、A_2、A_3……推不出逻辑矛盾"。[3] 事物情况 A_1……A_n 所组成的世界就是一个可能世界,可能世界有无穷多个,"现实世界也是一种可能世界,即实现了的那个最完美的世界"。[4] 可能世界是现实世界中可能发生但尚未发生的非真实情形,是对现实世界的已发生事件的条件进行改换,使之在虚拟状态下再次发生,以取得不同结果的模型,因而"不能脱离现实世界中的事物和诸事物间的相互关系来认识可能世界"。[5] 在可能世界的模态命题逻辑系统中,存在着对可能发生事件的想象及对可能结果的预测,因而这一摹拟过程也具有"假扮游戏"的性质。可能世界对未发生的可能事件的想

1　Kendall Walton, *Marvelous Image*: *On Values and the Arts* (New York: Oxford University Press, 2008) pp. 27 - 45.

2　冯棉:《"可能世界"概念的基本涵义》,载《华东师范大学学报》(哲学社会科学版),1995年第6期,第31—37页。

3　李秀敏:《论可能世界理论中的两个问题》,载《江西教育学院学报》(社会科学),2004年第25卷第1期,第29—32页。

4　冯棉:《"可能世界"概念的基本涵义》,载《华东师范大学学报》(哲学社会科学版),1995年第6期,第31—37页。

5　冯棉:《"可能世界"概念的基本涵义》,载《华东师范大学学报》(哲学社会科学版),1995年第6期,第31—37页。

象性预测不仅为"假扮游戏"提供了平台，还会激发主体关于可能情境的情感反应。如此，便可在沃尔顿所描述的"假扮"概念的基础上作如下调整：所谓假扮行为，是在虚构世界 W_f 或可能世界 W_p 的语境下假装虚构事实 P 为真，即认可 P 在 W_f 或 W_p 的语境下具有虚构的真实性的行为。

假扮心理出现在对可能世界的假想中，则它不仅与虚构世界相关联，也是可能世界的心理基础，因而"假扮"这一范畴就不足以区分可能世界与虚构世界。假如某人 S 在身体健康的情况下想象自己因食物中毒而腹泻呕吐，并随之产生了真实的不适感，他的行为便是建构了可能世界的假扮行为，当条件具备时这一想象就会变为现实。S 的想象世界是一种可能世界，而非虚构世界，他所想象的是在全部条件都具备的情况下可能在现实世界中发生的事件，这与文学艺术作品的虚构世界有本质区别。虚构世界中发生的一切皆停留在虚构世界中，即便全部条件都具备，虚构世界中的事件也不可能在现实世界中发生。被虚构出来的事实无所谓现实的可能性或不可能性。举例来说，扮演朱丽叶的女演员在舞台上所遭遇的一切皆被限定在《罗密欧与朱丽叶》的虚构世界的范围内，于其中呈现的全部虚构事实一旦被转入现实语境便会即刻丧失生命力。"朱丽叶"在表演结束之后会恢复现实身份，舞台上发生的故事永久停留在舞台世界里，无所谓现实意义上的可能性或不可能性。因而观剧的欣赏者所进行的"假扮游戏"是以舞台上的虚构世界为平台的。因此，存在于白昼梦中的假扮行为建构了虚构世界或可能世界，即是说，想象或许关联着可能世界，也可能关联着虚构世界，并非全部想象活动都包含虚构世界，并非全部"假扮游戏"都有赖于虚构世界的平台。区别的关键在于虚构实体与虚构事实中的虚构成分与可能成分的配比关系：若可能成分大于虚构成分，则这一行为很可能是基于可能世界的"假扮游戏"；若虚构成分大于可能成分，则这一行为必然是基于虚构世界的"假扮游戏"。

由此进一步分析，《罗密欧与朱丽叶》与《玛丽亚·斯图亚特》是不同的。朱丽叶是虚构的,而玛丽亚·斯图亚特却是真实的历史人物;《玛丽亚·斯图亚特》所再现的不是一个虚构世界,而是历史片段。与《三国演义》类似,这类基于历史的再现作品是以"假扮游戏"的精神摹拟方式再现了可能世界。艺术家不改变主要人物的基本信息,不对历史事件作大幅度改写,仅出于艺术需要对其稍加润色与微调,增删人物,扩充对话,刻画心理,以及描绘场景。作品所生发的虚构事实是现实世界中已发生事件的可能版本,即便个别角色、人物对白及心理活动并非历史真实,也不会改写历史。与之不同的是《霍比特人》与《尼伯龙根的指环》之类的虚构作品,它们基于传说而写就,或纯属虚构想象,以"假扮游戏"的精神摹拟再现了虚构的世界。其中的虚构实体在现实世界中找不到对应物,也就不被可能世界的合事实性与合逻辑性所束缚。可能世界是以不推出逻辑矛盾作为存在根基的,但虚构世界呈现的逻辑矛盾比比皆是。《瀑布》的画家使水流在被重力吸引向下倾泻的同时摆脱重力的束缚向上飞升;《时间机器》的主角多次打破时间线性穿梭于过去与未来之间。

因此,可能世界与虚构世界的概念不应混为一谈。有学者认为,"在现实世界中,石头变成猴子是不可能的,猴子会七十二变也是不可能的,但对于可能世界理论来说,则是可能的,可以想象的。……我们完全可以想象,一旦存在这种条件,这种可能就会变成现实。而事实上人们已经创造了这样的可能世界,《西游记》中所描述的世界不正是这样的可能世界吗?"[1] 这一判断有两处值得商榷。一方面,"可以想象"不等于是"可能的",不意味着条件具备时就会"变成现实";另一方面,作家在小说中创造的是虚构世界而非可能世界,《西游记》的世界并不是唐代历史的一种可能发生的情况。事实上,"世界"一词是从不同意义上被使用的,可能世界并不是一种"世界",而只是一种"情

---

1 李秀敏:《论可能世界理论中的两个问题》,载《江西教育学院学报》(社会科学),2004 年第 25 卷第 1 期,第 29—32 页。

况", 是现实世界中未发生但可能发生的一种情况, 因而可能世界总以特定的现实世界背景作为依托与基础; 但虚构世界并不是一种"情况", 而是一种比"情况"复杂得多的由多种"情况"聚合而成的"世界", 这表现为虚构性在作品世界内以联动性模式蔓延, 即一条虚构事实的虚构性会导致虚构世界历史的整体虚构性。概言之, 可能世界是现实世界元素被虚构时产生的情况描述, 而虚构世界是全部事实皆虚构的整体存在。与其认定可能世界是一种物理性的"可能", 不如将之视为一种心理上的"可能"。所谓心理性的"可能", 是指欣赏者自愿假装相信该情况事实为真的可能性, 而不是基于自然科学常识来论证未发生的事件是否可能在未来变为现实。虽然技术提高与社会进步会使虚构和想象变为现实, 这并不意味着虚构世界与可能世界会在无限延展的时间轴的某一点上重合, 毕竟出于审美目的构建的虚构世界与出于认知目的构建的可能世界有本质区别。虚构作品的创作与欣赏的侧重点本不在于认知层面的预言价值, 且大多数欣赏者能够通过充满离奇想象和冒险气氛的虚构世界获得愉悦; 换言之, 如果虚构事实转化为现实, "假扮游戏"的审美愉悦无从产生。吴承恩作《西游记》并非旨在假设现实世界的一种可能情况, 而是重新架构了一个新世界, 它遵循新的逻辑——动物会说话、有心眼、会打斗, 这些新奇的虚构事实才是有趣可读之处。

还有一类写实性的再现作品, 其所再现的人物与现实中的普通人别无二致, 人物经历没有虚幻离奇的成分, 故事发生的时空背景之真实让欣赏者觉得再熟悉不过, 虚构事实生发的逻辑没有违背自然规律与人情世故。这类作品仍然不能被认为是再现了现实世界或可能世界。沃尔顿以《白鲸》的船长为例说明,[1] 他指出, "即便《白鲸》与某个可能世界中的某位德里科爵士相匹配了, 作品仍然没有再现这位爵士, 小说也不是关于这位爵士的小说"。假设我们不将被再现的对象视为一种可

1　Kendall Walton, "Are Representations Symbols?", *The Monist*, Vol. 58, No. 2 (April, 1974), pp. 236 - 254.

能的对象,而将之视为"一个世界中的对象"。即假设,虽然《白鲸》没有再现"现实世界中的"德里科爵士,假如它匹配了某个可能世界W中的德里科,那么它就再现了"W中的德里科"。随之推出的结论就是,将"再现W中的德里科"同一于"匹配德里科使之像在W中一样",但接下来的后果将是"灾难性的":假如恰好实际存在一个真实的人物而且此人在现实世界中的遭遇与《白鲸》相匹配,那么《白鲸》就再现了真实世界中的他——甚或更狭隘的结论是,这部作品"再现W中的德里科"与其"匹配德里科而且仅仅匹配他在W中的那种状态"是同一的。在这种论断下,《白鲸》将不复是小说,而是新闻或报告等纪实文体。沃尔顿又指出,"某些再现作品并不匹配任何可能世界中的任何对象"。假如与一个可能对象在某个可能世界中的样貌相匹配对于再现这一可能对象而言是必要条件的话,就不是所有再现作品都能再现可能对象,因为许多虚构作品都不具备这一特征。更何况,虚构世界并不是现实世界在虚构空间中的延伸,再现作品没有必要继承并遵循现实逻辑,且"在虚构作品中'发生'的一切没有必要一定具备逻辑上的一贯性"。因此,"将再现与'虚构的'世界关联起来比将之与可能世界关联起来的思路更具有吸引力",比如将艾哈伯船长视为一位虚构人物而非可能的人物,就解除了之前的困惑。"撰写一则故事或者描绘一幅画作通常就是带入一个新的故事世界或者图像世界的过程,这使得虚构世界的存在不像可能世界那样成为分立的事件",即是说,可能世界是现实世界的"碎片",但虚构世界却是自足自律的"整体",可能世界与现实世界之间保持一致地关联着,而虚构世界与作品之间保持一致地相关联,作品所再现的是虚构世界中的每一个人物、每一处环境和每一个事件。沃尔顿总结道,所谓一部作品是P的再现,是指:

> 对于P的每个值而言,在P的再现作品的对应的虚构世界中都有一个P的存在。——这意味着一部作品必须匹配其对应虚构世界

的内容。因此，假如这些内容都是它所"再现"的虚构世界的景象，匹配一个虚构对象对于"再现"这一对象而言将是必要的，而"错误地再现"它的情况就不可能发生。这使"再现"一个虚构对象和再现一个实际对象之间的关系变得绝对不可类比，将它们都称为"再现"的做法也是毫无根据的误导。[1]

《玛丽亚·斯图亚特》在剧场上演时，与《尼伯龙根的指环》一样具有舞台的虚构世界，前者再现的是可能的历史状况，而后者再现的是不可能的虚构故事。戏剧舞台时空是虚拟的，无论是历史题材还是虚构题材，再现艺术作品都要建构起虚构世界，台上台下共同展开一场"假扮游戏"。再现艺术作品构建了虚构世界，这一虚构世界再现了可能世界或虚构世界，但文学作品本身并不建构可能世界。因而，"对作者来讲，主要的任务是在文本中构建尽可能多的可能世界"的观点以及"读者总是会用文本中的可能世界去证实他所构建的可能世界"[2] 的观点，是没有区分虚构世界与可能世界的概念而做出的判断。区分了二者的内涵及外延，才能把握再现艺术作品与现实的复杂关联。忽视再现作品的虚构性而将注意力放在对作品与现实的关系考量中，是文艺批评常出现的误区，"最使人误入歧途的是把小说读成自传和当时的社会史"。[3] 譬如，余英时曾指出：

> 《红楼梦》研究基本上乃是一种史学的研究。而所谓红学家也多数是史学家；或虽是非史学家，但所作的工作仍是史学的工作。史学家的兴趣自然地集中在《红楼梦》的现实世界上。他们根本不

1　Kendall Walton, "Are Representations Symbols?", *The Monist*, Vol. 58, No. 2 (April, 1974), pp. 236–254.

2　张丽：《文学叙事中的可能性与真实性》，载《江西社会科学》，2012 年第 11 期，第 96—101 页。

3　[美] 鲁晓鹏：《从史实性到虚构性：中国叙事诗学》，王玮译，北京：北京大学出版社，2012 年，第 140 页。

大理会作者"十年辛苦"所建造起来的空中楼阁——《红楼梦》中
的理想世界。相反地,他们的主要工作正是要拆除这个空中楼阁,
把它还原为现实世界的一砖一石。在"自传说"的支配之下,这种
还原工作更进一步地从小说中的现实世界转到了作者所生活过的真
实世界。因此半个世纪以来的所谓"红学"其实只是"曹学",是
研究曹雪芹和他的家世的学问。用曹学来代替红学,是要付出代价
的。最大的代价之一,在我看来便是模糊了《红楼梦》中两个世界
的界线。[1]

区分现实与虚构,不仅要将对现实的过分考据从虚构作品的审美欣赏体
验中剔除,尊重虚构世界的自律性与自足性,还要将作品取材自现实的
部分视作有别于历史的一种可能而非历史本身,在虚构语境下对其进行
"非还原性"的比照。被史学研究还原的一砖一石即便具有说服力,也
无法重新构筑起《红楼梦》的大厦。

"假扮游戏"论对虚构世界与现实世界之间遥远距离的探讨并非旨
在割断二者的关联,将虚构世界绝然孤立于现实世界之外,这一点可自
沃尔顿对"想象性抵触"现象的思考见出。所谓"想象性抵触"(imag-
inative resistance),是指欣赏者无法从违背现实道德观的虚构事实中获
得愉悦感,而拒绝想象这类虚构事实并表现出反感厌恶的抵触情绪。欣
赏者极为大度地容忍艺术家歪曲逻辑规律地创造出种种违背现实的幻
境,却丝毫不能容忍其宣扬赞美错误的伦理道德观念及价值选择的做
法。[2] 沃尔顿指出,"假如纳粹圈子里流传的一则故事宣扬种族混居是一
种罪恶,理应在道德层面受到抑制,在这则故事所虚构出的世界里,不
同种族的人们会因缔结友谊而遭到法律的惩罚",我们"无论如何也不能

---

1 余英时:《红楼梦的两个世界》,上海:上海社会科学院出版社,2002 年,第 36 页。
2 Kendall Walton, *Marvelous Image*:*On Values and the Arts* (New York:Oxford University Press, 2008) pp. 27 - 45.

允许自己容忍这一应当受到谴责的观念",哪怕它只在虚构世界中存在,[1]
因而在现实世界中被谴责的道德观念无法堂而皇之地畅行于虚构世界。
威斯特使用传统的基督教画像法描绘沃尔夫将军在英国殖民战争中战死
的场景,"成功地使事件带上了高贵、尊严和悲怆的气氛",[2] 赞美他为
帝国捐躯的贡献就是站在殖民主义立场上认同不平等的种族奴役,恐怕
只有与威斯特一样捍卫殖民主义的欣赏者才会激动得"昏过去"。沃尔
顿认为,"在道德伦理观念上应当受到指责的思想是作品的缺陷。……
假如一个故事所包含的道德信息或者观念是种族灭绝行动和奴隶制都能
被其道德观所接受,或者认为与其它种族的人交往是邪恶的,我们当然
会抵触这种观念,就好比在阅读鼓吹种族灭绝、奴隶制或者诅咒跨种族
交往的社论时我们也会表示反感一样"。[3] 更为典型的是莱妮·里芬斯
塔尔(Leni Riefenstahl)的《意志的胜利》,"其所宣扬的价值观和纳
粹庆祝胜利的行径会引起观众的反感,并且阻碍欣赏活动"。即便作
品本身的确具有审美价值,甚至观众能够意识到电影中的形式美感,
也难以引起审美愉悦,因为"同时具有道德上的缺陷与审美上的优
点"的作品让欣赏者"太难在注意到前者的瞬间还能顺利地欣赏后
者"。[4] 道德立场与伦理观念作为现实因素跨越了艺术创作与审美欣赏
的门槛而进入虚构世界,对于是非分明的欣赏者而言,这一跨越是非
实现不可的。虚构世界与可能世界虽然被称作"世界",却与现实世界
有本质的区别——它们只是观念的现实,即便没有发生或找不到对应
物,也能在观念的传播与繁衍中构筑自身。道德伦理存在于观念中,
虚构世界与可能世界即使并不直接关联实质后果,也无法逃脱道德伦

---

1 Kendall Walton, *Mimesis as Make-Believe: On the Foundation of Representational Arts*
   (Cambridge, Massachusetts: Harvard University Press, 1990) pp. 154 – 155.
2 [英]唐纳德·雷诺兹:《剑桥艺术史——19 世纪艺术》,钱承旦译,南京:译林出版社,
   2009 年,第 12 页。
3 Kendall Walton, "Morals in Fiction and Fictional Morality," *Proceedings of the Aristotelian
   Society*, Supplementary (Volume 68, 1994), pp. 27 – 66.
4 Kendall Walton, *Marvelous Image: On Values and the Arts* (New York: Oxford University
   Press, 2008), pp. 27 – 45.

理的审判。

第三节 跨界身份识别与嵌套世界

不同再现作品的虚构世界之间的屏障是显而易见的。芳汀与简·爱分别存在于《悲惨世界》的虚构世界与《简·爱》的虚构世界里，芳汀不会出现在简·爱的故事里，简·爱也不会出现在芳汀的命运中。"一般来说，一个虚构世界是由同一部作品所生发的若干虚构事实所建构起来的"，[1] 即是说，同一部作品生发的虚构事实共同构建出"一个"虚构世界，一个虚构世界是由"同一部"作品生发的全部虚构事实共同建构的。

但是，再现艺术创作实践中的反例并不少见。比如，汤姆·索亚与哈克贝利·费恩同时存在于《汤姆·索亚历险记》与《哈克贝利·费恩历险记》的世界。《哈克贝利·费恩历险记》开篇即说，"如果你没有读过《汤姆·索亚历险记》，你就不会知道我是谁"。[2] 又如，毕尔博·巴金斯同时存在于《霍比特人》与《魔戒》三部曲的世界。《魔戒：魔戒再现》的开篇写道，"本书主要讲述霍比特人的故事，读者从中可以发现他们的众多特性与一些历史。更多的信息可以在《霍比特人》一书中寻得"。[3] 既然再现作品及其虚构世界之间未必总是一一对应的关系，就意味着同一虚构实体可能存在于多个虚构世界之中。汤姆·索亚与哈克贝利·费恩同为马克·吐温笔下的人物，他们穿梭在这两部小说的世界里而保持着同一虚构身份。马克·吐温将《汤姆·索亚历险记》与《哈克贝利·费恩历险记》作为姊妹篇来撰写，两部作品共建了分享同一时

1　Kendall Walton, "Points of View in Narrative and Depictive Representation", *Noûs*, Vol. 10, No. 1 (March, 1976), pp. 49‑61.

2　Mark Twain, *Adventures of Huckleberry Finn*, (New York: Hungry Minds, 2001), p. 18.

3　［英］托尔金：《魔戒：魔戒再现》，丁棣译，南京：译林出版社，2001 年，第 3 页。

空的虚构世界。既然故事背景、人物名称及探险经历都保持完全一致，《汤姆·索亚历险记》中的汤姆·索亚与《哈克贝利·费恩历险记》中的汤姆·索亚必然是同一个虚构人物。那么，对于不同创作者的多部作品的多个虚构世界呢？王尔德《道林·格雷的画像》中的道林·格雷与电影《超凡绅士联盟》中的道林·格雷是不是跨越了两个虚构世界的同一位虚构人物？除了虚构人物的跨界现象之外，还存在虚构时空的跨界现象。"中土世界"由托尔金创造，不仅属于《霍比特人》，也属于"魔戒三部曲"以及《探索者传说》等虚构作品；"西天"不仅属于《西游记》，也属于佛教经典所描述的世界；此外，"约克那帕塔法""高密东北乡""圣彼得堡镇"等读者耳熟能详的虚构时空都是由多部小说共同构建的虚构时空。

当不同作者在不同背景下借助不同的艺术形式再现了同一位虚构人物、同一处虚构时空，或同一段虚构情节时，虚构世界与基于现实的可能世界之间、多个虚构世界之间出现了交集，人物与故事在不同作品的世界中跨界出现，作品的虚构世界出现了交错与重叠。"一个个幻想似乎彼此独立，甚至好像彼此抵牾，然而这些幻想的展开却实实在在构成了一个历史。"[1] 有关普罗米修斯的全部小说、电影、雕塑、绘画与戏剧作品共同撰写了普罗米修斯的虚构史，再现的是"普罗米修斯的世界"。"普罗米修斯的世界"为"假扮游戏"提供了平台，在这个"假扮游戏"的世界中，普罗米修斯是一位在虚构意义上真实存在的人物，参与游戏的全体欣赏者就普罗米修斯的虚构身份达成了共识，提及他的名字就等于提及了"宙斯的世界""奥林匹亚山的众神世界"以及整个古希腊神话的世界。这几个世界便因"普罗米修斯"作桥梁而彼此通达。

"通达性"是可能世界理论的重要概念，它关涉某个体在不同可能世界之间的跨界身份识别问题。我们不妨借用它来理解虚构实体在不同

1　[法] 勒内·基拉尔：《浪漫的谎言与小说的真实》，罗芃译，北京：北京大学出版社，2012年，第237页。

虚构世界之间的跨界身份识别问题：当且仅当虚构事实 P 在关于被再现对象的全部作品的每一个虚构世界中都为真，也就是在全部虚构世界 W_{f1}……W_{fn} 中都为真时，P 在跨界的情况下必然一贯保持虚构的真实性；当 P 至少在一部作品的虚构世界中为真，而未必在全部虚构世界 W_{f1}……W_{fn} 中均为真时，P 在跨界情况下的虚构真实性只是可能的而非必然的。因此，若虚构世界 W_{f1}……W_{fn} 彼此之间是可通达的关系，P 就有可能在 W_{f1} 可通达到的每一个虚构世界 W_{fn} 中都为真。据此可判，同一名字的虚构人物在不同作品中分有了同一组虚构事实时，就可以判定他跨越了多部作品得以连续存在。譬如，道林·格雷是王尔德的小说《道林·格雷的画像》的主人公，他在虚构意义上真正存在于该小说再现的虚构世界之中。在被王尔德创作完成之后，道林·格雷便是独立存在于虚构世界的个体。即便不经王尔德本人授权，道林·格雷也可在其它创作者笔下穿梭于多个虚构世界之间，生发出《道林·格雷的画像》并未生发过的虚构事实，因而在多个虚构世界之间实现了通达性。在再现了道林·格雷的虚构作品的世界间实现通达性的基本虚构事实是"道林·格雷出卖灵魂而换得永生，因而不老不死"。这意味着凡是再现了道林·格雷这一人物形象的作品至少应保证这一虚构事实在其虚构世界中为真。基于此虚构事实在多个虚构世界之间的一致性，道林·格雷便在以他为原型的多部电影[1]的虚构世界中实现了跨界通达而保持着同一身份。

再来看跨界时空的通达性，首先也要从创作意图开始考察。作者常有意识地在系列作品中建构同一虚构空间，譬如福克纳的"约克那帕塔法世系"、莫言的"高密东北乡"与马克·吐温的"圣彼得堡镇"等。以"圣彼得堡镇"为例，《汤姆·索亚历险记》作为"假扮游戏"道具

---

1 包括俄罗斯电影 "Portret Doryana Greya"（1915 年）、美国电影 "The Picture of Dorian Gray"（1916 年）、德国电影 "Das Bildnis des Dorian Gray"（1917 年）、匈牙利电影 "Az élet királya"（1918 年）、美国电影 "The League of Extraordinary Gentlemen"（2003 年）、美国电影 "The Picture of Dorian Gray"（2006 年）及英国电影 "Dorian Gray"（2009 年）等。

生发出如下虚构事实：圣彼得堡是一个破旧的小镇，居民们彼此都很熟悉；圣彼得堡的夏天的黄昏非常漫长，它临靠宽阔的密西西比河与青葱的卡迪夫山，与康斯坦丁堡相距十二英里；在圣彼得堡的世界里，也有欧洲封建国家和东方集权皇帝的存在；镇上唯一一位有酗酒父亲的男孩是哈克贝利·费恩——这些虚构事实在两部小说的虚构世界中皆为真。值得注意的是，虚构空间只是虚构世界的背景组成部分，并不是它的全部——时间的差异区分了相同空间地域的不同虚构世界。《汤姆·索亚历险记》与《哈克贝利·费恩历险记》的虚构世界都建构在圣彼得堡镇及其附近地区，但两部小说的虚构事实在发生时间上有先后，这使其成为互为姊妹篇的两部作品。因此，多部作品可以共建一个虚构世界，多部作品能以人物、事件或地点的虚构事实为线索实现虚构时空的彼此通达。

　　不仅多部彼此关联的作品如此，单部作品亦可包含多个虚构世界。譬如，《西游记》以唐僧师徒取经为线索将"东土大唐"与"西天极乐世界"嵌套在同一虚构世界之中，《鲁滨逊漂流记》将英国"约克市"与小人国"利力浦特"嵌套在同一虚构世界之中。"东土大唐"与"约克市"是对依托于历史现实的可能世界的再现，而"西天极乐世界"与"利力浦特"的存在具有虚构性，是对虚构世界的再现，此二例便是在同一部再现作品中以虚构世界嵌套可能世界的案例。这类再现作品借助现实元素将虚构世界的船锚抛在现实世界中，找到了特定的历史时代支撑。玛丽亚·斯图亚特的故事在席勒与茨维格笔下的版本、三国鼎立的历史在陈寿与罗贯中笔下的版本虽各有不同，却都是以真实历史作依据的。作品中的虚构世界以艺术手法对历史事实作微调并再现与这段历史相对应的可能世界。作者所置身的社会历史语境影响叙事技巧的风格和虚构事实的生发，进而通过虚构事实簇的组合影响虚构世界的构建。社会历史语境未必作为虚构世界的基础直接呈现自身，却总是作为虚构世界的建构基础。依照现实原则来看，虚构世界与现实世界的秩序结构是类似的，这使虚构世界嵌套可能世界的模式具有逻辑合理性。虚构世界的年代时间、地域特征、社会规则、等级制度等信息需要被交代清晰，进而与现实世界一样具有立体丰满的样貌。霍比特人是托尔金用笔创造的种族，他描述道，"尽管霍比特人后来同我们人类疏远了，但他们确实是我们的近亲，比小精灵，甚至比小矮人都要亲。古时候，他们操的是人类的语言，虽然其用法与我们的有所差别；他们的爱憎好恶也与人类大体相同。但他们同人类的关系到底亲到什么程度，现在已经无从查考了"。[1] 托尔金平移了现实世界的结构，虽没有界定"人类的语言"是哪一种语言，读者会默认为霍比特人的语言是英语。托尔金引入霍比特人的世界与人类世界的比照性描述，建构了霍比特人的虚构史，以使读者快速理解霍比特人的历史与种族特征。《魔戒》的虚构世界嵌套了这一虚构史，便是嵌套了《霍比特人》的虚构世界。

以此为例，所谓嵌套，是指再现作品的虚构世界指涉依存于现实的可能世界或者与依存于虚构的可能情况中的虚构事实的关系。托尔金在《魔戒》中引用了《霍比特人》的虚构史，便是在两个虚构世界之间架设了嵌套关系。既有作品虚构世界 W_{f1} 的虚构性对于当前作品虚构世界 W_{f2} 的虚构性而言，呈现出相对的虚构现实性即半虚构半现实的特征。譬如，托尔金如此讲述毕尔博发现魔戒的经过："《霍比特人》一书中写到，大术士刚多尔夫来到毕尔博的家门口，随他而来的还有十三个小矮人。……事后，毕尔博自己也称奇不已：在霞尔一三四一年四月的那个早上，他居然会跟着他们一起出发寻宝，矮人国诸王的财宝远在东方的黛里山谷的埃尔波尔山下"。[2]《霍比特人》的虚构世界 W_{f1} 在没有被《魔戒：魔戒再现》的虚构世界 W_{f2} 嵌套之前，具备完全的虚构性；在被 W_{f2} 嵌套之后，W_{f1} 中的虚构事实成为相对的既有事实，W_{f1} 对于 W_{f2} 而言不再具备完全的虚构性，而呈现虚构的现实性，因而 W_{f1} 成为 W_{f2} 的虚构性的参照物。只有在 W_{f1} 中实现了虚构事实 P_1 "毕尔博在寻宝探

1　[英] 托尔金：《魔戒：魔戒再现》，丁棣译，南京：译林出版社，2001 年，第 4 页。
2　[英] 托尔金：《魔戒：魔戒再现》，丁棣译，南京：译林出版社，2001 年，第 14 页。

险途中偶然获得魔戒"，才有了 W_{f2} 中的 P_2 "毕尔博将魔戒交给弗拉多"的事实；只有在 W_{f1} 中 P_3 "毕尔博所获魔戒原属古鲁姆"为真，由 P_1、P_2 才能推导出在 W_{f2} 中的 P_4 "古鲁姆为取回魔戒追杀弗拉多"。共享了 P_1 与 P_3 的 W_{f1} 与 W_{f2} 构成了嵌套关系，虚构实体毕尔博、弗拉多与古鲁姆才得以跨界而保持同一，因而虚构世界之间的嵌套建立在了多重虚构事实彼此嵌套的基础上。

需要思考的是，在这一嵌套现象中，"假扮游戏"是如何展开的？随着虚构事实被另一虚构世界所嵌套，"假扮游戏"也呈现嵌套的特征：每当 W_{f1} 被 W_{f2} 嵌套一次，欣赏者对 W_{f1} 中被引用的虚构事实的相信程度就增加一级，更习惯于在假扮意义上直接陈述该虚构事实。倘若不假装相信 W_{f1} 的 P_1……P_n 在虚构意义上为真，欣赏者就无法理解 W_{f2} 的 P_1'……P_n'。假装相信 W_{f1} 和 W_{f2} 全部虚构事实的虚构真实性的行为便构成了双重假扮，欣赏者按照顺序先参与了 W_{f1} 的"假扮游戏"，才能进入 W_{f2} 的"假扮游戏"。借助作为参照物的 W_{f1} 的虚构事实，身处现实世界 W 的欣赏者与 W_{f1} 中的虚构人物共同面对 W_{f2} 中的虚构事实，身处同一个世界的虚构语境之中。欣赏者被从现实世界带入了虚构世界，W_{f1} 中的人物与之共享了 W_{f2} 的虚构事实。欣赏者不仅要假装相信 W_{f1} 的虚构事实，还要假装相信 W_{f2} 的虚构事实，在虚构世界实现嵌套的情形下，假扮心理也呈现了嵌套的模式。相对于嵌套 W_{f1} 的 W_{f2} 而言，W_{f1} 成了作品虚构世界中的相对现实世界 W'，欣赏者只有假装自己正置身毕尔博·巴金斯的 W' 而不是纯粹虚构的小说世界 W_{f1}，才能在虚构意义上相信 W_{f2} 所发生的故事为真。即是说，当欣赏者置身 W' 而非将自己隔绝在 W_{f1} 之外时，才真正参与了以托尔金的中土世界为道具的"假扮游戏"。

尽管在虚构事实的数量与内容上，W' 与 W_{f1} 是基本一致的，对于欣赏者以第一人称模式想象所展开的"假扮游戏"而言，置身 W' 与静观 W_{f1} 却有根本区别。这一方面表现在，W' 是在 W_{f2} 嵌套 W_{f1} 的前提下对 W_{f1} 的身份性质作出的临时变更。在被 W_{f2} 嵌套之后，W_{f1} 被临时

赋予了 W_{f2} 的"历史"的身份，W_{f1} 中发生的一切虚构事实均作为 W_{f2} 的虚构历史而存在，因而关联了 W_{f2} 的 W_{f1} 才成为 W'。比如，《霍比特人》的 W_{f1} 中的 P_1 "毕尔博在寻宝探险途中偶然获得魔戒"与 P_3 "毕尔博所获魔戒原属古鲁姆"在虚构意义上是《魔戒：魔戒再现》的 W_{f2} 中的 P_2 "毕尔博不得已将魔戒交给弗拉多"与 P_4 "古鲁姆为取回魔戒追杀弗拉多"的历史，也是引导读者假装相信 W_{f2} 中的虚构事实皆为真的线索。另一方面则表现在两个世界的融合向度不同。沃尔顿指出：

> 消弭受众和虚构世界之间距离的方向不是将虚构世界提升至现实世界这边来，而是将现实世界延展到虚构世界那里去（之所以用"延展"一词，乃是因为融入虚构世界的同时，我们仍立足于现实世界的真实存在）。在虚构的意义上，我们相信有一个叫哈克贝利·费恩的小男孩乘船沿密西西比河顺流而下，且同样在虚构的意义上，我们随着他和他的冒险经历的丰富波折而情绪起伏。在这一过程中，我们不是欺骗自己说，这一切与现实世界中的一切一样，都是真实的，即将虚构世界提升至现实世界这边来；而是把我们自己融入到虚构世界中去，变成其中的一分子，即将现实世界延展到虚构世界那里去。[1]

以从现实世界延展到虚构世界的向度取代将虚构世界提升至现实世界的向度，得以将再现作品虚构事实的落脚点放在虚构世界而非现实世界，既避免了以"现实真实性"错位地研究再现作品"虚构真实性"；又充分尊重了虚构时空的自律性与虚构实体的自足性；再者，在二者之间找到亦此亦彼、由此及彼、此中有彼、彼此相生的中间路径，这便是将"假扮"的概念引入虚构世界研究的理论贡献。

1　Kendall Walton, "Fearing Fictions," *The Journal of Philosophy* (January, 1978), pp. 5 - 27.

《霍比特人》的 W_{f1} 与《魔戒：魔戒再现》的 W_{f2} 在时间与空间上是延续的，但虚构世界的嵌套模式未必遵循线性规律展开。乔治·马丁曾对他所创造的七国史诗作了一个年代学的声明：

> 《冰与火之歌》是透过诸位人物的所见所闻来讲述的，这些人物有时彼此相距成百上千英里，并不相聚在一处。有些章节覆盖了一天中发生的事情，有些不过只有个把钟头，还有一些则延续了半个月、一个月甚至半年。在这样的结构下，叙事并非按照严格的秩序展开；有时，多个关键事件是在彼此遥距千里的空间状况下同时发生的。就手头上即将翻开的这第三部而言，读者应当知晓，本书的开篇并不是承接上部的尾声，二者不是接着讲而是部分重叠的关系。[1]

可见，虚构世界的嵌套模式有历时与共时之别，据此可区分为四种基本嵌套模式：外部横向嵌套、外部纵向嵌套、内部横向嵌套与内部纵向嵌套。首先，外部纵向嵌套是指一部再现作品嵌套了其他作者作品中的形象和事件，引用了非本作品的虚构事实而在不同虚构世界之间形成嵌套关系并续写既有虚构事实的模式。比如，《超凡绅士联盟》有关道林·格雷的再塑造就是对王尔德小说虚构世界的外部纵向嵌套。其次，所谓外部横向嵌套是指一部再现作品嵌套了其他作者作品中的形象与事件，以共时姿态介入既有虚构世界并对其细节重新进行诠释的模式。譬如卡拉瓦乔的《召唤使徒马太》与泰尔布吕根的《马太的神召》形象化地诠释了马太蒙召这一宗教事件，嵌套了《圣经》关于这一"历史"的虚构事实，实现了二者在以《圣经》世界为参照的嵌套，《圣经》便成为二者在虚构意义上的"历史"。再次，所谓内部纵向嵌套指的是一部再现

---

1   See George R. R. Martin, *A Storm of Swords: Book Three of A Song of Ice and Fire* (New York: Bantam Dell, 2000).

作品嵌套了自身或同系列作品中的形象与事件，并续写既有虚构事实的模式。《魔戒：魔戒再现》对《霍比特人》的嵌套、《哈克贝利·费恩历险记》对《汤姆·索亚历险记》的嵌套都以这一模式为主。再者，所谓内部横向嵌套指的是一部再现作品嵌套了自身或同系列作品中的形象与事件，以共时姿态介入既有虚构世界并对其细节重新进行诠释的模式。这典型地表现在时空穿梭主题的作品中，在《时间机器》《源代码》与《环形使者》的虚构世界中，主人公都尝试打破时间线性逻辑干预过去已发生事件的进程并改变结果，因而在多个平行时空间实现了嵌套关系。

此外还有平行嵌套与同一嵌套的模式。所谓平行嵌套，是两个虚构世界不遵循同一主题或线性时间规则的嵌套模式。比如，大仲马在《三剑客》中为达达尼埃这个人物安排了令人印象深刻的出场，他描述道：

> 那是个小伙子，他的长相只要用寥寥数语即可描述清楚——一个十八岁的堂·吉诃德，只是这一位少了胸盔和护腿甲，只有一件紧身的羊毛短上衣。……对于骑着另一匹'驽骍难得'的堂·吉诃德，他的骑术再好，也掩不住坐骑不争气给他造成的尴尬。……有了这些随身之物，达达尼埃从外表到精神都不折不扣地做了塞万提斯笔下那位主人公的翻版，出于历史学家的责任感，我在描述他的形象时，已经荣幸地将他同那位主人公作了比较。在堂·吉诃德眼里，风车是巨人，羊群是军队，而达达尼埃则把微笑当做嘲讽，把注视看成挑衅。

大仲马的描述使《三剑客》的虚构世界 W_{f2} 对《堂·吉诃德》的虚构世界 W_{f1} 构成外部嵌套关系。但 W_{f2} 与 W_{f1} 的时间与空间并没有任何关联，使二者实现通达的关键在于虚构个体达达尼埃与堂·吉诃德的相似性。虚构事实之间的相似性也是在两部作品的虚构世界之间实现通达性的路径之一。但 W_{f2} 嵌套 W_{f1} 的做法并未使 W_{f1} 在虚构意义上具有相对的现实性，即 W_{f2} 没有赋予 W_{f1} 以"历史"的新身份，而是通过表述堂·吉诃德是"塞万提斯笔下的主人公"承认了 W_{f1} 在虚构意义上的真实性。因而，大仲马在 W_{f1} 与 W_{f2} 之间架构的联系是一种对等的平行关系，嵌套世界中的达达尼埃与堂·吉诃德是平行的虚构实体。

所谓同一嵌套，指的是一部作品中的若干虚构世界虽然构成嵌套关系，但虚构事实均保持一致地指向同一个虚构世界，彼此共享同一时间与空间信息。鲁滨逊作为虚构实体在小说中以第一人称进行叙事，作品穿插摘录了他的日记，日记中的虚构事实与非日记之外的叙事所陈述的虚构事实之间偶有重合；在非重合的部分，日记世界替代了非日记世界，使二者保持连贯延续的一体性。非日记体叙事的 W_{f1} 与日记体记叙的 W_{f2} 所生发的虚构事实是完全一致的，因而构成同一嵌套关系。

作者采取嵌套世界的虚构叙事手法往往是有侧重的。一方面，出发世界的存在是为了让冒险世界建立在相对可信的基础上，也就是让 W_{f2} 建立在 W_{f1} 的背景中，使 W_{f2} 在虚构意义上"有史可据"。另一方面，出发世界并非创作的目的，作者侧重描写的是冒险世界，是嵌套进出发世界的若干小型虚构世界，二者在作品中占据的比重不同，创作意图的侧重点也不同。比如，与东土大唐的可能世界相比，《西游记》更侧重对极乐净土的刻画；与作为出发世界的 17 世纪英国约克市相比，《鲁滨逊漂流记》更侧重对南美洲附近某个荒岛的描写；与实存的 18 世纪英国诺丁汉郡相比，《格列佛游记》更侧重对南太平洋上几个奇特国度的塑造；与东晋太元年间的武陵相比，《桃花源记》更侧重对"黄发垂髫，并怡然自乐"的美好世界的勾勒。而读者对虚构事实的渴望也更为显著，取经之路、荒岛及桃花源的冒险世界才是"假扮游戏"的场所、审美欣赏的重点与审美愉悦的源头。

第四节　作品世界与游戏世界

在未被欣赏者以审美方式进行接受前，艺术家创作的不过是文本，尚不成为作品。在被欣赏者以"假扮游戏"的方式进行审美接受之后，作品的虚构世界被融入了携带主体色彩的游戏元素，不再是文本中内在固有的作品世界，而升华为游戏世界。

假设有这样一位读者 M，她早已熟读《白鲸》，而后又读《老人与海》。当读到老人与鲨鱼搏斗而受伤时，她为其虚弱年迈的身体感到担忧，同时联想起了艾哈伯船长勇斗白鲸的故事，心想如果艾哈伯与他一起出海的话，老人就不会承受如此多的疲劳与伤痛。在这个模型中，老人不存在于《白鲸》的 W_{f1} 中，艾哈伯不存在于《老人与海》的 W_{f2} 中，M 以《白鲸》与《老人与海》两部小说作为道具建构了"假扮游戏"，其世界分有了 W_{f1} 和 W_{f2} 的部分而不完全重合。沃尔顿区分了游戏世界与作品世界的概念：所谓"作品世界"（work worlds），是指紧密依存于作品本身，借助作品生发虚构事实所构建的虚构世界，作品未生发的虚构实体及虚构事实不会出现在虚构世界之中，作品世界在受众群体中享有相对的一致性和统一性。所谓"游戏世界"（game worlds），是指不完全依存于作品而主要凭借欣赏主体的想象所构筑的虚构世界，随受众的文化心理不同而显现个体差异。[1]

M 在游戏世界 W_g 中实现了老人与艾哈伯在同一时空中的共存并借助想象为二者生发了新的虚构事实。老人与艾哈伯一起出海捕鱼的故事只属于 W_g，M 于 W_g 中注入了主体性元素，遵照共识原则与现实原则对既有虚构事实作了新的调整与生发。W_g 是 M 建构的"假扮游戏"世界，与小说的作品世界 W_w 相关，作为 W_w 中未曾发生而于"假扮游戏"的想象中可能发生的事件存在，因而 W_g 是 W_w 在虚构意义上的一种可能情况。与基于现实世界的可能世界不同，在 M 的想象中实现的可能情况不要求一切条件具备才能实现，亦不对逻辑合理性作过多要求。只要"假扮游戏"的主体乐意，W_g 几乎是不受 W_w 逻辑约束的随心所欲

---

1 Kendall Walton, "Listening with Imagination: Is Music Representational?" *The Journal of Aesthetics and Art Criticism*, Vol. 52, Issue1 (Winter, 1994), pp. 47 - 61.

的畅想。W_w 作为"假扮游戏"的道具所生发的虚构事实未必原封不动地全部地被 W_g 接受并重现。因此，作品世界 W_w 与游戏世界 W_g 的嵌套是再现作品的虚构世界与审美主体即"假扮游戏"的参与主体借助想象所生发的虚构世界之间的嵌套。

对于再现性鲜明的文艺类型如小说、戏剧、电影而言，W_w 的虚构事实与 W_g 的虚构事实在内容上较为一致；但对于再现性并不鲜明的艺术作品来说，W_w 与 W_g 的虚构事实有时大为不同，以致二者呈现偏离性甚至不相关性。沃尔顿以音乐为例，指出 W_g 是可以脱离 W_w 而独立存在的。W_w 是虚构世界的基本层次和初级样貌，W_g 是虚构世界的深化层次和高级样貌。对非再现性的作品或再现性不鲜明的艺术作品而言，虚构世界对作品本身的依赖性较弱，艺术家的创作意图不在于再现特定的虚构事实。在缺失 W_w 的情况下，W_g 取而代之充当了"假扮游戏"的平台。

音乐是不预设作品世界的艺术类型，有些作品被作曲家标上了标题，比如贝多芬的《田园》与德彪西的《月光》；另一些作品则是抽象的，只用编号作为区分标识，比如莫扎特的 K448 双钢琴曲奏鸣曲与 K450 钢琴协奏曲。沃尔顿指出：

> 柏拉图曾用"摹仿性"概括笛子与月琴弹奏出的美妙音乐，将之归入绘画和诗歌的艺术大家族中。这一立场却没有被现代艺术理论延续，后者鲜明地将音乐与所谓再现艺术划分入两个阵营。爱德华·汉斯力克等人坚持认为，音乐不过是声音或声音结构（sound structure），它所呈现的仅仅是声调与旋律，而非讲故事或呈现意义。彼得·基维称音乐为"纯粹声音设计"（pure sonic design）的艺术。[1]

1　Kendall Walton, "Listening with Imagination: Is Music Representational?", *The Journal of Aesthetics and Art Criticism*, Vol. 52, Issue 1 (1994), pp. 47 - 61.

汉斯力克与基维的论断显然失之偏颇，具有鲜明的摹仿声音的痕迹或借声音进行叙事表达的意图的标题音乐（program music）就不属于"纯粹声音设计"。譬如，圣-桑的《动物狂欢节》以"狮王""公鸡和母鸡""野驴""乌龟""大象""袋鼠""杜鹃"与"天鹅"作为标题，说明被再现对象；又如《高山流水》的音色以灵动流畅著称，极为肖似地再现了流水潺潺声。因此，标题音乐的再现性鲜明，虚构事实的确定性与其它再现艺术形式差别不大。

与标题音乐不同，纯粹音乐（absolute music）是未有明确记载说明作曲家的创作意图或再现某种特定的意象或意义的音乐，其器乐性（instrumental）较之再现性更为突出，形式与内容都不依赖于再现客体。再现客体有别于被再现物，后者是指艺术家试图用艺术手段进行再现的客观存在的事物或事件，而前者是指经过艺术手段被纳入再现与被再现这一主客关系的事物或事件。沃尔顿认为，当艺术作品不能引发欣赏者的审美想象，并以作品为基点，围绕被再现物生发出相关的虚构事实时，被再现物就不能成为再现客体。[1] 在创作与聆赏的过程中，纯粹音乐与再现客体之间的关联十分薄弱。作品本身并不携带一个虚构世界，"非再现性"的特征压倒了"再现性"的成分。但这并不妨碍纯粹音乐内含虚构世界，与再现艺术作品由作者钦定虚构世界的模式不同，纯粹音乐的审美体验中的想象是聆赏主体自由地为作品赋予虚构意象的行为，其虚构世界的建构有赖欣赏者通过想象进行生发，因而想象代替作品充当了"假扮游戏"中的道具。因此，即便一部乐曲没有作品世界，也可以有游戏世界。

沃尔顿指出，"在音乐欣赏中，我总是有许多的想象浮现，这些想象是关于我自己的。在那里，有一个游戏的世界充满了生命。……作品的世界应当包含音乐自身所生发出来的虚构事实。但是也有那么一些虚

1　Kendall Walton, *Mimesis as Make-Believe*: *On the Foundation of Representational Arts* (Cambridge, Massachusetts: Harvard University Press, 1990), p. 106.

构事实，不是被音乐自身生发出来的，而是基于听众之于音乐的体验，而这些体验仅仅属于游戏的世界"，也就是说，在欣赏音乐时，"可能有时只有一个游戏的世界"，[1] 而没有作品的世界。欣赏者需要为原本缺失虚构世界的乐曲建构一个虚构世界，并于其中填满各式各样的具有虚构性的情感。"当听众想象不安的情感时，我们没有任何理由认为是音乐造成了这一虚构的情感，而是听众自己对音乐的聆听造成了她在虚构意义上所感知到的不安情绪。唯一的虚构世界就是此人的游戏世界，仅存在于她自己的体验之中"。[2] 作品世界的缺失阐释了音乐的"抽象性"或"非再现性"，也解释了为何音乐会给欣赏者带来与绘画与文学的再现特征不同的印象。沃尔顿认为，"就我所描述的音乐表达方式来看，音乐本身不具有绘画和小说所具有的那种类型的虚构世界，因而音乐也不像绘画和小说那样是'假扮游戏'的道具。音乐所能提供给我们的是聆赏作品的体验，这才是音乐欣赏'假扮游戏'中的道具。听觉体验而非音乐本身才是生发虚构事实的源头"。[3] 他以绘画作品的审美欣赏作比较，指出两种"假扮游戏"的差异性：

　　我可以从与一幅画作的游戏中走出来，当我走出来静观画作时，我看到它再现了一只龙，而且感应到作品呼唤我去想象自己看到了一只龙。但当我从与音乐的游戏中走出来，去思考音乐本身时，我所看到的只有音乐而已，而非随之产生的任何虚构世界，那里只有音符，而且它们并不唤起关于任何内容的任何想象。但是，作品世界在音乐中的缺失并不阻碍听众的想象在游戏世界中驰骋纵横。[4]

1　Kendall Walton, "Listening with Imagination: Is Music Representational?", *The Journal of Aesthetics and Art Criticism*, Vol. 52, Issue 1 (1994), pp. 47 – 61.

2　Kendall Walton, "Listening with Imagination: Is Music Representational?", *The Journal of Aesthetics and Art Criticism*, Vol. 52, Issue 1 (1994), pp. 47 – 61.

3　Kendall Walton, "Listening with Imagination: Is Music Representational?", *The Journal of Aesthetics and Art Criticism*, Vol. 52, Issue 1 (1994), pp. 47 – 61.

4　Kendall Walton, "Listening with Imagination: Is Music Representational?", *The Journal of Aesthetics and Art Criticism*, Vol. 52, Issue 1 (1994), pp. 47 – 61.

黑格尔曾说，"音乐的独特任务就在于它把任何内容提供心灵体会，并不是按照这个内容作为一般概念而存在于意识里的样子，也不是按照它作为具体外在形象而原已进入知觉的样子或是已由艺术恰当地表现出来的样子，而是按照它在主体内心世界里的那种活生生的样子"。[1] 朱光潜也认为，"譬如你在听贝多芬的田园交响乐，你的思想离开音乐而走向青葱的草地、潺湲的溪流和啁啾的小鸟，你感到满心欢喜。但是，你欣赏的并不是音乐本身，而只是联想起来的田园景色"。[2] 小说的读者通过阅读文学语言，视觉艺术的观众通过观赏画面意象或演员表演而获取作品所传达的内容，围绕虚构角色与事件建构起相应的虚构世界并与作品进行互动游戏。但对于音乐而言，听众直观感知到的作品形式特征并未提供特定虚构事实，便无法建构起与作品相关的虚构世界。沃尔顿认为，传统再现艺术作品在审美游戏中担当"假扮游戏"的道具，一方面承载艺术家要传达的意义和要抒发的情感以传递给欣赏者，另一方面激发并唤起欣赏者的审美想象，帮助并促进其对作品的感知和理解。[3] 作品世界包含全部虚构事实的预设在音乐中无法实现，只能"依靠听众与音乐互动的体验来生发，在审美想象中产生关于作品所描述的情境，只不过这一体验不属于作品世界，而单独属于游戏世界"。[4]

　　沃尔顿以莫扎特 A 大调钢琴协奏曲 K488 开篇缓慢的慢板作为案例进行了分析：

　　　　第七小节的后半部分是主音，引出 F 小调的主音部分。但却没

1　[德] 黑格尔：《美学》（第三卷上册），朱光潜译，北京：商务印书馆，1986 年，第 344—345 页。
2　朱光潜：《悲剧心理学》，北京：三联书店，1996 年，第 29—30 页。
3　Kendall Walton, *Mimesis as Make-Believe: On the Foundation of Representational Arts* (Cambridge, Massachusetts: Harvard University Press, 1990), pp. 35 - 37.
4　Kendall Walton, "Listening with Imagination: Is Music Representational?", *The Journal of Aesthetics and Art Criticism*, Vol. 52, Issue 1 (1994), pp. 47 - 61.

有直接进入主题，而是等到第十一和第十二小节的韵律才将之演奏出来。……第八小节的第一个音符开始时，左手弹奏立即直接切入了主音；右手弹奏也就位，但直到第二下弹奏才切入主音；随之低音部分降低到 D 调。这偶然地给我们一个印象，那就是 D 大调三和弦代替了主音出现。……在第八小节 A 调中出现的上扬高音有些"来迟了"。……低音"耐心地"等待最高音姗姗来迟；但在第二个小节中，低音就等不及了，它被困在一个紧凑的序列之中，根本不被允许拖延。在第六和第八小节中，低音已经前行，在最高音到来之际改变了和弦。[1]

聆赏时，欣赏者会随着高低音节奏张弛想象这样一个故事："达莉娅正准备乘坐一列火车。但她向来有迟到的习惯，比如在第七小节中她就迟到了，因为中途去追赶蝴蝶了。达莉娅由于耽搁过久而误了火车（火车是低音部分），按点发车的火车无法等她赶到而开走。但这一迟到反而促成了一段偶然的邂逅（D 大调部分），比方说达莉娅与一位异性的相遇，之后引出一段出人意料的新冒险和新体验（G 大调部分）"。[2] 达莉娅"赶火车—追蝴蝶—误火车—邂逅异性"的情节并不是 K488 所再现的，莫扎特并不知道达莉娅的存在和这段虚构故事的发生，协奏曲本身也没有任何形式特征能直接生发出这些虚构事实。生发出 W_g 的虚构事实的并非预先设定于作品中的 W_w，而是 K488 本身的音律特征——"高音的迟来以及它缓慢的特征，还有 D 大调三和弦的偶然出现及其推进却是实实在在包含在乐曲之中的。倘若没有注意到这些，那就不算是正确理解并欣赏了这段乐章"。[3] 赶火车、追蝴蝶以及其它情节只是将音符的

1　Kendall Walton, "Listening with Imagination: Is Music Representational?", *The Journal of Aesthetics and Art Criticism*, Vol. 52, Issue 1 (1994), pp. 47 - 61.

2　Kendall Walton, "Listening with Imagination: Is Music Representational?", *The Journal of Aesthetics and Art Criticism*, Vol. 52, Issue 1 (1994), pp. 47 - 61.

3　Kendall Walton, "Listening with Imagination: Is Music Representational?", *The Journal of Aesthetics and Art Criticism*, Vol. 52, Issue 1 (1994), pp. 47 - 61.

"姗姗来迟"和"偶然邂逅"想象为具象的一种虚构方式,欣赏者自然清楚 K488 并不是关于达莉娅的作品,只是假装音乐的世界里存在着这样一位人物,发生了这样一件事。随后展开的想象及由此所获得的审美愉悦已完全脱离了他对 K488 的听觉感知而只在 W_g 中自由地繁衍丰富。

由作品世界与游戏世界的关系分析可以见出想象在"假扮游戏"中扮演的关键角色。一方面,想象为审美游戏服务。对于不懂音乐却能欣赏音乐的听众而言,音乐史知识不为"假扮游戏"想象源自于作品乐音形式并扩展出丰富的意象情节服务。原本毫无意义的旋律经过想象的着色被赋予了意义——一个不完全同质于作品世界的游戏世界被生发出来,于其中欣赏者展开自由的审美游戏。想象与作品的创作意图仅保持松散的相关度,作品本身并未设定评判标准,因而无所谓想象得"恰切"与否。审美体验的开端来自于对作品的初步把握,但游戏世界可以脱离作品世界而独立存在并产生审美愉悦。另一方面,想象也为理解艺术作品与创作意图服务。与纯粹基于想象的审美游戏不同,以理解阐释作品为目的的审美欣赏具有鲜明的指向性,必然存在正确与谬误之分。当想象处于自由状态,尚未具备解读自觉时,用正确与谬误的标准框定自由想象的判定倾向是错位的。审美范畴的属性来源于参与者的实施方式,对艺术的解读来源自欣赏者接受作品的审美态度。认知与解读的自觉并非时时刻刻总是存在于审美想象中,为了"游戏"而"自由想象"与为了"解读"而"自觉想象"是两种不同属性的想象形态。当审美的目的仅在游戏本身时,想象多以自由的面貌呈现,"假扮游戏"是个体性的而非协同性的,无须得到其它游戏者的认可;当审美的目的指向解读时,想象就变为一种工具,辅助欣赏者契合艺术家的创作动机,通过被再现的情感与意象挖掘出作品的审美价值。

第五章 言语性"假扮游戏"

"艺术再现的两个基本模式是描绘与叙述"。[1] 描绘 (depiction) 所依赖的载体是图像,叙述 (narration) 所依赖的载体是语言文字。一般来说,再现艺术均可被归入这两种基本模式,不具备鲜明再现性的艺术作品也或多或少地包含描绘性的成分或叙述性的成分。沃尔顿对图像性再现的探讨特指"具有再现性的绘画、雕塑和视觉艺术作品",对叙述性再现的探讨则特别关涉"内在地具有一位叙事人或戏剧背景旁白人的文学作品"。[2] 对两种再现模式的探讨总是在彼此参照对比的线索下展开的,旨在见出基于两种再现模式的"假扮游戏"的不同特征。

第一节 叙事人与"假扮游戏"的展开

读者常找寻暗示小说与故事的真实性与虚构性的线索;在描述作品价值时,又常使用"身临其境""引人入胜""令人着迷"来形容它的魅力。阅读文学作品就是在虚虚实实之间徘徊,在沉浸、超脱、清醒、迷

1　Kendall Walton, "Points of View in Narrative and Depictive Representation", *Noûs*, Vol. 10, No. 1 (March, 1976), pp. 49 – 61.

2　Kendall Walton, "Points of View in Narrative and Depictive Representation", *Noûs*, Vol. 10, No. 1 (March, 1976), pp. 49 – 61.

幻的半梦半醒中游走。作品的魅力常使读者省去了找寻虚实线索的麻烦，直接将作品中发生的一切视为真实，小说与故事的任务是将读者从现实世界吸引至其所再现的虚构世界。依托文学语言而展开的"假扮游戏"有两个关键词：叙事人与叙事技巧。

　　塞万提斯在《堂·吉诃德》的开篇说："清闲的读者，这部书是我头脑的产儿"，他将自己称作"《堂·吉诃德》的爸爸"；随后又说，"和蔼的读者，你能读到这样一部直笔的信史，也大可庆幸"，因为这是根据拉·曼却的地方志文献与蒙帖艾尔郊原的居民传说而撰写的关于大名鼎鼎的堂·吉诃德先生的事迹。这让读者感到困惑，不知堂·吉诃德是有史可据的历史人物还是塞万提斯一手杜撰出来的虚构角色。有时作者直接以主人公的身份自述经历，有时则在一部作品中转换着主人公、作者、叙事人与旁观者的多重身份，以多个角度呈现虚构世界，叙事手法之丰富使作者的身影在作品中扑朔迷离、若隐若现，"叙事人"的概念也难以被界定。有些小说明确告知读者，书中讲述的故事是叙事人亲眼所见、亲身经历的；另一些则不予交代，任凭读者猜测是谁在讲故事。叙事人是把故事传递给读者的人，是贯穿虚构故事各个情节片段之间的线索，是陈述作品世界的虚构事实的信息权威，同时也是表达对作品人物和事件的立场与态度的虚构角色。沃尔顿认为，"叙事人身处与读者对立的位置，是读者进入虚构世界的入口，是调节读者与他之外虚构世界的媒介，读者得知的所有关于虚构世界的信息都出自叙事人之口。"[1] 叙事人是言语性再现或叙述性再现的构成元素之一，叙述性再现是"内在地关涉一位叙事人或戏剧背景旁白人的文学作品"，具体指的是"具有作为对事件的再现或对语境的陈述的一系列虚构事实，并通过一位虚构人物以执笔者或以旁观者的口吻将其表述出来的文学作品"。[2] 由此可

1　Kendall Walton, "Points of View in Narrative and Depictive Representation", *Noûs*, Vol. 10, No. 1 (March, 1976), pp. 49–61.

2　Kendall Walton, "Points of View in Narrative and Depictive Representation", *Noûs*, Vol. 10, No. 1 (March, 1976), pp. 49–61.

知，叙事人并不是作者，而是与作品世界中的其他人物一样的只在故事中存在的虚构实体。

除自述体外，作者对叙事人的外貌、身世与品格特征往往描述甚少。"在某些作品中，叙事人有独特的名字和特定的人格，甚至还有行为动作，是故事的中心人物，但这一角色并不太能引起读者的注意，例如加缪的《陌生人》"。[1] 叙事人往往以超脱于虚构世界之外的姿态讲述虚构世界之内的故事——在事情发生之前作暗示铺垫，在事情发生之后作回顾总结。叙事人负责开启虚构世界的大门，并在故事完结之后将读者送出虚构世界。但是，"即便作者从未对叙事人的人格特质做任何描写，即便叙事人从未提及任何有关自我的虚构事实，他在作品中的形象也有一条颇具特色的发展线索"。[2] 作品所呈现的虚构事实是被叙事人过滤过的，作品所建构的虚构世界是被叙事人雕琢过的。读者借助叙事人的视角来了解虚构世界的一切，这一视角是读者感知作品世界的唯一窗口。叙事人的态度立场通过对虚构实体的描述显现出来，一般而言传达的是作者本人的道德立场和观念，因而"作品叙事所折射出的视角比事件本身还具有值得关注的价值"。[3] 但叙事人不是作者，作者也不是叙事人，因为撰写故事的人是不在作品世界之中的，而身处作品世界的叙事人也无法像作者那样操控事件的发展并决定人物的命运，毕竟叙事人的命运也要由作者来决定。因此，叙事人是有别于读者亦有别于作者的独特存在。读者之于作品世界是被动接受的，没有干涉变更虚构事实的权力；作者虽占据主动权，却不是虚构世界中的人物；同时置身虚构世界之中，又跳脱虚构世界之外的只有叙事人，因而作品作为道具生发虚构事实并建构"假扮游戏"的直接途径便是叙事人。"当叙事人的角色被

1　Kendall Walton, "Points of View in Narrative and Depictive Representation", *Noûs*, Vol. 10, No. 1 (March, 1976), pp. 49-61.
2　Kendall Walton, "Points of View in Narrative and Depictive Representation", *Noûs*, Vol. 10, No. 1 (March, 1976), pp. 49-61.
3　Kendall Walton, "Points of View in Narrative and Depictive Representation", *Noûs*, Vol. 10, No. 1 (March, 1976), pp. 49-61.

读者锁定后，他就会被定位为一个超自然的、全知全能的、洞悉万变的、无所不知的人"，[1] 他知晓主人公内心的纠结、痛苦与喜悦，带领读者偷窥虚构人物的隐私和秘密，预言尚未发生的事件，为下文埋好伏笔，此时"叙事人不仅是虚构故事中的一个角色，还是现实作者的传话人"。[2]

　　在"假扮游戏"中，游戏者总是被赋予暂时性的虚构身份，实现这一赋予职能的是游戏道具：木马赋予游戏者以"骑手"的虚构身份，玩偶赋予游戏者以"父母"的虚构身份。作为道具的再现作品则赋予了欣赏者以特定的虚构身份。这一身份既要符合"假扮游戏"的规则，又要有助于相信作品的全部虚构事实为真的假扮行为，还要为读者在虚构世界中的参与找到立足点。已知读者从叙事人口中获取关于虚构世界的一切信息，叙事人的视角决定了读者看待虚构世界的视角，叙事人对虚构人物的评判深深地影响了他们留给读者的印象。在阅读文学作品时，忽略叙事人的存在，忘记自己正借助叙事人之眼看虚构世界的体验也时常发生；又结合沃尔顿关于虚构作品不是将虚构实体纳入现实世界，而是将现实世界中的欣赏者提升至虚构世界的观点，我们如此描述读者借叙事人获得虚构身份的过程：在阅读小说时，读者短暂地处在一种与叙事人部分重合的状态中，将自己交给叙事人去引领。读者因而在作品世界中占据一席之地，并具有了虚构性的临时身份。当叙事人以第一人称自述时，读者的虚构身份与叙事人的身份重合——若叙事人是主人公，则读者假装相信自己正是主人公本人；若叙事人是旁观者，则读者假装相信自己正在旁观虚构世界中发生的事件，读者因而获得现实世界与虚构世界的双重身份。真实身份是固定不变的，但临时身份却可以自由变换。当叙事人的身份发生转变时，当叙事人观察虚构世界的视角发生转

1　Kendall Walton, "Points of View in Narrative and Depictive Representation", *Noûs*, Vol. 10, No. 1 (March, 1976), pp. 49 – 61.

2　Kendall Walton, "Points of View in Narrative and Depictive Representation", *Noûs*, Vol. 10, No. 1 (March, 1976), pp. 49 – 61.

变时，读者在虚构世界中的身份和视角也随之改变。

塞万提斯在开始讲述堂·吉诃德的故事之前，曾写了一篇谦辞，他以与读者对话的姿态记述了自己撰写这部作品的诸多不足之处，并多次直呼"清闲的读者""和蔼的读者"，篇末还不忘祝福读者。塞万提斯在此虚构了一位"作者"塞万提斯的形象，他没有避讳作品的虚构性，直言自己是诞生这部作品的父母，同时又塑造了一位友朋的形象，借塞万提斯与友朋的对话向读者倾诉无从引用知名作者以至于行文枯涩贫薄的苦恼。这位友朋也是虚构人物，他熟知堂·吉诃德的故事，认为"著名的堂·吉诃德是游侠骑士的光辉和榜样"，显然他并不存在于真实的塞万提斯的世界里，而是处在虚构的塞万提斯的世界里——也就是有文献记载堂·吉诃德这个虚构人物的世界里。需要澄清的是，"有文献记载堂·吉诃德的世界"与"堂·吉诃德的世界"不同，因为塞万提斯与友人所探讨的问题正是如何虚构出堂·吉诃德的故事。因此，"堂·吉诃德的世界"W_{f2} 是基于"有文献记载堂·吉诃德的世界"W_{f1} 的文献记载而虚构出来的，塞万提斯在作品中实现了 W_{f2} 对 W_{f1} 的横向嵌套，延展了与 W_{f1} 同时代的一位游侠骑士的故事的细节。《堂·吉诃德》中的塞万提斯与友朋的对话早在故事开始之前就建构了一个小型的虚构世界 W_{f1}，这时读者在 W_{f1} 中的身份是与塞万提斯及其友人同时代的旁观者。这一身份所携带的虚构事实是，与塞万提斯及其友人同时代的人也应当知道大名鼎鼎的堂·吉诃德和他的游侠传奇。当小说真正开始建构堂·吉诃德的世界 W_{f2} 时，读者已经在虚构作者"塞万提斯"的世界 W_{f1} 里找到了一个落脚点，并借助 W_{f1} 这个踏板缩短了现实世界与 W_{f2} 之间的距离。向读者讲述堂·吉诃德故事的叙事人是虚构的作者"塞万提斯"，他已在正文开始之前坦陈了创作虚构小说的初衷，读者便不再深究堂·吉诃德究竟是不是历史人物，只假装相信堂·吉诃德是虚构作者"塞万提斯"及其友人所处的 W_{f1} 的地方志文献所记载的真实人物。因此，堂·吉诃德是《堂·吉诃德》的虚构作者"塞万提斯"根据他所存在的 W_{f1} 的历史所描写的一位真实人物，即堂·吉诃德是《堂·吉诃德》的真实作者塞万提斯杜撰出来的虚构角色，故堂·吉诃德故事是真实的作者塞万提斯借虚构作者"塞万提斯"之口叙述的。在这一"假扮游戏"中，塞万提斯与读者皆是以小说为道具的游戏者。

在小说中穿插书信的叙事手法是很常见的，往往通过第三人称到第一人称的转变来调整读者了解虚构世界的视角。但《鲁滨逊漂流记》是个例外，笛福在引用鲁滨逊日记与非日记部分都采用了第一人称叙事模式，而这自始至终出场的"我"并不是笛福而是鲁滨逊。船难之后唯一幸存的鲁滨逊独自一人求生于荒岛，笛福采用第一人称"我"进行叙事，便为"假扮游戏"中的读者赋予了以鲁滨逊的视角看荒岛求生故事的虚构身份，即读者在作品世界中的身份与鲁滨逊是重合的。因此，在非日记部分，读者假装相信文中的"我"不是笛福而是鲁滨逊；在日记部分，则假装相信自己正在阅读鲁滨逊撰写的（而非笛福假冒鲁滨逊之名撰写的）日记。如前文所述，日记世界 W_{f2} 与鲁滨逊自述经历的虚构世界 W_{f1} 是同一嵌套关系，这一手法促使读者与叙事人的身份重合，假扮心理随之重复叠加。在阅读日记之前，"我"是鲁滨逊，读者与叙事人的视角保持一致，透过鲁滨逊的视角摹拟体验他的遭遇；在阅读日记时，"我"仍是鲁滨逊，读者再次确认自己与鲁滨逊于虚构意义上的身份重合关系。日记生发的虚构事实与非日记部分的虚构事实重叠以证实其虚构的真实性，因而日记所再现的 W_{f2} 与非日记部分所再现的 W_{f1} 构成相互补足的同一嵌套关系，被彼此赋予了虚构的历史身份，因彼此而更加可信合理。当 W_{f1} 处在叙事前台时，W_{f2} 就作为 W_{f1} 的"历史"存在于叙事的后台；当 W_{f2} 处在叙事前台时，W_{f1} 就作为 W_{f2} 的"历史"而存在于叙事的后台。无论 W_{f1} 在叙事还是 W_{f2} 在叙事，读者都是在透过叙事人鲁滨逊见证这一传奇经历。同一嵌套的模式避免了身份转换对假扮心理的削弱，反而增强了游戏的效果。

叙述性再现作品对虚构事实的生发陈述是确定性的言语表达，这是其"假扮游戏"性的重要表征之一。论及虚构世界相当于指涉其中全部的虚构事实，虚构世界的语境交代可以被省略。说话人与听话人采取陈述语气而非虚拟语气，这一语气特征源自假扮心理，同时又服务于"假扮游戏"的展开。譬如，两位读者省略"《红楼梦》中的贾宝玉"的语境交代，而只用"贾宝玉"来指涉《红楼梦》的虚构世界中存在的一个虚构实体。"贾宝玉"在游戏语境中隐含了《红楼梦》虚构世界中关于贾宝玉的全部虚构事实。读者不会在每句表述中都将"贾宝玉"完整叙述为"《红楼梦》中的贾宝玉"。与之相似的，作品在生发虚构事实时通常省略对虚构语境的铺垫而直接陈述事实本身。作者不会反复点明"在那个故事中，鲁滨逊于船难中幸存"，而是直接叙述"鲁滨逊于船难中幸存"。因而，在"假扮游戏"的过程中，叙事作品的陈述语气具有确定性和省略性的特征。

　　上述言语假扮行为的确定性陈述特征不仅常见于再现作品，也普遍存在于日常生活的言语表达中，隐喻性的言语表达便极为典型。

第二节　作为"假扮游戏"的隐喻表达

　　"假扮游戏"现象在言语表达中普遍存在，除说话人对可能世界的想象之外，"假扮游戏"还作为心理基础存在于隐喻性的言语表达中。沃尔顿通过对隐喻与存在的关系的分析，指出"当我们假装自己谈论某个事物时，其实并未在实际意义上谈论它"。人们习惯使用"假扮游戏"的方式描述虚构对象，是因为这些对象"是重要的、有价值、有意义的"，却又"不容易通过假扮之外的其它途径去谈论或思考"。在表述行为中"引入假扮的成分"，则能够"借助一个简便的工具来描述或作用于现实世界中的对象"。[1] 隐喻性的言语表达交流是一种"假扮游戏"，出现在隐喻表述中的对象是一种虚构的存在，与其在现实世界中的存在

1　Kendall Walton, "Existence as Metaphor?", in Anthony Everett and Thomas Hofweber, *Empthy Names*: *Fiction and the Puzzles of Nonexistence* (Stanford: Center for the Study of Language and Inf, 2000), pp. 69 - 94.

状态不同，隐喻中的存在于"假扮游戏"的意义下才能为真的存在。譬如，"福斯塔夫是一个丑角""纳尼亚王国里居住着兔子、狗和独角兽"的表述就是带有假扮性质的隐喻表述。但人们通常不会注意到其假扮特征，因为"上述表述在听话人的理解中，往往被视为对真实世界的特征概括"。[1] 基于实存对象与虚构实体在本质上的差别，对二者存在状态的表述也应当有根本差别。而事实上，在日常生活及文学作品的言语表达中，二者差别甚微；在言语主体的认知与理解心态上，二者亦差别不大。比如，《格列佛游记》的读者会假装宣称"在苏门答腊西南方向一个小岛上生长的马都是 4.5 英寸高"，这是"对小说作品中的虚构事实作确定性表述的假扮行为"，[2] 而不必每次都在表述前添加"在《格列佛游记》的世界里"以表明该陈述的虚构性。又如，表述"我的电脑中病毒了"的说话人"通过宣称这一确定性的假扮行为，目的在于说明电脑硬盘正处于这样一种情形之中"，[3] "中病毒"的习惯性表达使听话人立即理解说话人要表达的意义，而无须对"中病毒"的隐喻特征添加额外解释。

沃尔顿认为，"在特定语境中，隐喻的表述能够暗示、激发、引入或者唤起潜在的'假扮游戏'。提出隐喻表述的途径是潜在游戏语境中的言语参与行为，或是提出可能被应用在游戏参与中的语句。通过诉说其所作所为，说话人对可能成为或者已经成为潜在游戏道具的事物进行描述"。[4] 由于"人们通常所谓的隐喻在具体应用中呈现纷繁复杂的样

1　Kendall Walton, "Existence as Metaphor?", in Anthony Everett and Thomas Hofweber, *Empthy Names*: *Fiction and the Puzzles of Nonexistence* (Stanford: Center for the Study of Language and Inf, 2000), pp. 69 – 94.

2　Kendall Walton, "Existence as Metaphor?", in Anthony Everett and Thomas Hofweber, *Empthy Names*: *Fiction and the Puzzles of Nonexistence* (Stanford: Center for the Study of Language and Inf, 2000), pp. 69 – 94.

3　Kendall Walton, "Existence as Metaphor?", in Anthony Everett and Thomas Hofweber, *Empthy Names*: *Fiction and the Puzzles of Nonexistence* (Stanford: Center for the Study of Language and Inf, 2000), pp. 69 – 94.

4　Kendall Walton, "Metaphor and Prop Oriented Make-Believe," *The European Journal of Philosophy*, Vol. 1, No. 1 (April, 1993), pp. 39 – 57.

貌"，沃尔顿对隐喻"是否能被一个具有普适性的概念所统摄"的可行性表示怀疑，并指出他的研究目的在于"探讨假扮这一现象在日常生活的常见隐喻中的适用性，也希望从假扮之维出发勾勒理解这些隐喻的恰切方式"，[1] 因而未对"隐喻"的概念进行明确界定。沃尔顿借助古德曼的观点说明隐喻的结构，认为对某一范畴、领域或范围描述对象的（文学化的）用法实际上指向并预示了对另一范畴、领域或范围描述对象的（隐喻性的）应用。他将古德曼所谓的两个范畴领域视为（a）道具及其所生发的虚构事实及（b）潜在"假扮游戏"的命题内容，（a）和（b）分别是隐喻中的喻体和本体。（a）是目标化的、陌生化的新范畴、领域或范围，（b）是被隐喻性和文学化地使用的预示结构中的本源范畴、领域或范围。[2] 综合沃尔顿对隐喻所作的阐释及其所应用的案例，我们从这样的意义上使用"隐喻"一词：它作为一种语言现象，基于并促进言语表达主体对世界的认知，固定其对对象物之间联系的认识，旨在快捷地表达本体与喻体之间的深层关联，与其它类型的比喻相比，隐喻的首要特征是省略喻词，亦时常省略对本体的指涉，直接以喻体代替本体作为主语。需要强调的是，其一，为方便论证，暂不采纳将明喻视为"显性隐喻"[3] 的隐喻分类法，而只取其"隐"性特质与假扮性进行心理层面的关联研究；其二，隐喻不仅是一种语言现象、认知现象，[4] 还是一种游戏行为，从假扮意义上讲，隐喻性言语表达与再现作品的欣赏体验是相似的。其三，隐喻性言语表达使用的是一种确定性的陈述语气，而非虚拟语气，常省略对虚构语境的交代。

1　Kendall Walton, "Metaphor and Prop Oriented Make-Believe," *The European Journal of Philosophy*, Vol. 1, No. 1 (April, 1993), pp. 39 - 57.

2　Kendall Walton, "Metaphor and Prop Oriented Make-Believe," *The European Journal of Philosophy*, Vol. 1, No. 1 (April, 1993), pp. 39 - 57.

3　束定芳:《论隐喻的基本类型及句法和语义》，载《外国语》，2000 年第 1 期，第 20—28 页。

4　束定芳:《论隐喻的本质及语义特征》，载《上海外国语大学学报》，1998 年第 6 期，第 10—19 页。

假扮现象广泛存在于叙述性再现作品的隐喻性言语表达中。譬如，大仲马描述达达尼埃时写道："那是个小伙子，他的长相只要用寥寥数语即可描述清楚——一个十八岁的堂·吉诃德"，"一个十八岁的堂·吉诃德"就采取了隐喻的手法。假扮现象还普遍存在于日常生活的隐喻性言语表达中。沃尔顿将"马鞍山"及"路肩"等常规用法列为考察对象，指出用以阐释隐喻性言语表达的"假扮游戏"论路径的核心观点是：

> 说话人或理论对非存在实体的约定或规定的理解应当在假装或假扮的精神协助下开展。从某种意义上来说，它们的被规定和被理解都不是在严肃意义上进行的。……虽然知道这些名词所代表的对象在现实世界中并不存在，人们还是辨识并应用虚构作品，来达到说明这些对象的确存在的效果，甚至更为深入的，当提到……这些名词时，我们会在现实中成功找到它们的对应物来证明这一虚构对象存在。[1]

一般来说，隐喻性言语表达是一种道具导向的"假扮游戏"，如前所述，（a）就是喻体与道具，是由隐喻表达所关联出的新的范畴、目标性的领域与陌生化的范围。在使用隐喻时，"说话人的注意力放在喻体（隐喻外部指向的标靶的那一端），也就是道具上。假扮行为的目的是清楚界定并生动描述道具"。[2] 在一次隐喻"假扮游戏"中，说话人与听话人"在一种事物的语境中联想或看待另一事物，或者将两种事物捆绑在一处"。[3]

1　Kendall Walton, "Existence as Metaphor?", in Anthony Everett and Thomas Hofweber, *Empthy Names*: *Fiction and the Puzzles of Nonexistence* (Stanford: Center for the Study of Language and Inf, 2000), pp. 69 - 94.

2　Kendall Walton, "Metaphor and Prop Oriented Make-Believe," *The European Journal of Philosophy*, Vol. 1, No. 1 (April, 1993), pp. 39 - 57.

3　Kendall Walton, "Metaphor and Prop Oriented Make-Believe," *The European Journal of Philosophy*, Vol. 1, No. 1 (April, 1993), pp. 39 - 57

关于本体与喻体的关系，沃尔顿修正了理查德·莫兰（Richard Moran）
的"框架效果"说[1]（framing effect）并指出，"框架效果"说认为人们
使用隐喻是用一个对象去"框定"另一个对象，强调本体和喻体之间的
相似性。但是，"将一个领域里的事物或者事件视为生发虚构事实的本
体，视为通过预设想象和激发联想来关联另一领域内的事物或者事件的
本体，从本质上讲并不单纯是找寻共同点的行为"。语言在表达群体共
同约定、达成共识的基础上被使用，隐喻也不例外。对于以习俗化方式
使用的隐喻而言，本体与喻体的关联"未必依存在相似性和共通点
上"。[2] 陈嘉映指出，隐喻"可能逐渐固定下来，成为常规的词义"，对
于这些今天已经约定俗成的用法，"我们不再觉得是个比喻"，因而是所
谓"死隐喻"（dead metaphor），譬如"铁拳""鲸吞""酝酿""覆没"
等。[3] 既然单个隐喻中的本体与喻体之间的关联未必基于二者的相似性，
莫兰的"框架效果"理论便不具有普适性。

　　"在某个对象的框架内关联并审视另一个对象实际上是以一个事物
来规定对另一个事物的想象，而不是直接将第一种事物想象为第二种事
物"。[4] 所谓"以一个事物来规定对另一个事物的想象"，是指作为本体
与喻体的两种对象在同一虚构语境下的联合存在。这一虚构语境常被忽
略或隐藏，不在言语表达中显现，却是必不可少的。"一个独立的游戏
或独立的一种游戏将许多不同的隐喻表述或断续或持续地聚合在一个语
境里"。[5] 譬如，关于福斯塔夫的隐喻表述被聚合在《亨利四世》的虚构
世界 W_{ft} 中，关于纳尼亚王国的隐喻表述被聚拢在《纳尼亚传奇》七部

1　See Richard Moran, "Seeing and Believing: Metaphor, Image, and Force," *Critical Inquiry*,
　　Vol. 16, No. 1 (1989), pp. 87 – 112.

2　Kendall Walton, "Metaphor and Prop Oriented Make-Believe," *The European Journal of
　　Philosophy*, Vol. 1, No. 1 (April, 1993), pp. 39 – 57.

3　陈嘉映：《语言哲学》，北京：北京大学出版社，2003 年，第 361 页。

4　Kendall Walton, "Metaphor and Prop Oriented Make-Believe," *The European Journal of
　　Philosophy*, Vol. 1, No. 1 (April, 1993), pp. 39 – 57.

5　Kendall Walton, "Metaphor and Prop Oriented Make-Believe," *The European Journal of
　　Philosophy*, Vol. 1, No. 1 (April, 1993), pp. 39 – 57.

曲的虚构世界 W_{f2} 中，W_{f1} 与 W_{f2} 分别为独立的游戏提供了语境。因此，无论本体与喻体之间是否具有相似性，也无论具有隐喻性质的新词是否生成于约定俗成的共识，隐喻"总能向我们暗示一个潜在的游戏"。[1]

明喻也具有假扮性，但程度不如隐喻深。隐喻的普遍模式是"A 是 B"，组成部分为本体、谓词和喻体，有时直接省略 A，以 B 的名称直接指代 A，对 A 的特征进行间接描述；明喻的普遍模式是"A 像 B"，组成部分为本体、喻词和喻体。二者之间的差别在于，在隐喻模式中喻词缺失，而在明喻模式中喻词在场。对明喻而言，喻词是否在场意味着说话人是否清楚地意识到本体和喻体之间的虚构关联。有意识地使用喻词意味着说话人知道 A 不是 B，只是通过二者之间的某种相似性进行了人为的关联，在关于 A 的虚构世界 W_{fa} 与关于的 B 虚构世界 W_{fb} 的基础上架构起了关于 AB 的虚构世界 W_{fab}。一般来说，AB 之间的相似性是形式层面的相似，比如"那朵蘑菇像一把小伞"，蘑菇的外形与伞的外形类似，很容易引发联想。但也有时无法找出 AB 在外观上的相似性，比如"这座罗马喷泉好像喷水的虎鲸"，喷泉与虎鲸在外形上毫无相似之处，之所以能被关联是因为喷水的功能相似。形式相似与功能相似并不是对立的，AB 之间的相似性可能既存在于形式层面，又存在于功能层面。在上述两例中，"蘑菇"与"喷泉"作为本体，在明喻语境和现实语境中都是完全的实存对象；而"伞"与"虎鲸"被置入明喻的虚构世界之后就变为虚构的存在——二者并不在"蘑菇"与"喷泉"的现实世界中以物质形式显现自身。"伞"和"虎鲸"与"蘑菇"和"喷泉"进行关联后就暂时失去了其在现实世界中的实存身份，而被临时赋予了明喻世界中的虚构身份，成为不具有物质实在性而具有虚构实在性的对象。当说话人对"蘑菇"和"喷泉"进行明喻描述时，"伞"和"虎鲸"不在现实意义上在场，却在想象世界中在场，通过想象而被引入说话人

1　Kendall Walton, "Metaphor and Prop Oriented Make-Believe," *The European Journal of Philosophy*, Vol. 1, No. 1 (April, 1993), pp. 39-57.

所设定的虚构语境中。作为本体的"蘑菇"和"喷泉"不具有虚构身份，而作为喻体的"伞"与"虎鲸"具有虚构身份，因此，明喻性的言语表达是说话人在身处现实世界的同时于想象中参与虚构世界的行为。

对于隐喻而言，判断谓词是一种强制性的表达。听话人反驳说话人的隐喻内容的行为意味着听话人不在说话人的"假扮游戏"之中，他的质疑与反驳是对虚构世界的假扮游戏规则的破坏。譬如，罗马喷泉前的游客 C 对同伴 D 和 E 说："看！虎鲸在喷水！"同伴 D 回应说："我们快爬到它身上去感受一下清凉！"同伴 E 不知趣地说："那不是虎鲸，不过是喷泉罢了！"C 的隐喻表达在 C 与 D 之间成功地构建起一个虚构世界，而 E 并未在这个虚构世界之中。C 与 D 处在协同想象活动之中，省略喻词及背景交代的表达标志着"假扮游戏"的默契。E 打破假扮默契便是破坏了游戏规则，丧失了进入"假扮游戏"的资格。因此，所谓"隐"喻，表面看来隐藏的是喻词，实质上隐藏的是说话人站在现实立场上对虚构世界之"虚构性"所作的语境交代。由于假扮不是幻觉，而是认知正常与心智清醒的假装行为，即便被 E 指出那是喷泉不是虎鲸的事实，"假扮游戏"的 C 与 D 仍可自愿停留在游戏语境中。

明喻和隐喻都是暂时性的，其所提出的命题及本喻体间的关联只在该"假扮游戏"所建构的虚构世界语境之中成立。当参与者离开这一语境回归到现实世界中后，本喻体间的关联不再有有效性。在"A 是 B"的隐喻模式中，"是"作为判断谓词，对 AB 关系进行了确定性陈述，在假扮语境下将 B 作为虚构身份的值赋予了 A，当 A 等值于 B 时，二者在虚构意义上是跨界同一的，因而说话人以 B 取代 A 作为主语的表达方式也极为普遍；在明喻的"A 像 B"模式中，"是"的退场和喻词"像"的在场表明了 AB 之间的本体和喻体关系，A 仍在现实世界中，B 只在明喻借以表达的世界中，二者并非跨界同一的关系。在"A 是 B"或以 B 取代 A 作为主语出现的隐喻模式中，"是"的在场和"像"的退场表明说话人在进行确定性陈述时处于假扮心理之中：他既清楚 AB 之间的跨界同一身份及等值关联在现实世界的意义上不为真，又假装 AB 的虚构身份及等值关联在虚构意义上为真。

对隐喻的把握有助于理解再现艺术的假扮性。明喻性言语表达强调 A 与 B 在形式上的相似性，实质上是突显喻体 B 对本体 A 的物理摹仿，与阐释再现艺术创作与欣赏的摹仿论、相似论、象征符号论、幻觉论是一致的。这些理论强调被再现对象也就是本体 A 在形式上与作品中的再现形象也就是喻体 B 的相似性，无论强调 AB 形式上的相似、意义上的指涉关联，还是误把 B 当作 A 的幻觉体验，都认为艺术是物理摹仿。但文艺审美与隐喻表达一样属于精神摹拟。

作为本体与喻体的 A 与 B 在隐喻与明喻的表达中处于不同地位，可见隐喻与明喻对待表达对象的侧重点不同。在"A 像 B"的明喻模式中，B 用来描述、阐释、说明 A 的某些性质，使之变得直观化，更容易被听话人所理解。在"那朵蘑菇像一把小伞"的例子中，说话人引导听话人联想"伞"与"蘑菇"在形状上的相似性，是为了说明"蘑菇"的空间形式特征与"伞"相似。但在"A 是 B"的隐喻模式中，B 往往是被强调的一方；B 可以代替 A 出现，只有 B 而没有 A 的情形是被允许的，但只有 A 而没有 B 却必然不是隐喻。在隐喻的"假扮游戏"中，A 被说话人和听话人假装当作 B，语句所要描述的对象仍然是 A，更确切地说，被描述性质的对象在于 AB 的共同点。当 AB 在隐喻基础上结合为新词时，譬如在"那朵蘑菇是一把小伞"和"蘑菇伞"与"那座山是一位站立的人，那是他的腰、他的脚、他的肩膀"和"山腰""山脚""山肩"中，新词"蘑菇伞"要描述的是一朵蘑菇，但强调的是"伞"，"蘑菇"的本体身份被隐藏了；新词"山腰"要描述的是一座山的中间地带，但强调的是"腰"，"山"的本体身份被隐藏了——B 取代 A 成为语义表述的重头戏。"伞""腰""肩"都是无法被直接感知的虚构存在，只在当前语境的假扮意义上被赋予临时的虚构身份，却是意义的核心。带有隐喻色彩的新词被说话人与听话人创造于"假扮游戏"中，要求其含义在特定文化背景下约定俗成或能被一般思维水平理解。这类似于符号的象征意义指涉，但比象征符号及其指涉对象之间相对固定的关联自由得多。由于隐喻新词是根据语境需要临时被创造出来的，它们有时只在特定语境下成立，脱离了语境规定或语境失效后便不再具有合理意义。"蘑菇"和"伞"之间并没有约定俗成的象征指涉关系，但当说话人将二者放在一处进行表述时，很少有听话人不理解她的意思。换置语境后，说话人又能以隐喻方式将"蘑菇"与"帽子""房顶"等其它事物关联在一起构成新词。这一点同样适用于儿童"假扮游戏"，墙角的"扫帚"只有在战争游戏中当作"枪"时才能被称作"扫帚枪"，而在骑马赛跑的游戏中，它又有了新名称"扫帚马"。

　　通过听话人对隐喻性"假扮游戏"的参与程度可以判断说话人使用隐喻的意图是否被成功地传达到了听话人处。"蘑菇伞""山腰"和"扫帚马"这类隐喻性词语的构成结构保留了本体与喻体，是对现实世界和虚构世界之间的隔膜的暗示，至多是一种浅层的假扮。当本体也退场，只留存喻体在隐喻中，即B完全充当A时，才是完全程度上的假扮。举例来说，在如下对话中：

　　　　甲："那朵蘑菇像一把小伞！"
　　　　乙（将蘑菇举过头顶）："这把蘑菇伞正适合我！"
　　　　丙（拉着甲挤在乙旁边）："雨下大了！我们快躲进伞下面！"

　　甲提出一种想象的可能性，他使用明喻关联起现实世界中的"蘑菇"与虚构世界中的"伞"；乙延续了他的想象，并通过言语和行动假装甲表述的内容在虚构意义上为真，因而虚构世界被初步地建构，现实世界被部分地隐藏；丙将甲和乙的协同想象完全虚构化，此时虚构世界占据前台而现实已转入后台。甲乙丙的表述显示了从明喻到隐喻、从浅层假扮到完全假扮的渐进过程，表明单纯联想与假扮之间的差异在于言语主体是否采取了进一步的想象行为，而进一步的想象就意味着其已融入了"假扮游戏"。"从最普遍的意义上来说，人们在隐喻所唤起的游戏中应当意识到并表达出一般的生成规则。……而这样的表述就是使游戏参与者充分了解游戏规则的关键"。[1] "A 是 B"的确定性陈述往往能引发深一层的想象,纯粹性的虚构事实被像滚雪球一样地生发出来,不断组合叠加为依存性的虚构事实,其所建构的当前虚构世界也实现了对前一位说话人所建构的既有虚构世界的嵌套。是否能激发出多层次的想象,即是否具备内容上的延展性与时间上的延续性正是判断一段隐喻交流是否已成为"假扮游戏"道具的标志。同时,是否能根据游戏语境进行"进一步的想象"也是言语主体是否被赋予假扮意义上的虚构身份的标志。隐喻就像一则通关口令,听话人在理解了说话人使用隐喻所建构的"假扮游戏"规则之后,遵照这一规则生发出新的虚构事实,不仅为"假扮游戏"增砖添瓦,也使自身获得了进入游戏的许可。

沃尔顿指出,"许多隐喻表述通过对相关'假扮游戏'的规定和引入,使言语主体能够以新的方式对原生表述进行扩展,将之应用于新的语境中,应用于新的预示结构中,甚至扩展运用在外围的相关事例中"。[2] 对虚构事实的创造性推演是"假扮游戏"中最有趣的部分,它验证了参与者假装相信虚构事实为真的心理,既强化了规则对参与者的制约,又期待参与者以新的虚构事实巩固既有规则。因此,隐喻大大激发了游戏者的才能与灵感,参与协同想象的主体越多,生发的虚构事实越丰富,关涉的虚构实体越繁杂,"假扮游戏"的层次就越丰富,虚构世界的样貌就被建构得越完善。

1　Kendall Walton, "Metaphor and Prop Oriented Make-Believe," *The European Journal of Philosophy*, Vol. 1, No. 1 (April, 1993), pp. 39 - 57.

2　Kendall Walton, "Metaphor and Prop Oriented Make-Believe," *The European Journal of Philosophy*, Vol. 1, No. 1 (April, 1993), pp. 39 - 57.

第六章　图像性"假扮游戏"

相对而言，以图像为载体的"假扮游戏"比以文字为载体的假扮游戏拥有更多的游戏者。简笔画便是图像性"假扮游戏"的典型。《汤姆·索亚历险记》有这样一个例子：

> 汤姆让画露出一角。那原本是一幅手法拙劣的简笔画，两边有高墙的一幢房子，一股旋转上升的炊烟从烟囱里飘散而出。女孩的注意力都投在了这画上，对其他的东西都浑然不觉。汤姆收笔后，她注视了一阵子，轻轻地说："不错——再加个男人。"……然后一个男人就在画家的笔下站了起来，他被安放在前院里，差不多和塔式起重机一样高，好像腿一伸就能越过这房子。女孩一点儿也不挑剔，对这个怪模样的男人感觉不错，悄声说："这男人挺英俊的——把我也加进去，我正在走到近前。"……汤姆是这样构造女孩形象的：一只水漏上面安着一轮圆月组成身子和脑袋，四肢像四根草棍似的，在伸缩的手指中加了把不伦不类的扇子。女孩说："真漂亮——如果我也能画该有多好。"

汤姆所画的简笔画在形式上与被描绘对象并不相似，不是对其真实样貌的摹仿，被描绘人物与景物之间的比例也不协调。以三角形作房顶，以长方形作烟囱，以几根曲线作炊烟——大多数儿童都会使用类似笔法，这是其被称作"简笔画"的原因。"三角形"不象征"房顶","长方形"不指涉"烟囱","曲线"不是炊烟的符号。贝基之所以在汤姆的简笔画中看到了"房子""烟囱"和"炊烟",是因为二人基于这幅简笔画建构起了一套"假扮游戏":简笔画是游戏道具,生发了关于一幢房子、烟囱、炊烟的虚构事实。贝基与汤姆还依照协同想象对该道具作了进一步的加工,在画中加上了一位男士与贝基本人。无论汤姆将男士的形象画成何种怪模样,贝基都假装相信那是一位男士;正如贝基要求把自己也画进去时,无论汤姆把她画成何种模样,她都会假装相信他画的是自己。

图像性"假扮游戏"就是这样一种有趣的现象,顾名思义,它需要观赏者通过视觉能力感知图像并辨识出被再现对象。但事实上,观赏者对图像作品的审美欣赏未必总依赖视觉,甚至有时他们并没有用眼睛观看。每一位观赏者都是贝基,他们常常"看到"在图像中看不到的事物,却又"看不到"在图像中能被看到的事物。"看到"看不到的内容与"看不到"能被看到的内容,正是艺术家对观赏者的要求。

第一节　描绘性再现与图像性"假扮游戏"

欣赏者将平面画布上的被描绘内容视为立体空间中的实物,将虚构的神兽、人物与国度视为在图画世界中的真实存在,为静态的画面赋予了流动的时间。这一独特的观赏习惯与以视觉感知体验为途径的"假扮游戏"密切相关。欣赏者之所以能于图像之中看到没有被描绘于其中的内容,正是因为观赏画作的体验是一种视觉"假扮游戏"行为。

首先,图像性再现作品以"可见"再现"不可见"。阿尔贝蒂在《论绘画》中谈到:"我在此所谓的'形象'指的是任何被固定在平面上以便肉眼观看的事物。没有人会否认,画家与不可见的事物之间没有半点关联。画家所关心的，只是再现可见之物"[1]。但事实上，绘画不仅能再现现实世界中可以被直接感知到的实存对象，还能再现虚构世界中无法被感官直接感知的虚构对象。在中世纪《淑女与独角兽》系列挂毯上，"一个漂亮的淑女可以坐在花园里亲抚一只独角兽，而这种东西根本就没有"。[2] 除此之外，中世纪及文艺复兴时期的宗教圣像画更是阿尔贝蒂不应忽视的用图像手段再现非实存对象的例子。几千年来，画家从未放弃过用图像再现虚构对象的尝试，毕竟除了艺术化的再现手段，人们难以通过其它途径认知非物质实在的虚构对象。绘画早已不再局限于"再现可见之物"的规约之内。一方面，画家可以再现不可见对象，另一方面，观赏者能够将虚构个体的名称与形象关联起来，从插图、雕塑与画作上一眼辨识出神话传说中的独角兽与塞壬、宗教故事中的圣母子及小说中的哈克贝利·费恩。

其次，图像性再现作品以"平面"再现"立体"。"一张相片上有人、房子、树，我们不觉得这张相片缺少立体性。要把这张相片描述为平面上的一些色块的组合反倒不大容易"。[3] 维特根斯坦这番表述说明，观看平面媒介之上被再现的立体对象是令人感到习惯而舒适的。观赏者以一种想当然的态度对待绘画作品的二维性，顺从了以平面再现立体的艺术逻辑。透视法被采用之后，求真写实的传统要求画家突显被描绘对象在空间里的前后位置关系，以使画面具有立体纵深效果。与之相关的是，观看图像的视觉欣赏习惯问题也体现在图像性再现作品以"静态"再现"动态"的现象中。麦布里奇（Eadweard J. Muybridge）的连续动体照片《奔马》捕捉了同一匹马在运动中的十二个瞬间，欣赏这一系列作品的人不会停留在作品表象，将之视为对十二匹马的影像捕捉，或者将四蹄同时离地的马视为悬停于半空，而是遵从一种心理习惯，认定它

---

1   Liane Lefaivre and Alexander Tzonis: *The Emergency of Modern Architecture: A Doncumentary History from 1000 to 1800* (Routledge, 2004), p. 52.

2   [英] 罗萨·玛利亚·莱茨：《剑桥艺术史——文艺复兴艺术》，钱承旦译，南京：译林出版社，2009 年，第 5 页。

3   [德] 维特根斯坦：《哲学研究》，陈嘉映译，上海：上海人民出版社，2005 年，第 255 页。

必然在下一秒呈现向下回落的趋势。再现动态过程的摄影作品即便以二维静态的媒介性质呈现，还是会被观众还原为动态的被再现对象。

再者，图像性再现作品以"抽象"再现"具象"。丹内克尔（Johann Heinrich Dannecker）的《骑豹的阿里阿德涅》在展出时，"精心配置的光线给白色大理石表面镀上了一层玫瑰般的肉色。光线似乎给予雕像活生生的肌肤"。[1] 但是，雕塑家的担心是多余的，即便没有肉色光线为作品设色，欣赏者也不会停留在大理石质料的层面对作品展开审美接受。画家常以抽象的轮廓勾勒与单色描绘的方式再现具体的对象，譬如素描和速写。沃尔顿指出，"黑白素描在我们看来并不像失去多彩色泽的风景，我们不认为它描绘的是没有色彩的黑白事物"。[2] 无独有偶，在中国传统绘画中，泼墨技法被广泛采用，甚至比用色鲜艳夺目的画法更具审美趣味而受到文人墨客的推崇，有"墨分五色"之说。水墨画所再现的对象往往不只黑白二色，素描与国画的创作显然不追求与被再现物在色泽上的绝对匹配，但在欣赏者的想象中，既然简笔画与被再现物是匹配的，墨色兰竹与绿色兰竹自然更相匹配。可见，形式的匹配与想象的匹配之间并无必然关联。

上述现象隐藏了观赏图像性再现作品的某些视觉习惯。沃尔顿分析了这些视觉感知习惯，将与艺术作品相关联的特征划分为标准的（standard properties）、可变的（variable properties）、反标准的（contra-standard properties）三类。所谓艺术作品的"标准特征"是决定作品 W 属于某个范畴 C 的性质，若缺少了这一特征的 W 没有资格归属于 C，则该特征对 C 来说就是标准的；当 W 具备或者不具备的某个特征与 W 是否属于某个范畴 C 毫无关联时，该特征对于 C 来说就是可变的；当 W 缺少某种标准特征时，也就是 W 所具备的某种特征使之丧失了归属

1　[英]唐纳德·雷诺兹：《剑桥艺术史——19 世纪艺术》，钱承旦译，南京：译林出版社，2009 年，第 32 页。

2　Kendall Walton, "Categories of Art," *The Philosophical Review* Vol. 79（July, 1970），pp. 334 - 367.

于某个范畴 C 的资格时，该特征对于 C 来说就是反标准的。具体而言，沃尔顿以绘画为例说明标准特征、可变特征与反标准特征的概念，指出"一幅画作的平面性及其表面描绘痕迹的静止性都是标准特征，它的独特形状和色彩则是可变特征"，假如艺术家在作品表面插入"一个三维突出的立体物件"或者"借助电力抖动画布"，使之由绘画作品变身为装置艺术，则这些特征对于绘画范畴而言就是"反标准特征"。[1]

"静态的""冰冷的""大理石色泽的"都可被认为是沃尔顿意义上的雕塑作品的标准特征，因为大理石雕像一般不是"动态的""温暖的""皮肤触感的"。具体到每一件作品，线条柔和或硬朗、抛光打磨得细致或粗糙，都是"雕像"这一范畴的可变特征。但是，"只有上半身"这个怪异而普遍存在的视角却不属于标准的、可变的或反标准的任何一类特征。"非再现性"特征是一个常被忽视却无法回避的视角，它与被再现对象及作品的再现目的无关，却是视觉体验直接感知的特征。

沃尔顿对罗马帝王大理石半身像的审美特征的阐述让我们联想到席勒对大理石雕像的论述。席勒在阐述艺术作品的形式与质料在摹仿中的关系时提出，"在一个艺术作品中质料（模仿者的自然本性）应消失在（被模仿者的）形式中，物体应该消失在意象中，现实应该消失在形象显现中"。[2] 他以一尊大理石雕像为例，指出"大理石显现人的外观，但实际上仍然是大理石"。大理石所显现的人作为观念或意象存在于大理石之中，但大理石中一切物质的东西作为大理石的属性却只属于大理石本身，并不属于雕像所显现的人。因此，"如果在雕像身上有一个显示出石头的特征，即不是以观念（意象）为基础，而是以质料的自然（本性）为基础的特征，那么美就受到了损害；因为在这里存在着他律。坚硬而难以成形的大理石的自然（本性）应该完全消失在柔软的肉体的自

---

1   Kendall Walton, "Categories of Art," *The Philosophical Review* Vol. 79（July, 1970），pp. 334 - 367.

2   [德] 席勒:《审美教育书简》，张玉能译，南京: 译林出版社，2009 年，第 142—143 页。

然(本性)之中,无论感情还是眼睛都不允许被引导回想起大理石"。[1]
沃尔顿对"标准特征""可变特征"与"反标准特征"的划分有助于理
解席勒这一观点。大理石本身所具备的物理特征属于一切以大理石作为
质料的雕塑的"标准特征",它们是大理石色泽的、坚硬冷冰的、静止
无神的。假如停留在对"标准特征"的把握上,欣赏者就无法在想象中
复原雕像所再现的人物意象。丹内克尔为《骑豹的阿里阿德涅》打上玫
瑰色灯光使之呈现的柔和皮肤质感作为作品的"可变特征",实质上是
艺术家使质料消失在意象中的一次尝试。

举例来说,人们在观看罗马帝王大理石半身像时,会认为作品再现
了一位男子,而不是"再现了一位永远没有表情的、或者大理石色皮肤
的、或者只靠上半身存活的男子"。[2] 但是,欣赏者究竟是如何将大理石
色泽的、坚硬冷冰的、静止无神的雕像视为被再现人物的?即是说,欣
赏者如何使大理石的质料特征消失在罗马帝王的意象中?这些细节问题
是《论艺术的范畴》没有解答的。沃尔顿对"标准特征""可变特征"
及"反标准特征"的论述发表于"假扮游戏"论诞生之前,是从作品的
角度出发对审美特征进行的论述,没有充分思考审美接受的因素。1973
年,沃尔顿在《图像与假扮》一文中提出的"视觉'假扮游戏'"概念
对上述图像性再现艺术的视觉感知问题做出了新的回答。

第二节 想象与视觉"假扮游戏"

由前文所述现象可知,视觉审美感知体验与想象关联密切。想象协
助审美主体看到图像作品中"看不到"的内容,最终完成艺术家以图像
媒介再现对象的任务。但是,想象对于图像作品的视觉感知体验而言究

1　[德]席勒:《审美教育书简》,张玉能译,南京:译林出版社,2009 年,第 143 页。

2　Kendall Walton, "Categories of Art," *The Philosophical Review* Vol. 79(July, 1970),
　　pp. 334 - 367.

竟是不是必要因素的问题至今仍未达成共识。20世纪八九十年代至21世纪第一个十年，欧美学界曾围绕理查德·沃海姆所提出的视觉感知理论展开一场论争，核心论题之一便是视觉感知体验是否包含想象。沃尔顿在以"假扮游戏"论阐释并质疑沃海姆理论的同时，完善了视觉"假扮游戏"论。

　　沃海姆的视觉感知理论将哲学维度融入对视觉艺术的美学研究中，强调对视觉经验的现象学考量，其核心范畴是"于其中看到什么"（seeing-in）。沃海姆关于视觉感知体验的理论可以分为两个组成部分，一是阐释"于其中看到什么"的独特视觉体验及两个维度，二是论证想象在这一体验中不占据关键地位而只对特定作品发挥无足轻重的作用。首先，他指出，"观看"分为两种：其一为"面对面"地观看，即观看主体不借助任何媒介以裸眼直接观看对象；其二为在"被标记过的表面"上观看，即主体通过视觉感知，于再现图像的介质表面看到描绘痕迹即图像的结构形式要素，进而对被再现客体进行辨识鉴赏。所谓"于其中看到什么"，便属于后一种观看类型，指的是从一个独特角度观看特定描绘对象的体验。作为一种整体性的视觉体验，"于其中看到什么"包含两个维度：其一为结构层（configurational），欣赏者通过视觉感知到图像被描绘的结构形式；其二为认知层（recognitional），基于对结构形式的把握，欣赏者辨识出图像作品所描绘的对象。沃海姆强调，结构层与认知层不是两种视觉体验，而是同一体验的不同方面。对结构形式的感知可以脱离辨识对象的结论而存在，辨识对象却必须以对结构形式的感知为前提。欣赏者在观看图像时，不仅看到视觉传输的媒介本身，同时也看到被描绘的再现物，因而"于其中看到什么"是表面与深度的双重视觉体验。因此，图像作品在视觉欣赏中作为描绘被再现物的媒介出现，而非单纯的审美客体。观者在辨识出作品中的被再现对象时，并不会将作品本身视为与该对象等同的存在。由此，沃海姆归纳出"于其中看到什么"与再现之间的关联："'于其中看到什么'并未预设再现的前提，与之相反，'于其中看到什么'早在再现之前就发生了，这便是我们为何可以用'于其中看到什么'来阐释再现的原因。粗略地说,假如 X 可以于 P 中被正确地看到,则 P 再现了 X,而且这恰好实现了创作 P 的艺术家有意识地为 P 所设定的正确欣赏方式"。[1]

其次,沃海姆指出"于其中看到什么"的过程未必关联审美想象。他在《想象与图像解读》一文中指出,"尤其在与认知相对立的意义上谈论想象时,……想象在感知作品所再现的内容时丝毫不扮演任何必要的角色。想象或许会将我们置于这一感知的心理状态的正确框架中,但是它不一定是该感知本身的组成部分";[2] 又在《论图像再现》一文中写道:"我倒是可以在我关于图像再现的理论中为想象留出一席之地,但它所占据的地位及所扮演的角色不过是'于其中看到什么'体验的辅助部分,但即便是发挥辅助作用也不是在全部视觉体验中都奏效,而是仅限于特定类型的图像作品"。[3] 沃海姆将维特根斯坦关于图像与想象的论述视为与"于其中看到什么"的视觉感知理论相对立。他指出,"我在'于其中看到什么'的体验中没有为想象留出任何地位,但维特根斯坦……却为想象留足了空间"。[4] 譬如,维特根斯坦以观看一幅画为例说,"我看见一幅画,表现的是一张笑脸。我把那笑一会儿看作友善的,一会儿看作恶意的,这时我是怎么做的?我不是往往在或友善或恶意的时空背景中来想象它吗?例如,我可以从这幅画想象:笑着的人在对一个玩耍的孩子慈蔼微笑,但也可以是对着遭受痛苦的敌人笑"。[5] 这是图像性再现作品欣赏体验中最普通不过的现象。描绘笑脸的画家或许要再现一张友善的面孔,或许要再现一种恶意的表情,又或许像鸭兔同体的

1　Anthony Savile, Richard Wollheim: "Imagination and Pictorial Understanding", *Proceedings of the Aristotelian Society*, *Supplementary volumes*, Vol. 60 (1986), pp. 19 - 60.

2　Anthony Savile, Richard Wollheim: "Imagination and Pictorial Understanding", *Proceedings of the Aristotelian Society*, *Supplementary volumes*, Vol. 60 (1986), pp. 19 - 60.

3　Richard Wollheim, "On Pictorial Representation", The Journal of Aesthetics and Art Criticism, Vol. 56, No. 3 (Summer, 1998), pp. 217 - 226.

4　Anthony Savile, Richard Wollheim: "Imagination and Pictorial Understanding", *Proceedings of the Aristotelian Society*, *Supplementary volumes*, Vol. 60 (1986), pp. 19 - 60.

5　[德] 维特根斯坦:《哲学研究》,陈嘉映译,上海:上海人民出版社,2005 年,第 172 页。

图像那样同时再现微笑与悲伤：向上看是微笑的脸，颠倒向下看则是哭泣的脸。维特根斯坦不局限于作品本身考察图像"所是"，而是兼及图像"所不是"，"所不是"往往是阐释"所是"的蹊径，想象是生长在视觉感知"机体"上的一"部分"，难以回避又无法割离。

  沃尔顿系统地反思了沃海姆的理论，并结合"假扮游戏"论提出疑问及反驳。他批判地接受并扩充了沃海姆的论述，与沃海姆的观点并称为"对该问题最著名的两种回答"。[1] 首先，沃海姆对视觉深度的论述不必要地排斥了某些具有再现性的借助图像手段呈现的艺术样式。譬如他指出"'于其中看到什么'的体验发生意味着两个事件的发生：其一，我在观看图像时，视觉上注意到了观看的表面，其二，我能够辨别画上的图像一个放置在另一个之前，或者（在个别例子中）后退到其它图像之后"。[2] 沃尔顿认为，沃海姆的目的在于将"于其中看到什么"和"在平面看到深度"（seeing depth in a flat surface）这两个概念联结起来，但这一举动并没有非常清楚地借由范畴的外延来阐明它的内涵。就第一点而言，观赏者不必注意到图像表面的特征也可以辨识出画面空间所再现的深度，比如电影屏幕的表面没有被描绘的痕迹，观众极少注意到屏幕的表面特征。就第二点而言，由于未必全部图像作品都再现空间效果，对于不再现深度的作品而言，观赏者难以实现"在平面看到深度"的视觉体验。沃海姆所谓作品的"深度"，主要针对二维平面介质的图像作品，但作为美学范畴，其适用范围未免有限。倘若将"从二维平面的再现介质"表面观看到"深度"的体验视为"于其中看到什么"的必要组成部分，则包含着"于其中看到什么"视觉体验的其它图像性再现作品如电影、戏剧和雕塑等都将被排除在适用范围之外。沃尔顿以贾斯珀·琼斯（Jasper Johns）的作品《旗帜》为例，指出其所描绘的平铺的

---

1 Bence Nanay, "Taking Twofoldness Seriously: Walton on Imagination and Depiction", *The Journal of Aesthetics and Art Criticism*, Vol. 62, No. 3, (Summer, 2004), pp. 285 - 289.

2 Richard Wollheim, "*Painting as an Art: The Andrew W. Mellon Lectures in the Fine Arts*", (Princeton, N. J.: Princeton University Press, 1987), pp. 46 - 47.

美国国旗不具有空间立体效果，与现实中的旗帜看上去别无二致，但仍能产生"于画作中看到美国国旗"的视觉体验。

其次，沃海姆未对"于其中看到什么"两个维度间的关联作深入探讨。沃尔顿指出，与其将"于其中看到什么"的结构层与认知层分开研究，不如在画作的形式结构特征与被描绘对象的关系中追溯并再现创作的过程。欣赏者不但能感知到"画了什么"，还能把握到艺术家是"如何画的"，既能够看到再现介质上的"痕迹"，又能辨识出画作描绘的对象内容。[1] 在《论叙述性再现作品与图像性再现作品》中，沃尔顿提出了 "显性艺术家"（apparent artist）的概念[2]来解答视觉感知到的创作过程与画家创作意图是如何被关联的问题。图像性再现作品中的 "显性艺术家"与叙述性再现作品中的"叙事人"相对应，当"艺术家在其画作中扮演了叙事人的角色"时便是"显性艺术家"，沃尔顿以此"来描述所看到的画幅是如何被创作出来的"。而且，由于人们常常通过对显性创作过程的描述来概括一幅作品的风格，"艺术作品的显性创作源头时常就是审美研究的重要对象"。[3] 以保罗·克莱（Paul Klee）的作品为例，沃尔顿指出，"克莱速写的显性创作者也就是'画画的人'是一个孩童，……画幅表现的是人们通常期待孩童所能创作的风格"。但是，由于"这位'画出了孩童般风格的人'是一位成年人"，我们的表述就应当"进一步界定为'画出了孩童般风格的成年人'，即画家以一种成年人的方式创作了颇具儿童涂鸦风格的作品"。[4]

沃尔顿从两方面来理解叙述性再现作品的"叙事人"与图像性再现作品的"显性艺术家"之间的相似之处。其一，"正如小说的叙事人通

1　Kendall Walton, *Marvelous Image*: *On Values and the Arts* (New York: Oxford University Press, 2008), p. 135.

2　Kendall Walton, "Points of View in Narrative and Depictive Representation", *Noûs*, Vol. 10, No. 1 (March, 1976), pp. 49 – 61.

3　Kendall Walton, "Points of View in Narrative and Depictive Representation", *Noûs*, Vol. 10, No. 1 (March, 1976), pp. 49 – 61.

4　Kendall Walton, "Points of View in Narrative and Depictive Representation", *Noûs*, Vol. 10, No. 1 (March, 1976), pp. 49 - 61.

常不被作者进行专门的特写与描述一样,图像作品的'显性艺术家'也通常没有被绘制在画面里";其二,"正如读者通过叙事人所叙述的内容来感知这一虚构形象一样,观赏者通过把握描绘过程来感知'显性艺术家'的形象"。显性艺术家在画作中担当了类似于叙事人的角色,但却呈现出外在于作品世界的分立性而非内在于作品世界的依存性。图像性再现作品中被欣赏者直接感知到的显性艺术家未必就是艺术家本人,"显性艺术家作为社会个体固然对现实世界持有特定的立场和态度,同时也对自己创作的虚构世界持有特定的立场和态度,即便这两种立场时常是相伴相随的,我们仍不能将之混淆"。[1] 沃尔顿以吉尔莫(Gary Gilmore)的作品《滑冰的人们》为例,分析了画面所呈现的静谧景色与人物的平静神态,指出欣赏者通过观赏画作的视觉体验所直接感受到的创作者是心态平和、安详宁静的,真实的吉尔莫内心的疯狂、愤怒与邪恶都被这平静景象所掩盖了。[2] 因此,"显性艺术家"的态度和立场"并不是协助欣赏者通向虚构世界的必经之路"。[3]

分析图像性再现作品的视觉体验应兼顾两方面的考量,其一要区分毫无阻隔地"面对面"观看实存对象与"在媒介物上"观看图像之间的差异;其二要区分观看一般图像的视觉体验与观赏艺术作品的审美体验之间的差异。沃海姆"于其中看到什么"的理论并未对这两种差异作出鲜明区别与充分说明,他并未意识到于作品中"看不到"的内容对审美感受与艺术价值的贡献往往不逊色于可被视觉直接感知的内容,造成这一局限性的关键在于沃海姆对想象的排斥。

作为论争的另一方,沃尔顿不仅不排斥想象在视觉欣赏体验中的作用,还将之置于核心的地位。他将这一体验纳入"假扮游戏"论的范畴

1　Kendall Walton, "Points of View in Narrative and Depictive Representation", *Noûs*, Vol. 10, No. 1 (March, 1976), pp. 49 - 61.

2　Kendall Walton, *Marvelous Image: On Values and the Arts* (New York: Oxford University Press, 2008), p. 245.

3　Kendall Walton, "Points of View in Narrative and Depictive Representation", *Noûs*, Vol. 10, No. 1 (March, 1976), pp. 49 - 61.

进行阐释，指出"假扮不仅仅是儿童的专利。许多成人活动实际上就是儿童假扮行为的延续，……其中一个包含假扮的成人活动的典型就是创作和欣赏图像。……图像性艺术作品在某个种类的'假扮游戏'中扮演特定角色的作用是根本性的"，[1] 它们作为道具在视觉"假扮游戏"中发挥着作用。他在《图像、标题与描绘性内容》中重申了这一观点，指出"观看图像的欣赏者的确参与了我所倡导的那一类"视觉'假扮游戏'"（visual games of make-believe）。……而图像在这类游戏中所发挥的道具的作用正是使之变得有趣和有价值的重要原因"，并如此描述视觉"假扮游戏"的性质：

> 参与以画作充当游戏道具的视觉"假扮游戏"是一种感知和想象的复杂活动。它包含对实施视觉动作的想象，……在欣赏者扫视作品表面的时候，他会想象看到了被描绘的对象，或者被描绘对象那一类的事物。人们还会想象观看画作描绘对象的视觉体验就是观看该类实存真实对象的视觉体验。[2]

因此，沃尔顿总结道，"一般来说，要成为某物 φ 的图像，就是要在视觉游戏中发挥其充当道具的作用，使欣赏者能够'看到'φ——他们要看到图像，想象看到了 φ 并想象自己将画作的一部分感知为 φ"。更确切地说，"对于描绘某物 φ 来说，一个充分（而非必要的）条件就是在某人将之'辨识'为 φ 的视觉'假扮游戏'中，此物具备一种质素能够充当游戏道具并发挥相应的功能。即是说，'看到'此物而且将此物'视作'φ"。

1　Kendall Walton, *Marvelous Image: On Values and the Arts* (New York: Oxford University Press, 2008), p. 63.

2　Kendall Walton, "Pictures, Titles, Depictive Content," In *Image and Imaging in Philosophy, Science and the Arts*, Volume 1, Proceedings of the 33rd International Ludwig Wittgenstein-Symposium in Kirchberg, 2010, edited by Heinrich, Rchard, et al (Frankfurt: Ontos Verlag, 2011).

　　绘画作品的视觉"假扮游戏"也存在作品世界与游戏世界之分：由于"画作表面的痕迹并不是单独完成任务的"，画作的功用是"自然地激发感知性的和想象性的体验"，作品世界的建构工作要求人们以想象参与欣赏；而游戏世界的建构则要求欣赏者展开更为丰富的想象，"画作的描绘性内容因而与观看被描绘事物的想象性活动有关联。不过，欣赏者参与视觉'假扮游戏'的行为通常包含了比这更多的想象性视觉体验"。[1]

　　沃尔顿以斯坦福里德（Clarkson Stanfield）的画作《站在倾斜的荷兰双桅帆船上》为例指出，"从身处现实世界的我的立场来看，我不得不说那不是一艘真正的船。在现实世界中，我们手头上只有这幅画作，一幅由平面画布上描绘了多彩痕迹的画作，一幅绘制了船的画作，从虚构意义上讲，那里的确有一艘真正的船。但如果我可以以某种方式进入画中，进入画作的世界之中，我就会说'那是一艘真正的船'"。[2] 于是他利用数码图像技术修改了这幅画作，使自己与儿子在密西西比河划独木舟的照片被剪切至斯坦福里德的画作里，以便"以某种方式进入画中"。更改后的《站在倾斜的荷兰双桅帆船上》呈现这样的图景：沃尔顿与儿子划着独木舟靠近双桅帆船，他对儿子大喊："天哪！格雷格！那是一艘真正的船啊！"沃尔顿如此描述这幅新作品："真正的我出现在了画作的世界之中。我，肯德尔·沃尔顿，在惊涛骇浪之中奋力地划着独木舟，正逐渐接近那艘荷兰双桅帆船——这是虚构的，也就是在虚构世界中是真实的。与那艘船进入画作世界的方式几乎相同，我也进入了画作的世界"。[3] 但他又反驳道，虽然自己的形象出现在画作中，他本人

1　Kendall Walton, "Pictures, Titles, Depictive Content," In *Image and Imaging in Philosophy, Science and the Arts*, Volume 1, Proceedings of the 33rd International Ludwig Wittgenstein-Symposium in Kirchberg, 2010, edited by Heinrich, Rchard, et al (Frankfurt: Ontos Verlag, 2011).

2　Kendall Walton, *Marvelous Image: On Values and the Arts* (New York: Oxford University Press, 2008), pp. 66–67.

3　Kendall Walton, *Marvelous Image: On Values and the Arts* (New York: Oxford University Press, 2008), p. 68.

却是实实在在地站在现实世界中讲授这堂讲座，并没有身处《站在倾斜的荷兰双桅帆船上》的世界中驾驶独木舟靠近荷兰双桅帆船。这一切不过是一场以视觉为途径的"假扮游戏"，"参与这类游戏实际上包含着一种特定的感知作品的方式，而这种特定方式充盈着特定的想象"。[1] 观看画作的人们假装看到沃尔顿父子划着独木舟出现在荷兰双桅帆船附近，而他本人则"想象自己看到这些场景，想象自己因帆船的处境安危而感到恐惧"。被数码技术加工过的画作便是这场视觉"假扮游戏"的道具，生发出了"海上掀起风浪""有一艘真正的荷兰双桅帆船""沃尔顿父子划着独木舟""独木舟靠近荷兰双桅帆船"等虚构事实，它们来自想象的配合与参与，而非仅靠画面痕迹的描绘，反之又充实了欣赏主体的想象，使被再现场景变得鲜活立体，想象赋予这幅画作以虚构的时空维度。

同样有趣的视觉"假扮游戏"的例子来自杜尚的创作。在画作《L. H. O. O. Q.》中，杜尚为达·芬奇的《蒙娜丽莎》画了几撇胡子，将《蒙娜丽莎》的虚构世界嵌套在《L. H. O. O. Q.》的虚构世界中，《L. H. O. O. Q.》的虚构世界便是《蒙娜丽莎》的游戏世界。杜尚与观赏者玩了一次视觉"假扮游戏"，人们总是先看到《蒙娜丽莎》，而后看到《L. H. O. O. Q.》，远远看到"蒙娜丽莎"，走近才看到她"长"了胡子。杜尚为画中虚构存在的"蒙娜丽莎"的嘴唇上下画了胡子，而不是随便画在别处，意味着这位女士在画作世界中的虚构实在性。杜尚为视觉"假扮游戏"所设定的规则是，先假装辨识出蒙娜丽莎，而后观察到她"长了胡子"。在达·芬奇《蒙娜丽莎》的虚构世界 W_{f1} 与杜尚《L. H. O. O. Q.》的虚构世界 W_{f2} 的嵌套关系中，W_{f1} 对 W_{f2} 而言是相对真实的基础，W_{f2} 为 W_{f1} 赋予了虚构意义上的历史身份——达·芬奇的《蒙娜丽莎》就是杜尚的《L. H. O. O. Q.》的"历史"。两幅作品联

1 Kendall Walton, "Seeing-In and Seeing Fictionally," in *Mind*, *Psychoanalysis*, *and Art*: *Essays for Richard Wollheim*, edited by James Hopkins and Anthony Savile (Oxford: Blackwells, 1992), pp. 281 - 291.

合建构了一套"假扮游戏",于其中欣赏者须想象自己"看到"了达·芬奇的"蒙娜丽莎",才能假装"看到"杜尚的"蒙娜丽莎"。对《L. H. O. O. Q. 》的理解要求从浅层假扮到完全假扮的渐进,这一过程包含了一场视觉"假扮游戏"。

沃尔顿在回应沃海姆的一篇文章中指出,"'于其中看到什么'指的是一种独特的视觉体验,是理想的欣赏者在观赏画作时所享有的一种体验。……我已经申明了我的观点,即绘画作品本质上是一种独特的视觉'假扮游戏'的道具,其中关键的感知体验——我倒是很乐于将之称为'于其中看到什么'的体验——是一种想象性的体验,同时也是一种感知性的体验"。[1] 使用"假扮游戏"论阐释视觉审美感知体验的贡献在于,一方面,"在人们想象自己所看到的、所读到的、所学到的以及所知道的这样那样的事件中,在想象自己以这样那样的方式感知到的情感中,假扮心理大多构成了道具刺激参与者所产生的想象。通过参与这样的想象,我们对被体验的情感和虚拟的情境有了更为丰富的理解";另一方面,"假如图像只是简单地摹仿了视觉形式,或者画作只是一种指涉和代表其所描绘对象的符号的话,这一切都不可能实现。假如图像不像木马那样是'假扮游戏'中的道具,假如人们无法于其中进行视觉和心理参与的话,这一切也不能够实现"。[2]

第三节 画内空间的三种嵌套模式

贡布里希认为,借助科学透视法的帮助,"画面成了一个窗口,通

---

1   Kendall Walton, "Depiction, Perception, and Imagination: Responses to Richard Wollheim." *Journal of Aesthetics and Art Criticism*, Vol. 60, No. 1 (Winter, 2002), pp. 27 – 35.

2   Kendall Walton, *Marvelous Image: On Values and the Arts* (New York: Oxford University Press, 2008), p. 78.

过这个窗口我们看到了艺术家在那里为我们创造的一个想象的世界"。[1]
正如叙述性再现作品一样，每一幅图像性再现作品也有一个虚构的世
界；但与之不同，画作虚构世界的空间是可以被眼睛以直观方式感知到
的，而且，以图像为道具的视觉"假扮游戏"在虚构空间之内为观赏者
预留了坐席。

对于画内空间如何产生的问题，阿恩海姆指出，"在光谱上，光波
较短的那些色彩（主要是蓝色），会使得它在表面看上去离观察者远一
些，而那些光波较长的色彩（主要是红色），就会使它所在的表面看上
去离观察者近一些"。[2] 这意味着蓝色区域比红色区域在画作空间中占据
的位置更靠后。但事实上，平面画布上任何一种颜色的区域都不在其它
区域之前。沃尔顿以马列维奇（Kasimir Malevich）的《至上主义绘画》
为例，描述了这一视觉感知体验。他指出，"我们在画布上看到一个沿
着对角线方向放置的黄色矩形在一个水平放置的绿色线条（或者说细长
的绿色矩形）之前，于其后方是沿着另一条对角线方向放置的巨大黑色
梯形"，但是，"事实上黄色、绿色、黑色的矩形全部都在同一平面
上"。[3] 观赏者的眼睛对不同色彩的形象区域的位置感知总是自动地将之
感知为不同的层次，这一层次延展的前后位置关系便是画作内部的空
间。画面空间本不属于画作本身的物理性质，只在被欣赏者观看时才呈
现。阿恩海姆认为，"上述现象不是由物理对象本身造成的，而是来自
于观察者的心理反应"。[4] 即是说，被描绘对象的形象感与画内空间的纵
深感并不是画作本身的物理性质，而是源自观赏者的视觉感知力与想象
力的配合反应。沃海姆所提出的"在平面看到深度"的观赏体验便是对

1　[英] 贡布里希：《木马沉思录：论艺术形式的根源》，徐一维译，北京：北京大学出版社，
　　1991 年，第 18 页。

2　[美] 阿恩海姆：《艺术与视知觉》，滕守尧、朱疆源译，成都：四川人民出版社，1998 年，
　　第 305 页。

3　Kendall Walton, *Mimesis as Make-Believe: On the Foundation of Representational Arts*
　　(Cambridge, Massachusetts: Harvard University Press, 1990), pp. 54 – 55.

4　[美] 阿恩海姆：《艺术与视知觉》，滕守尧、朱疆源译，成都：四川人民出版社，1998 年，
　　第 293 页。

图像内部被描绘空间的视觉感知，即观赏者"能够辨别画上的图像一个放置在另一个之前，或者（在个别例子中）后退到其它图像之后"。[1] 用立体的眼光去看待平面的对象是人们观赏图像性再现作品的一项感知技能，它是如此自然以至于难以被觉察到。几乎是在视线接触画作表面的一瞬间，平面的描绘便被转换为立体的世界。这一转换得益于视觉想象行为——观赏者想象自己看到了被描绘对象在空间中的存在状态，画作空间才变得鲜活立体。

　　画作内部空间之所以能被建构，空间内前后位置关系之所以能被正确地感知，都源自视觉对空间连续性的默认。只有在空间保持连续性的前提下，"二维"才可能被想象力还原为"三维"。要认识画作空间的连续性，须首先从艺术家对连续性的破坏入手，看看画作中的空间是如何被阻断、被遮挡、被割裂的，进而如何在想象力中得到恢复、延伸与扩展的。沃尔顿指出，《至上主义绘画》中的黄色矩形没有"切断"绿色矩形，画面中实际上有两个绿色梯形，只是人们想象一个被拉长的绿色矩形被黄色矩形所"切断"而已。[2] 虽然眼睛于画作中看到的是断裂的绿色矩形，人们还是习惯于将"断裂的"视为"连续的"，即默认黄色矩形在空间里处在绿色矩形之前的位置，它遮挡住了绿色矩形的一部分，使之呈现出不完全形态。观赏者假装以被再现物的完整形态替代自己所见到的破损形态，这一视觉体验是想象性的，但也是瞬间产生的，尚未被主体意识到便被想当然地当作了画中的虚构事实。因而，将一个对象 A 描绘在另一对象 B"之上"就是使 A 在画作空间中位于 B"之前"，被遮挡住一部分的 B 自然就退居 A"之后"。比起以连续性的方式描绘两个对象之间的空间位置关系，艺术家更偏好以阻隔与割裂的方式破坏它，让连续性不容易被视觉直接感知到。画家按照现实世界的空间

1　Richard Wollheim, *"Painting as an Art：The Andrew W. Mellon Lectures in the Fine Arts"*, (Princeton：Princeton University Press, 1987), pp. 46 - 47.

2　Kendall Walton, *Mimesis as Make-Believe：On the Foundation of Representational Arts* (Cambridge, Massachusetts：Harvard University Press, 1990), p. 55.

逻辑来再现画作空间内各对象之间的阻隔与遮挡的前后关系，当这一逻辑被打破时，即画作空间内各对象之间的阻隔与遮挡关系不符合现实世界的空间逻辑时，观赏者的视觉感知便被干扰。比如马格里特（René Magritte）的《委任状》、荷加斯（William Hogarth）的《错误的透视》都是在画作中打破空间的连续性而在想象中使空间恢复连续性的例子。

阻断和割裂空间连续性的元素有许多，形式最为鲜明直接的是描绘镜子、窗口、门框与帷幕等物品。透视法兴起之前，画面背景具有极强的装饰感而非环境感和空间感，因而画幅是表面化的、封闭性的；在透视法兴起之后，使用镜子与窗口等细节元素制造纵深感是一种成功尝试，画作呈现的空间不再是平面和闭塞的。这些元素使画作中的虚构世界在空间上被分割为多个，多重空间彼此构成嵌套关系，我们大致可以将之概括为三类空间处理模式——正向嵌套、反向嵌套与反射嵌套。

所谓"正向嵌套"，是指画内空间由接近欣赏者所在位置的画作表面向远离欣赏者所在位置的远处层层纵深延伸的模式。以具有通透性的窗口、门框与帷幕作为分割点，多重空间之间构成正向嵌套关系。在观赏画作时，欣赏者对窗口、门框与帷幕内外空间的视线投射方向是一致而单一的，对窗外门外的景色一望到底，都向画作世界内部的深处即视线的前方延伸。譬如，扬·凡·爱克（Jan Van Eyck）在《圣母与掌玺官罗兰》中利用拱形立柱门廊划分了圣母与掌玺官罗兰所在的室内厅堂与室外城市的二重空间，他描绘了沿雾气腾腾的河水展开的城市，将世俗的景观与神圣的瞬间结合在一处，"把一块凡人的地盘插进宗教画里来了"。[1] 观赏者的视线穿过拱形门廊直抵世俗的城市，室内厅堂的空间与室外城市的空间被这条视线嵌套在同一方向上。画作空间的同向嵌套是最符合观赏者视觉感知习惯的纵深空间再现方式，当这一习惯被打破时，被再现对象错乱的空间形态会向视觉体验施加不适感。譬如马格里

1　[英] 罗萨·玛利亚·莱茨：《剑桥艺术史——文艺复兴艺术》，钱承旦译，南京：译林出版社，2009年，第31页。

特的《正在降临的夜晚》《通向田野的钥匙》和《阿恩海姆的领域》便是利用这一视觉习惯，打破画作空间同向嵌套的尝试。在现实世界中，透过面积有限的窗口应该看到无限的景致，但于虚构世界中，在有限的窗口之内看到的却仍然是有限的假象——习惯性的视觉感知体验被戏弄欺骗，反而确证了视觉习惯的惯性之强大。

正向嵌套之所以给人真实的空间感，除了依靠窗口或门框等元素打破封闭的画面空间，还要依靠该元素所产生的光线效果。"画家要使观众相信他所表现的真实感，关键问题就是表达空间。生活中的物体存在于空间中，要让表现人和物的绘画显得逼真，就必须把空间模仿得很形象"。[1] 要将空间模仿得形象，就必须展现其连续性，但连续性并不能显现自身，而要依靠存在于其中的全部对象及其之间的关联。因而连续性是被再现物之间的关系，除遮挡阻隔的前后位置关系之外，光线在不同被再现物表面上的反射也是显现空间的手法之一。马格里特的作品说明，仅靠在墙壁上描绘窗口的做法不能产生空间感，窗口、门框与立柱所分割的不过是画作表面的构图空间，而非被再现场景的空间，因此，光线的投射使视觉想象更加鲜活，空间缺失了光线便缺失了纵深感和立体感。维米尔深知光影变化对制造画内空间的神奇效果，他的大部分作品皆出色使用了光线来为画内空间增加虚构的室外环境，使观赏者感知到在画作窗口之外存在着的那个充满阳光的世界。当作品描绘了光线时，作为视觉"假扮游戏"道具的该作品的虚构世界便从"二维"变成了"三维"乃至"四维"，因而光线打破了室内空间的封闭，暗示了更广阔的虚构世界的存在：画作世界与现实世界因这一束光而实现了对接——那里也有阳光和空气，恰与观众所处的现实世界别无二致。维米尔是运用暖光的大师，他将光线洒在被描绘对象上，使一切都蒙上亲切的真实感。人物被安排在窗前或近窗的位置，被光线笼罩着，作品的全

1　[英] 罗萨·玛利亚·莱茨：《剑桥艺术史——文艺复兴艺术》，钱承旦译，南京：译林出版社，2009年，第36页。

部纵深感都来自光影的运用与调节。

借助多个元素的综合使用，正向嵌套可能呈现两个以上的多重空间在同一视线方向上的叠加。胡格（Pieter de Hooch）的《玩牌者》便是一例，窗户、光线、走廊、门框、纱帘以及动态行进中的人物在多条线索上扩展了作品的空间。画家在窗户上悬挂了半透明纱帘，当肉眼的视线感知受到阻隔时，观赏者便想象自己透过纱帘看到窗后隐藏的更广阔环境；画家在门外的街道上延伸出了拱门走廊，一位妇女正从拱门前走进房间里来，使观众假装看到拱门与房门之间实实在在的距离，想象自己与她一同走进门里来，或想象自己正站在房间内观看玩家打牌。在欣赏维米尔和胡格的画作时，观众不仅能够辨识窗外是白天，还能根据光线判断出"这是一个难得的好天气"。想象赋予了画作以立体效果的空间感，画作借由想象生发出了虚构事实，成为视觉"假扮游戏"的道具。

正向嵌套模式下，画作内部多重空间呈现同一方向的延伸效果。在没有使用窗户和门框元素的画作中，画家借用现实世界的空间来建构画作空间，通过虚构世界朝向现实世界的空间连续性，巧妙地在心理层面呈现纵深感，这时画家遵循的是反向嵌套模式。所谓反向嵌套，是指画作中未被描绘完整的空间受到画框的限制而压缩变形，进而在想象性的视觉感知体验中突破画框，逆着视线反向延伸至观赏者所在的现实世界中。反向嵌套模式下的空间遂由画作中的虚构世界向画作外的现实世界延伸，画作空间的连续性不但未被阻隔或割裂，反而将现实世界中的观赏者也括入虚构世界。譬如，在安德烈·曼泰尼亚（Andrea Mantegna）的《死去的基督》中，画家选取了异于平常的独特角度，过度压缩了画作空间，使之呈现向画外现实世界压迫而来的趋势。被安放平躺的基督在观赏者的视线前保持垂直于画框底边的角度，画家在基督的脚边为观赏者预留了位置。画内空间以突破画作表面的趋势向观赏者强势压来，唯一能调和这一视觉不适感的办法便是以现实空间补足虚构空间，观赏者不得不想象自己就在画作空间中。

在反向空间嵌套的画作的虚构世界中，空间没有向前方深处延伸，反而沿着反方向铺展到画作之外的现实世界。被再现对象向观赏者发来参与视觉"假扮游戏"的邀请，画中空间随着邀请延伸至现实世界，将观赏者纳入虚构世界。原本，图像性再现作品与观赏者之间的物理距离和隔膜是显而易见的，画作静静地挂在墙上，观众站在画前，被再现空间与观赏者所在的现实空间之间没有交集——画作没有干预观众的世界，观众无法打扰作品的世界。但卡拉瓦乔却试图借助视觉感知的桥梁将观赏者请入画作世界中，譬如《以马忤斯的晚餐》便是典型作品。"作为观众，我们被卷入剧中，信徒的突然举动仿佛冲破画面而进入我们的世界，我们自己成了剧中人。一篮逼真的水果放在桌边上摇摇欲坠，随时都可能掉下来。我们因此想伸出一只手去扶住它。"[1] 画家取景的角度如此靠近观众，仿佛画中人物与观众共处同一空间，甚至能"听到"基督与信徒的言谈。卡拉瓦乔善于借助空间性的立体描绘吸引观看者的注意力，譬如在《酒神巴克科斯》中，酒神向画外观众送来的一杯美酒，液体表面的波纹具有鲜明的动态感。这一动作打破了画作世界和现实世界之间的隔膜，用一杯美酒抓住观众的视线，巴克科斯的举动是画中人向画外人的一种邀请，观众会产生伸出一只手去接过它的冲动。看画的人感知到画中人正以某种带有邀约意味的眼神望向自己，并以面对面注视真人一样的目光回应。画中人当然看不到观赏者，但这种邀请却为观赏者预留了坐席，从而实现了画作世界与现实世界的反向嵌套。

有时画家同时使用正向嵌套与反向嵌套的手法，一前一后地扩展画作空间。达·芬奇在《最后的晚餐》中便实践了这一构思，他在画面前方横放了餐桌，使之单面朝向观赏者，耶稣位于餐桌正中央，使徒分列两旁。这幅作品是应邀为教堂餐厅作的壁画，如此安排画面的效果在于

1　[英] 玛德琳·梅因斯通、罗兰德·梅因斯通：《剑桥艺术史——17 世纪艺术》，钱承旦译，南京：译林出版社，2009 年，第 22 页。

"修士和修女在画底下进餐时，就好像和基督及其门徒们'共坐一张圣餐桌'"。[1] 餐桌单面坐人而另一面保持开放状态的空间安排使画作世界向观赏者敞开，餐桌成了舞台，神态各异的使徒便是表演者，人们不仅像观看戏剧一样观看画中上演的情景，还假装自己正坐在餐桌的另一面，与画中人共进晚餐。这是反向嵌套的理想效果。另一方面，耶稣背后的窗户使透视法发挥到极致，画作的灭点恰好在耶稣后方，观赏者的视线于此点消失于无限，这便实现了室内空间与窗外空间的正向嵌套。

此外还有一种情形，即正向反向嵌套模式的同时运用没有实现空间在画作之外的延伸，反而增加了画作内部空间的层次，这一模式便是空间的反射嵌套。所谓反射嵌套，是指画家借用镜面反射未能描绘于画作中的空间时所产生的镜中空间与镜外空间的嵌套效果，按照镜面在被再现对象之前与之后的不同分为单次反射与往复反射等情况。在透视法普及后，"人们常用镜子来反射房间里看不见的一面。这些镜子无论是显示房间的另一面或另一个房间，还是一个深景，它们都被用来表现真实事物的许多面，用来扩大视野"。[2]

扬·凡·爱克的《乔凡尼·阿尔诺菲尼夫妇像》是单次反射的典范。这幅作品再现的是阿尔诺菲尼及其新娘在证婚人的见证下宣誓的场景，房间后墙悬挂的一面镜子反射出画中夫妇的背影和两位证婚人。"凸镜中映出两个男人，其中一个必定是画家自己，因为镜子上方的镌文写着'Johannes de Eyck fuit hic, 1434'（'扬·凡·爱克在此，1434年'）"。[3] 当目光落在镜面反射的内容上时，欣赏者感知到房间的立体性和纵深感，想象自己看到了二人背后及其与镜面所在墙壁之间的空间。观赏者常以镜面所反射空间的灭点作为艺术家呈现画面的立足点，

1　[英]苏珊·伍德福德：《剑桥艺术史——绘画观赏》，钱承旦译，南京：译林出版社，2009年，第61页。

2　[英]罗萨·玛利亚·莱茨：《剑桥艺术史——文艺复兴艺术》，钱承旦译，南京：译林出版社，2009年，第33页。

3　[英]罗萨·玛利亚·莱茨：《剑桥艺术史——文艺复兴艺术》，钱承旦译，南京：译林出版社，2009年，第34页。

扬·凡·爱克现身镜面中说明他当时所处的位置恰好是描绘阿尔诺菲尼夫妇宣誓场景的立足点。但这也有例外，比如委拉斯开兹将自己的形象画进《宫娥》中，观赏者在镜中看到的国王夫妇的身影处在镜面反射空间的灭点上，但这并非画家作画的立足点。画家的视线当与镜面反射光线的方向平行，因而镜面所反射的内容就是画家所看到的内容。[1] 由此可知，被再现空间对面的空间是画作受制于平面介质而无法呈现的，但这并不意味着对面空间在虚构世界中不存在。画作空间及其对面空间的完整存在以及彼此之间的连续性是构成虚构世界的必要基础。镜子在作品中反射了对面空间，使被再现场景当时在场的人物都被画作所再现，从而扩展画作的空间视野并丰富描绘层次；它发挥的作用不只如此，还将被再现场景封闭在这有限的虚构空间之中。

《玛尔恰自画肖像》是往复反射的典范。当女画家玛尔恰一手持镜、一手作画时，镜面与持镜人之间的距离、画作与作画者之间的距离丰富了画作空间的层次。持镜人与作画者的同一身份使镜面所反射的、画作所再现的人物与空间是同一的。通过反射，空间的连续性往复地在多个平面呈现自身而得到不断确认，纵深感遂被强化。反向嵌套与反射嵌套之间的差异在于，虽然反向嵌套是将画作空间延伸到画作之外的现实世界，延伸方向与画作世界相反，反射嵌套的两种模式中单面镜子反射的对面空间在方向上与画作世界也相反，却不是将现实世界纳入画作世界，即不是将画作空间的连续性延伸至现实世界，而是将画作空间的连续性往复叠加后呈现封闭状态，将现实世界排斥在作品世界之外。因此，反向嵌套是通过一条视线线索，以敞开式的扩展手法实现空间的纵深化效果，而反射嵌套则是通过多条视线线索，以封闭式的叠加手法实现空间的纵深化效果。

人物是立体的，画作是平面的，镜面使平面上被再现的人物变为立

1　此处"画家"指画作世界中作为虚构个体存在的委拉斯开兹的"形象"，而非现实世界中正在作画的委拉斯开兹。

体的。首先，当镜面被悬挂在被再现场景的后墙上时，镜面所反射的不仅是画作表现场景的背面，还有未被表现的前方景象。比如《乔凡尼·阿尔诺菲尼夫妇像》《被伏尔甘撞见的维纳斯和战神》《韦尔祭坛画》《镜前的维纳斯》等作品，得益于镜面反射，前景再现的人物不再是纸片式的平面，而是多侧面的丰满立体的空间存在，其所在空间前后左右的纵深距离也随人物的立体化而被突显。其次，镜面被放置在被再现场景的前部时，反射的是镜面前方即被再现对象前方的空间，譬如《店铺中的金匠》和《银钱兑换商夫妇》等作品便是典型。镜面所反射的前方空间及其中景象恰似画中画，是以画作平面为分割线的两个对立空间的嵌套关系的直观呈现，二者在时间延续性与空间连续性上保持同一，即从虚构意义上讲，被再现空间与其对面空间是同一虚构时空。

　　这意味着图像性再现作品的虚构世界在想象中是立体可感的，从假扮意义上讲，甚至是可以置身其中的。画家不在画中描绘观赏者，却常为之预留坐席，这一坐席便是观赏者参与"假扮游戏"的位置。对于以中心透视角度呈现的画面来说，灭点在反方向上的对称点就是观赏者的"坐席"所在。在同向嵌套的模式下，当观赏者的视点落在画幅中心透视的灭点上，观赏者所在的世界被嵌套进画作世界，观赏者易于想象自己进入画中；在反向嵌套的模式下，画中人与观赏者四目相对时，虚构世界与现实世界成反向嵌套的关系，以画作表面为联结点被嵌套，观赏者易于想象自己与画中人彼此相望。当艺术家在作品中使用了镜面元素时，视线延伸的方向仍朝向画作深处，实际上呈现的却是一前一后两个对立的空间景象。因而，镜内空间的反向透视与镜外空间的正向透视便为观赏者留下两个视点的坐席：在前一视点上，观赏者以透视法看到的空间是画作世界中存在但未被作品再现出来的空间；在后一视点上，观赏者以透视法看到的是画作直接呈现的空间。在同一画作中使用更多元素开辟空间层次的艺术家为观赏者预留的位置更多，欣赏画作的视点也更为丰富。由于画家为观赏者预留坐席的目的是便于其参与视觉"假扮游戏"，当空间元素愈加多元，因坐席数目增加而欣赏方式变化多样时，作为视觉"假扮游戏"道具的画作所生发的虚构事实越多，观赏者被作品赋予的虚构身份越复杂，以想象介入画作世界的入口也越多。可见，想象是图像性再现作品的视觉欣赏体验的必要组成部分。构图复杂、巧思精妙的作品对想象的参与程度的要求也更高。

综上，图像性再现作品的审美欣赏是一场视觉"假扮游戏"，想象对于视觉感知体验而言不仅是必要的，还于其中扮演了关键性的角色。观赏者在画作中找到艺术家预留的坐席，才能正确地解读创作意图，恰切地评判作品的艺术价值。

第四节　摄影的通透性

绘画作品是视觉"假扮游戏"最为常见的道具，但能在视觉"假扮游戏"中充当道具的不仅是绘画，最为典型的图像艺术还有摄影。

在照相术发明之后，绘画在某些实证领域的地位逐渐被摄影替代，比如历史档案、呈堂证供、新闻纪实、身份证件等。大部分摄影作品较之绘画作品更忠实地呈现了对象，这并不意味着照片与被拍摄对象之间的相似度超过了绘画与被描绘物之间的相似度。一方面，超写实主义绘画在向摄影靠拢，追求照片一样的视觉效果。如今，绘画技巧的钻研揣摩已到炉火纯青的地步，当代画家所创作的绘画作品在被描绘对象的形式真实层面已达到以假乱真的效果。沃尔顿以查克·克劳斯（Chuck Close）的《自画像》为例，说明画家经过对细节的刻画可使画作达到照片一样的呈现效果。克劳斯的超写实主义作品常以照片作为摹本，观赏者会认为自己正在观看一幅照片。除克劳斯之外，还有许多当代艺术家具备真实精准再现对象的卓越绘画技巧，内森·沃什（Nathan Walsh）的景观画、克里斯托弗·斯考特（Christopher Scott）的静物画、纳杰·考克斯（Nigel Cox）的肖像画、罗伯特·伯纳德（Roberto Bernardi）的静物画以及戴维·卡桑（David Kassan）的肖像画与照片的视觉效果相差不大，几可以假乱真。另一方面，艺术摄影的创作也在向绘画靠拢，力图遮蔽摄影的机械复制性所造成的真实感。沃尔顿以安德烈·柯特兹（André Kertész）的作品《扭曲：第157号》为例，说明摄影师使照片呈现模糊、变形、扭曲、翻转的效果，照片在形式的相似性上远离了被拍摄对象，可见摄影在相似程度上并不比绘画占据更鲜明的优势。

从摄影的机械性（mechanicalness）与绘画的人工性（manmade）的角度来看，摄影的成像手段是机械化的，其制像的过程对机器的依赖程度比人工参与的程度高许多。但是，观看照片就是透过摄影师的眼光看到实际存在的人和实际发生的事，这意味着镜头的选择性，不论是静态摄影还是动态录影，机械必须被拍摄人所掌控，才能有选择地将特定内容纳入镜头。这一选择性与特定性在关涉政治立场、伦理道德及价值选择的作品中尤为突出，比如卢广、周海翔、方谦华的生态摄影作品就代表了环境保护导向。真正深刻的摄影是属人的摄影，机械性不是摄影之为艺术最根本的性质。

排除了上述两方面的因素，我们不妨脱离照片或画作本身，从功用的角度来思考二者的差异。在没有照相术的年代，人们会选择肖像画来纪念被描绘对象并以此为载体留存对他们的记忆；在照相术普及之后，人们选择相片来履行这一职能，画像不再是纪念被再现对象的权威手段，由此见出人们对相片的信任多过绘画。沃尔顿认为，这一信任感来自照片的通透性（tranparency），是理解以照片为道具的视觉"假扮游戏"的关键。摄影的通透性包含两个核心主张：[1]

P₁．所谓通透，包含一种自然的观看方式，即看照片与借助显微镜、望远镜和镜子的观看体验相似，都是直接地看到对象，这种体验与观看手绘作品的体验不同。

P₂．所谓通透，还包含一种非自然的观看方式，即与借助显微镜、

1　Kendall Walton, *Marvelous Image*: *On Values and the Arts* (New York: Oxford University Press, 2008), pp. 111 – 112.

望远镜和镜子的观看体验不同，人们透过摄影的观看体验与欣赏绘画的观看体验是相近的。

P$_1$ 是从图像所呈现的内容及成像方式上讲的，凡是可见的实存对象都可被拍摄为照片，部分肉眼不可见但实存的对象（比如微生物）也可被拍摄为照片。拍摄实存对象的照片的通透性是指通向现实和历史的自然的观看方式，即观赏者自然地于照片中直接看到被拍摄物本身。P$_2$则是从观看方式上讲的，除了实存对象外，被相机拍摄到的人物和景观可能再现了非实存的虚构对象（譬如电影剧照），观者须通过非自然的观看方式假装在虚构意义上看到被再现对象。在 P$_1$ 中，照片作为视觉感知的辅助物服务于认知与辨识被拍摄对象的任务，不掺杂过多的想象；在 P$_2$ 中，照片作为视觉"假扮游戏"的道具服务于想象，观者透过照片能够看到"看不见"的虚构对象，此时照片的通透性不是通向现实和历史的，而是通向虚构的。

针对 P$_2$，沃尔顿指出，"即使照片呈现的内容是狼人或火星人这类的非实存对象，它们所拍摄的也是实际存在的事物：演员、舞台布景和戏服。……绘画则不需要描绘真实存在的对象。比如描绘了爱神阿芙洛狄忒的画作，除了画家可能借助一位真人作模特之外，并没有描绘任何实存的对象"。[1] 但仅在 P$_1$ 的层面上解读狼人的剧照却不是符合创作意图的观看路径，它还需要获得 P$_1$ 之外的更为丰富的视觉关注方式。那么，狼人的剧照再现了狼人还是狼人扮演者？观众透过剧照看到了狼人还是狼人扮演者？事实是，观众很难只看到狼人或者只看到狼人扮演者。观看照片的视觉体验类似于直接以肉眼观看面前事物的视觉体验，胶片作为图像传播的介质就像一扇透明的窗口，看到照片上的被拍摄对象就等于透过这扇窗口直接看到被拍摄对象本身——照片使观众默认镜头前曾经存在过这些事物。但是，想象自己直接看到狼人或

1   Kendall Walton, *Marvelous Image: On Values and the Arts* (New York: Oxford University Press, 2008), p. 84.

狼人扮演者并不属于同一种视觉体验。前者是观赏者透过照片直接看到狼人扮演者的视觉感知体验，属于 P_1；而后者是透过照片假装直接看到狼人的视觉"假扮游戏"，属于 P_2。由于在 P_1 与 P_2 两种意义上的通透性并存发生于对狼人剧照的观看体验，这一照片在通向历史的同时也通向虚构。

回到对摄影与绘画的差异性的探讨，通透性给出了一个可供选择的答案。沃尔顿指出，观看绘画的视觉体验无法回避画布表面的描绘痕迹，关于画作的许多创作信息都来自这些痕迹，因而绘画"不具有通透性"。[1] 观看绘画作品是从虚构意义上进行观看的视觉体验，欣赏者面对肖像画直接看到的是画家对被描绘者的再现而非被描绘者本人。即便从假扮意义上讲，观赏者假装看到画中世界存在着这位被描绘者，绘画也不具有通透性，因为这幅画作只通向虚构而不通向历史。照片相纸本身是平滑的，表面没有被描绘的痕迹的材质常被观者忽略而呈现透明性质，人们观看照片便是直接观看被拍摄对象。沃尔顿指出，即便被拍摄对象的形象具有虚构性，这种透过照片直接观看的视觉体验也是真正地观看而非虚构地观看。[2] 在 P_2 的情况下，想象是实现照片通透性的关键；但在虚构性不鲜明的 P_1 情况下，想象同样发挥了重要作用。照片是镜头截取自历史的断片，每按下一次快门，摄影师就从历史上切下了一个断面，照片总在切断时间、断裂历史、截取片段。照片要通向历史则必须还原历史的连续性，因而在实现通向历史的通透性时，想象便是将一幅幅断片重新组合为历史的黏合剂。欣赏者透过照片所看到的并不是断裂的时空，摄影所割裂的历史需要欣赏者用想象重新黏合，使照片中的时空具有连续性。欣赏者想象被拍摄对象在历史上是连续性的存在，才能相信正在观看过去发生的场景。

1　Kendall Walton, *Marvelous Image*: *On Values and the Arts* (New York: Oxford University Press, 2008), p. 88.

2　Kendall Walton, *Marvelous Image*: *On Values and the Arts* (New York: Oxford University Press, 2008), p. 89.

心理活动与感官感知之间的联系远比我们想象得更为紧密，这一点尤其表现在视觉体验中。沃尔顿认为，感知某物就是与之处于一种联系中（in contact with），这种联系是感知性的联系（perceptual contact），"观看照片的人们处在一种与世界的感知联系中"。[1] 基于视觉上的通透性，照片作为图像介质"维持"了人们与世界之间的感知联系。视觉体验从来不只是关乎视觉的体验，"观看"总是以心理活动作为背景的，这一心理基础甚至可以左右肉眼对作品的感知结果。譬如，当观赏者被告知克劳斯的作品不是摄影而是手绘时，基于照片所维系的感知联系被中断，作品在摄影与绘画之间的身份转变使之瞬间丧失了通透性。在这一转换过程中，作品本身的形式特征并未发生丝毫改变，即感知联系的中断与作品无关，而是取决于观赏者得知真相后在心理上引发的由"信"到"疑"的转换。沃尔顿以呈现裸体的图像艺术为例说明这一转换的普遍性，比如，当欣赏者以为自己看到的是一幅拍摄了裸体的照片时，内心会感到尴尬，但当她注意到这是一幅绘画而非照片时，尴尬的程度会渐弱。同样是呈现裸体的作品，通透性最为鲜明的艺术样式最易唤起不适感，摄影最甚，超写实主义次之，以抽象手法所再现的裸体则几乎不会使观赏者产生强烈的尴尬情绪。造成这一差别的原因在于，通向虚构的绘画作品以非通透性阻断了观者对被再现对象的感知联系，人们透过画面所观看到的不过是对被再现对象的描绘；通向历史和现实存在的摄影作品则因其通透性维持了对被拍摄对象的感知联系，人们通过照片直接观看到了被拍摄对象本身。观看裸体照片与面对面观看裸体的视觉体验都是直接性、通透性的，因为照片并不阻断观看，亦不在观看者与被观看者之间架构起一层隔膜。

约翰·伯格（John Berger）指出，绘画有自己的语言，不同的画家所采用的绘画语言呈现不同风格，而"照片提供信息，却没有自身的语

---

1   Kendall Walton, *Marvelous Image：On Values and the Arts* (New York：Oxford University Press, 2008), p. 92.

言。照片不是对现象的翻译，它们自现象中引用"。[1] 人们常用"拍摄"或"记录"来形容一张照片所呈现的内容，照片呈现了被拍摄对象某一瞬间某一角度的精确样貌，当相机所拍摄到的样貌与裸眼所捕捉到的样貌吻合时，观者便会辨识出该对象，即透过照片直接看到了它。因此，人们透过照片看到的是历史"本身"，而不是对历史的"再现"，之所以能在照片中直接而真正地看到被拍摄对象，原因在于摄影具有通透性。

摄影开启了视觉"假扮游戏"的不同于绘画的另一向度。在观看照片时，人们常假装薄薄一页里有广阔的天地，假装平面的就是立体的、黑白的就是彩色的、虚构的就是真实的、静止的就是动态的、过去的就是现在的、遥远的近在眼前，假装照片中的故事正在上演，假装拿起照片就找回了与已逝先人的联系。人们看世界的眼力有限，看别人拍摄的照片就是随之走遍世界的角落——摄影延展了人类观看的广度，几乎没有什么是看不到的。"相机的发明不仅为我们提供了一种新的制造图像的方式和一种新的图像，还为我们创造了一种新的观看方式"。[2] 被观看对象的大小不再是局限视觉感知的条件：相机的微距功能让我们看到肉眼难以感知到的精致细密的自然结构，肉眼无法收纳的辽阔与崇高都被航拍机一览无余地拍摄下来，在太空和深海探测的机器代替人眼观看并带回丰富影像。摄影不仅在空间上延展了视觉所及的范围，还在时间上延伸，把过去带来现在，让人们立足现在而看到了过去。摄影改变了人类观看的方式，进而改变了历史的撰写方式。正如沃尔顿所说，"照片是透明的，透过它们，我们看到了世界"。[3] 照片不是补足和辅助视觉的工具，也不是对被观看对象的复制；透过照片看到的不是对世界的印象，而正是世界本身，因为照片及被拍摄对象之间是同一关系。

1　[英] 约翰·伯格：《另一种讲述的方式》，沈语冰译，桂林：广西师范大学出版社，2007年，第81页。

2　Kendall Walton, *Marvelous Image*: *On Values and the Arts* (New York: Oxford University Press, 2008), p. 85。

3　Kendall Walton, *Marvelous Image*: *On Values and the Arts* (New York: Oxford University Press, 2008), p. 86。

第七章　有趣的对话：从西方的"假扮游戏" 到中国的"假扮游戏"

　　超越了时间与空间的限制，作为艺术创作心理与审美欣赏心理的"假扮游戏"，自古不分中西地域文化地与艺术现象密切关联着。"假扮游戏"一词作为艺术哲学术语虽较早被西方学者关注并正式提出，在中国传统艺术审美活动中也不乏其身影。"假扮游戏"与中国古代审美文化的关系如何？如何从"假扮游戏"的角度分析"美"字的源头释义？进而何以对京剧、绘画等部门艺术作具体阐释？并最终如何以此观照中国传统审美欣赏方式的假扮游戏性？接下来逐一展开细致论述，可为破解传统审美文化的奥秘提供一些有趣的思路。

第一节　"羊人为美"与中国传统审美文化的"假扮游戏"基因

　　关于"美"字起源的字源学考察自 20 世纪 80 年代至今已逾四十载，各派论争尚未尘埃落定，仍不断有年轻学人加入"羊人为美"（"象人头戴羽饰""象人头戴冠笄""象人头戴羊头羊角"）"羊大则美""羊女为美""羊火为美""色好为美""美善同义""巫王为美""从羊大声"

"从大芊声"等派系的阵营，为各自的观点找寻历史依据与美学、文化人类学及哲学支撑。一方面，各派对所持历史依据的阐释均具有逻辑合理性，且从技术层面证实文字学路径与文化学路径哪一方更有说服力并非易事；另一方面，又各有偏颇不实或过度阐释之弊，既有研究路径面临瓶颈，亟须创新思路予以突破。徐复观认为，"对于艺术起源的问题，最妥当的办法，是采取多元论的态度"，[1] 这一方法论对"美"字起源的阐释同样适用。回溯本源的思路造成各执一端、众说纷纭的局面；立足字源而考察其基因在中国传统审美文化史上的传承方能统合把握其在现象与实践层面的民族特色。在考察中国审美文化基因传承的问题上，既要"求本"，又要"逐末"，"求本"于"逐末"，"逐末"以"求本"。所谓"本"是指作为基因播撒于后世的"美"的字源根据，所谓"末"是指传承携带这一基因的子嗣。二者恰似树根与枝叶，若要窥得中国审美文化史这株大树的全貌，须得缘根求叶，"求本"与"逐末"得兼。在此，以最具代表性的"羊人为美"与"羊大则美"二说为分析对象，通过考察其作为文化基因在中国传统审美文化史上的传承，得知论的阐释与史的表征在何程度上彼此契合。

首先来看"羊大则美"说。李泽厚指出，"'羊大则美'，认为羊长得很肥大就'美'。……美与感性存在，与满足人的感性需要和享受（好吃）有直接关系"，说明"'美'是物质的感性存在，与人的感性需要、享受、感官直接相关"。[2] 陈望衡指出，"羊大则美"的阐释"应该说是根本的"，因为"对于原始人类来说，首要的是活着，而活着必须要有食物。个体生存无疑是第一义的"。[3] 皮朝纲将"羊大为美"与饮食文化相关联，指出"'羊大为美'说比较接近'美'字的最初含义"，因其"符合上古先民重视生命与现实、崇拜种的繁衍和渴求物的丰产的原

1　徐复观：《中国艺术精神》，上海：华东师范大学出版社，2001 年，第 1 页。

2　李泽厚：《美学四讲》，天津：天津社会科学院出版社，2001 年，第 61—62 页。

3　陈望衡：《华夏审美意识基因初探》，载《华中师范大学学报（人文社会科学版）》，2000 年第 5 期。

初心志，符合当时的物质生产状况和饮食文化发展水平"。[1] 但是，这一基因在审美文化史上的表征不明，或有将之与"味"相联者，难免牵强附会之嫌。殷杰指出，"美所包含的原初的审美意识决不是'以味为美'"。[2] 口腹之欲即生理快感是"羊大则美"说所强调的，而作为审美范畴的"味"与这一维度关联不大，即便表面字义关联，在深层意义上也是断裂的两端。二者并非本义与引申义的关系，指涉口腹之欲的"味"不曾退场，仍作为字义被广泛使用。司空图、苏轼等人论诗味是以隐喻手法表述的，作为审美感知的"味"与之构成的是隐喻关联，而非前后相继的关系。"味"作为审美习性，根植于与其它范畴协同相通的基础上。若非背道而驰，重生理快感及重功利目的也远不是本民族审美的基本路数，因而将饮食等同于审美、将饮食文化等同于审美文化以维系"羊大则美"的基因在审美文化史上的血脉实在是牵强。再者，口腹之欲的满足无法涵盖审美感知的丰富多维，且在社会性及精神性上与审美无关。古人的审美活动遍及诗文艺术创作、工艺制作赏鉴、山水之乐乃至民间游戏，远非"味"所能涵盖，以之作为美论生长点实属鸡肋。此外，有学者指出"羊大则美"说的最权威来源即《说文解字》对"美"的字义解释，"甘也。从羊从大。……羊大则美，故从大"，所依据的是"美"的小篆形体，而非"美"的最原始甲骨文字形。[3] 可见，"羊大则美"说作为中国审美文化史的分支之一是可能而合理的，但作为源头不妥。它的基因被直接传承至饮食文化的观点是可以理解的，但与作为审美感知范畴的"味"的字面义并不直接相关，与该范畴在中国审美范畴史语境下的内涵及外延亦不通达。

再来看"羊人为美"说。李泽厚指出，"从原始艺术、图腾舞蹈的

1 皮朝纲：《中国古代审美文化中的"羊大为美"思想》，载《青海师范大学学报（哲学社会科学版）》，1991 年第 4 期。
2 殷杰：《中华古典美学三题》，载《文艺研究》，1993 年第 5 期。
3 申焕：《"美"的原始意义探析》，载《延安大学学报（社会科学版）》2005 年第 2 期。

材料看，人戴着羊头跳舞才是'美'字的起源。"[1] 林君桓认为，"把'羊人为美'看成是化了装的人的形象，显然是能够说明美的最早来源之一的"。[2] "羊人为美"说强调"美"字的甲骨文字样象征"佩戴头饰、手舞足蹈作法礼神的巫师形象"，形象化地描述了"原始巫师从事巫术活动时的状态"，因而"羊人为美"是"汉字'美'的最初含义"，其产生"直接导源于巫术活动"。[3] "羊人为美"说将"美"的甲骨文字形视为会意性的完整体，但从上下两部分加以阐释——下部代表某种身份的人形，上部代表装饰人形的某种器物。此派内部论争的焦点在于上部装饰物的属性及下部人形的身份，大致分为三种观点：萧兵、李泽厚、刘纲纪等学者是"美"象征人戴羊头羊角说的支持者，认为"美"的甲骨文字形"象一个'大人'头上戴着羊头或羊角"，其下部的"大"在原始社会里是"有权力有地位的巫师或酋长，他执掌种种巫术仪式，把羊头或羊角戴在头上以显示其神秘和权威"；[4] 王献堂、康殷等学者是"美"象征人戴羽饰说的支持者；高建平则认为"把'美'字看成是象人头戴冠、笄等头饰似乎证据更充分一些"。[5] 此外，朱良志等学者在赞同"'美'是经过装饰的人形"的基础上又提出"舞人为美"说，认为"'美'是一种跳舞的人形，是一种艺术造型。这里所含有的意念不是'羊人为美'，而是'舞人为美'"。[6] "羊人为美"与"舞人为美"分别侧重原始社会的巫术祭祀仪式和舞蹈艺术形式，虽然李泽厚"'美'字与'舞'字与'巫'字最早是同一个字"的观点未必有据可考，至少说明"巫""舞"在上古不分家，巫术仪式以舞蹈艺术的形式表现，舞蹈

1　李泽厚：《美学四讲》，天津：天津社会科学院出版社，2001年，第61页。
2　林君桓：《"羊大则美"与"羊人为美"孰先孰后》，载《福建论坛（文史哲版）》，1984年第3期。
3　万书辉：《"美"的文化人类学阐释》，载《重庆师专学报》，1995年第3期。
4　李泽厚、刘纲纪：《中国美学史》（第一卷），北京：中国社会科学出版社，1984年，第80—81页。
5　高建平：《"美"字探源》，载《天津师大学报（社会科学版）》，1988年第1期。
6　朱良志、詹绪佐：《中国美学研究的独特视境——汉字》，载《安徽师大学报（哲学社会科学版）》，1988年第3期。

艺术的目的在于巫术祭祀，可知"羊人为美"与"舞人为美"的基本思路相差不大。二者的共同点不仅在于形式上的假扮，更在于通过假扮行为沟通天地神人以求庇佑、以示膜拜、以表崇敬的思维模式。借助装饰物装扮自身以获取有别于现实身份的虚构身份，或者借助道具以生发出与仪式有关的虚构事实的假扮行为实质上是一种游戏。"羊人为美"作为基因在中国审美文化史上的传承正是以这种假扮游戏的样貌表征为巫舞仪式、民间游戏、诗文艺术、工艺赏玩乃至山水之乐的诸多方面。从本末传承的基因脉络上看，"羊人为美"更为直接、广泛、深入、多样，家族谱系的丰富完善性及成熟程度更高。因此，在假扮的意义上使用"羊人为美"更为妥帖：淡化"羊人为美"与"舞人为美"在载体上的差别，有利于挖掘其在深层内涵上的互相联通之处。"美"象征人头戴羊角、羽饰还是冠筓只在文字学的意义上才有分歧，在假扮意义上却是一致的。与其争辩"美"在形式上象征人头戴羊角、羽饰还是冠筓，不如思考"羊人为美"在民族文化心理上的深层本质，从中国审美文化的基底与载体入手考察其假扮基因在后世艺术文化现象的蓬勃衍生。事实上，原始社会的巫舞仪式只是携带了假扮基因的一个模型，中国审美文化的假扮性特征远比巫舞更为丰富。"羊人为美"的精神滥觞之后，中国审美文化史掀开了假扮游戏的新篇章。

　　"羊人为美"的假扮基因在中国审美文化史上的传承分为滥觞期、繁衍期与成熟期三个阶段，历经功利性减弱、游戏性增强的变化，假扮基因由形式上的表征转变为心理上的表征。首先，"羊人为美"的假扮基因滥觞于原始社会的巫舞仪式。原始巫舞仪式具有典型的假扮性，"崇拜羊图腾祖先的氏族，要举行播种、祈丰、狩猎、诞生等等巫术伴舞的时候，就要由表演人物（一般是酋长兼巫师）扮演为羊祖先的样子，要扮演羊，或者头插羊角，或者戴着羊头；有时候仅仅以人工制造的羊头来代替，然后大蹦大跳，大唱大念，甚至随着乐奏"。[1] 富有象征

1　黄杨：《巫、舞、美三位一体新证》，载《北京舞蹈学院学报》，2009 年第 3 期。

意义的装扮（"羊人为美"的"羊"）赋予巫舞者（"羊人为美"的"人"）以通灵者的身份，通过表演特定的巫舞动作与天地神明沟通对话以表达本部族的祈福要求。这现象在各文化衍生初期普泛存在，哈登指出，原始部族成员"用图腾的名称作为自称"并相信自己是该图腾的后代，通过"穿戴图腾动物的皮肤或身体的某一部分，……让自己与图腾更为相似"，以使自己"受到图腾更多的庇护"，因而"巫术行为通常主要是一种与原始象征主义结合的模仿表现"。[1] 巫舞者在仪式之外的氏族生活中担任酋长等权威角色，在仪式之中则是本氏族图腾的"化身"。氏族成员相信酋长是图腾化身的事实为真，并随他的舞蹈作出俯跪叩首等祭拜动作。然而，原始巫舞毕竟是出于功利目的的宗教仪式，假扮游戏性停留在装扮自身以获得虚构身份的形式层面，氏族成员在心理上仍对仪式及舞者抱持信仰膜拜的态度，故而滥觞期的假扮基因主要表征为装扮与装饰。除仪式装扮外，生活器具及装饰品的纹样图案也寄托辟邪祈福的愿望。譬如商代青铜面具与傩戏面具，佩戴者被面具临时赋予了有别于真实自我的虚构身份，在巫舞仪式中扮演的"他者"角色遮蔽了佩戴者的本来面目，观看者也假装忘记他的真实身份，而以敬神的态度膜拜他。此外，在丧葬仪礼中以陶俑陶马代替活人活马殉葬的习俗也具有一种假扮游戏性。贡布里希认为，替代物的使用与"偶像代替神"的做法遵循同一思路，这些制品"只有在作为替代物的意义上才'再现'了什么"。[2] 仪式的流程秩序及纹样装饰的祈福意义在部落群体中形成约定俗成的契约，要求成员以虔诚待之。在生产力极为低下的时代，原始宗教及其规则不仅是精神寄托，更是求生必备。滥觞期的假扮行为尚停留在形式模仿的初级阶段，巫舞仪式的参与者期待部族长老能与神明祖先真正实现沟通，真实的宗教信仰与浓厚的敬神氛围不容许质疑，心理

1　[英]哈登：《艺术的进化：图案的生命史解析》，阿嘎佐诗译，桂林：广西师范大学出版社，2010年，第213页。
2　[英]贡布里希：《木马沉思录：论艺术形式的根源》，徐一维译，北京：北京大学出版社，1991年，第6页。

层面的假扮因而受到抑制。

其次,"羊人为美"的假扮基因繁衍于民间游戏。随生产力的提高及对自然认知的增加,先民不再倚赖巫术求生存,形式化的巫术假扮仍旧存在,但已不占据主导地位,假扮基因转入民间游戏并得到广泛繁衍。相较于原始巫舞,民间游戏的功利性减弱而娱乐性加强,但维系一致的是玩家须遵守规则,以煞有其事的严肃态度对待游戏。伽达默尔认为游戏行为"具有一种独特的、甚而是神圣的严肃",只有当玩家全神贯注于游戏时,游戏才能实现本身,因而"使得游戏完全成为游戏"的因素正是"在游戏时的严肃"。[1] 民间游戏的道具与服饰实现了玩家在真实自我与虚构自我之间的身份转换,生发出关于虚构自我的游戏事实。官打捉贼、网鱼、黄鹂吃鸡的游戏者扮演了"官""贼""鱼""网""黄鹂"和"鸡";"二龙戏珠""双跳龙门""金龙蟠玉柱"对龙的姿态的描述实为假扮龙的表演者的动作;踩高跷与跑旱船的表演者装扮为民间传说的虚构人物,借助道具以表现骑驴坐船的虚拟场景。繁衍期的假扮基因实现了从形式到心理的进化,以纸鸢与竹马为例。纸鸢有燕形鹰形,是仿照被再现对象的样貌制作的道具,但竹马却不模仿真马的样貌。"郎骑竹马来,绕床弄青梅"描述了儿童骑竹马的假扮游戏,一根青竹竿与真马毫无形似之处,儿童以竹马为真马,并非因其形似于真马,而是遵照游戏规则自愿假装相信竹竿是真马。在骑竹马的游戏世界中,全部玩家都要假装相信竹竿是真马的虚构事实为真。可见,假扮游戏基因在民间游戏的繁衍过程中发生了从形式到心理的变异,形式上的相似性不再占据主导,心理上的假扮游戏开始萌芽、发展。

再次,从假扮游戏基因理论审视中国审美文化史,"羊人为美"的假扮基因成熟于中国古代文学艺术,大致可分五类。其一是以各派戏曲为代表的表演性假扮游戏。戏曲的假扮游戏性表现在脸谱、装束、舞

---

1 [德] 加达默尔:《真理与方法》(上卷),洪汉鼎译,上海:上海译文出版社,1999 年,第 130—131 页。

美、道具、动作程式及虚构时空上。譬如，脸谱是表演者最贴身的道具，生发出关于角色性格命运的虚构事实：红脸关公忠义正直、白脸曹操奸诈多疑、黑脸包公铁面无私。男扮女装唱旦角也是典型的假扮行为。又如，舞美布景和道具也多靠假扮，以布帘代城门、挥鞭代骑马、摇橹代撑船。白鞭代表所骑为白龙马，挥黑鞭代表坐骑是乌骓马，看到表演者手中红鞭的观众假装看到的是关羽骑乘的赤兔马。再者，动作程式也具有假扮性，即使舞台上没有一扇门，观众看到表演者假装左手按住门板，右手拉开门闩，再双手向内拉门的动作便知其在"开门"。此外，三五插旗扮作千军万马，绕场几周便是行军千里，幕幕间寒暑交替，前后脚屋里屋外，都是虚拟时空的假扮游戏性的表现。

其二是以写意画为代表的视觉性假扮游戏。写意画重意境而轻形似，尤以大写意形态最为夸张。国画视觉假扮游戏性的表现有四：一则不求形似，譬如水墨一支以浓淡相宜的水墨代缤纷的五彩，梅菊竹兰本各有原色，以水墨绘之自有无限韵味，比鲜艳重彩更受文人墨客喜爱；二则以无扮有，譬如表现鱼戏水中之趣，只需点几尾鱼而不必画水，至多以涟漪代之，比绘满水波更逼真醒目；三则以虚扮实，譬如以飞白作枯藤瘦石比湿墨更显凹凸有致；四则点到为止，譬如描绘兰芯，三点成形却也摇曳多姿，又如山水卷幅中的人物，三五笔粗粗勾勒身形衣褶，不画五官表情倒也生动鲜活。画中本无山水树石，赏画之人却看到群峦起伏、碧波荡漾，而其实不过是寥寥墨线、点点缀缀。在国画审美欣赏的视觉假扮游戏中，观者借助审美想象假装立于秋菊丛簇之前而不问其为何墨色，想象看到潭中鱼戏而不问为何无水，共情于江雪垂钓翁而不问其为何缺失五官。稀疏几笔落于纸上便为假扮游戏提供了道具，写意的抽象是假扮游戏的抽象，注入想象的画面总是丰富可感的，画中才有了水墨世界，假扮游戏视角之外的画作只剩气势灵动的勾勒和洇透纸背的色块所呈现的形式美。可见，由追求形似到摒弃形似，假扮游戏基因须借助想象方能实现转型，观者才能于画作中看到"看不到"的时空与实体。

　　其三是以诗文小说为代表的叙事性假扮游戏。宋词婉约派男性词人常以女子口吻作词，这与京剧男性演员饰演旦角一样具有假扮游戏性，词人假装自己是女子，体其心悟其情、摹仿得惟妙惟肖。小说借笔者或叙事人之口陈述关于作品世界的虚构事实。虚构事实建构起作品的虚构世界，角色作为虚构个体存在其中。读者被虚构故事所吸引，想象自己也在西天取经路上，并为窦娥与黛玉落泪，想象自己透过诸葛亮之眼看到赤壁之战的壮观景象。虽然作品世界与虚构个体与现实不同，不具有物质实在性，但读者却乐于假装相信这些人物及其虚构事实都为真，因而金陵、大观园、天庭、西天等虚构世界具有心理实在性和独立自足性。所谓"相信"只是"煞有其事"地"信以为真"，读者清楚知晓孙悟空不存在于现实世界，乐于旁观三打白骨精的精彩场面并绘声绘色地向旁人转述的行为具有典型假扮游戏性，说话人与听话人在"讲故事"和"听故事"的体验中共同参与了以《西游记》为道具的假扮游戏。

　　其四是以盆景为代表的工艺器物类假扮游戏。古人将山水之乐凝聚在盆景中，在壶中天地收藏了名山大川。盆中泥塑的三五知己，或端坐庭中，赋诗品茗、闲敲棋子，或斜倚枯松、共赏雪景，把酒言欢。盆景佳作不仅缩微了空间，还沉淀了时间，绿植随四季变换样貌，春华秋实凋零复青葱，盆景世界中的人们也历经雨雪风霜、昼夜往复，别有一番意境：沐雪江中垂钓者披蓑又戴笠还是染白了须发，赤脚水中摸鱼者蹑手蹑脚怕惊了鱼，打湿裤腿而浑然不觉。盆中树下有邀月赏花畅饮者，眼神迷离，微醺而乐，仰面高歌。把玩盆景的主人想象自己便是座中嘉客，嗅闻酒香四溢，尽享对诗墨戏之趣。盆中世界的虚拟构造依照主人的审美理想被摆置成聚友赏花、溪钓田耕、寻隐小酌等可触可碰、可观可闻的白日梦。

　　其五是以音乐为代表的听觉性假扮游戏。欣赏《高山流水》的听众想象指拨琴弦所发出的不是和缓波动的纯粹乐音，而是汩汩流水声；聆听《金蛇狂舞》的听众不仅用"曲风活泼""节奏感强""令人亢奋"来描述乐音形式上的欣赏体验，更假装想象自己听到了狂舞的韵律、看到了金蛇的姿态。

　　"羊人为美"的假扮游戏基因自滥觞期发展至成熟期，以想象与共情为途径的心理假扮基本取代了通过摹仿匹配追求相似性的形式假扮，审美旨趣在文化心理的深层携带假扮游戏基因，在文艺作品样式的表层却呈现多元化的表征。值得深思的是，"羊人为美"的假扮游戏基因的心理根基何在？沃尔顿认为，人们对"假扮活动的参与本身就是精神摹拟的一种形式"，[1] 这有助于理解假扮游戏的本质。假扮游戏借助想象，而想象通常以"第一人称"模式展开，是由自内心、关乎自我的，[2] 因而精神摹拟是以自我作为想象情境主人公的虚拟体验。庄周梦蝶化而为一者便是精神摹拟的隐喻，在梦的语境下，庄周感受到蝴蝶"栩栩然"如真如实；但与此同时，庄周并未丧失真实自我，只是在梦境无意识状态下假装自己是蝴蝶。"周与蝴蝶则必有分矣"，蝴蝶只是被梦境临时赋予的虚构身份，庄子将这一体验称作"物化"，其实质是精神摹拟。假扮游戏无关认知亦无关现实，它所要求的"严肃"是主体遵守游戏规则以守住虚构性的真实不被现实真实所打扰。在假扮游戏的意义上，即便子非鱼，亦能知鱼之乐。在中国审美文化史上，与假扮游戏和精神摹仿相关的范畴有"游""心斋""作忘""无我""虚静""神思"等，都是借助想象暂时摆脱现实自我的束缚向虚构自我寻求庇护的体验。无论是梦是醒，庄周都可戴着蝴蝶的面具，假装忘却自我的身份，假装相信自己是蝴蝶的事实为真，想象关于他这只蝴蝶的无限虚构事实，在白日梦的乌托邦里借着假扮获得审美愉悦。中国古代审美文化是重"意境"的文化，但"意境"并不是虚无缥缈、深不可测的，假扮游戏式的精神摹拟就是意境所生的具体途径。正如观看写意画的欣赏者假装自己便是画中那尾灵动游水、自由吐纳的鱼，正如赏玩盆景的文人假装自己正是树

1　Kendall L. Walton, "Spelunking, Simulation, and Slime: On Being Moved by Fiction", in Emotion and the Arts, ed. Mette Hjort and Sue Laver. (Oxford: Oxford University Press, 1997) pp. 37 - 49.

2　Kendall L. Walton, Mimesis as Make-Believe: On the Foundation of Representational Arts, Cambridge, Massachusetts: Harvard University Press, 1990, p. 28.

荫下品茗对弈的隐士，正如聆赏《高山流水》的听众假装自己正与知音端坐凉亭之中欣然汲取峭壁飞瀑送来的清凉，从一定意义上说，这一审美习性所携带的是千年以降传承自"羊人为美"的假扮游戏基因，中国古代审美文化所推崇的"心与物游"的体验实质上是作为精神摹拟的假扮游戏。

第二节　京剧艺术的"假扮游戏"审美特征浅探

京剧作为国粹，承载并彰显了中华艺术之精神，但对于其假扮游戏性的研究尚不多见。舞台世界如梦如幻，生旦净末丑的虚构角色并不存在于现实世界，生离死别的虚构情节也没有实际发生。为何观众看虞姬自刎而潸然泪下，看怒铡陈世美而拍手称快，看红娘往来传书而心生期待？京剧中自有一个世界，与现实看似咫尺，实际相隔甚远。

古有"郎骑竹马来，绕床弄青梅"，青竹一竿虽与马无所相似，却在游戏中充当了马的角色，儿童假装所骑竹竿为真马。京剧表演中，不同色彩的马鞭代表执鞭者坐骑品种的不同，马鞭作为假扮游戏的道具能够唤起观众的想象，进而生发出一系列虚构事实。这一抽象化的假扮游戏手法所形成的中国戏曲艺术的形式特色大致表现在时间和空间、动作和道具及戏服装束等层面。每一出戏曲作品都包含一个独有的虚构世界，恰似每一部小说、每一部电影、每一幅绘画，也都有专属的虚构世界一样。陈世美在秦香莲的世界里，而不在虞姬的世界里；张生在崔莺莺的世界里，而不在杨四郎的世界里。

首先，每出戏的虚构世界都有特定的时空，专属于一部作品的角色只能在这特定时空中遭遇特定命运。舞台世界的时空是封闭的，只对虚构世界内部的角色开放，观众无法冲上舞台救下拔剑自刎的虞姬，也无法代替红娘传书给坐在后台休息的张生，张飞再勇猛也杀不到台下来，包公再铁面也管不了台下事。观众看戏好似穿越时空偷窥另一个世界正在发生的一切，但偷窥是单向的，莺莺和张生的世界里没有坐着大批观众，台上台下之间仿佛架起了镀膜玻璃，台上看不见台下，台下对台上看得一清二楚，观众与演员不在一个空间也不在一个时间里存在。

其次，戏曲世界的时间和空间囿于舞台局限被压缩了，三五位表演者登台跑圈场几趟下来，行军已过几日几月，策马行了千里万里，如此时长对台下观众而言不过一分钟不到，其假扮游戏性不言自明。再比如，跨一步就进入了房间，退一步就迈出了花园，房间与花园作为空间场景并没有实际的标志，也没有搭建墙面隔断，京剧的时空转换有时毫无头绪，全靠唱段或对话中的文字提示。因此，虚构时空是搭建舞台世界的隐性布景，虽交代模糊却不可缺少。虚构世界的时间和空间的假扮游戏特征是表演呈现的前提之一，假扮游戏手法的运用为整出戏的表演奠定了基调。

正是因为舞台局限，却又必须为故事的展开交代时空、创造环境，表演者借助各式道具来满足表演的需要。扬起红色的马鞭就是跨上赤兔马奔驰战场，站在平地摆出摇橹划桨的姿势就是在水上行船，掀起布帘闪身穿过就是进入了城门，京剧艺术家很善于以动作和道具表现虚构的事实。这种表现手法是抽象的，意义指涉是间接的，但皆抽象自现实生活的真实，很容易被理解。这意味着道具和动作作为艺术符号的意义需要具有约定俗成性，在特定习俗惯例认可的范围内，观众看到马鞭才能假装看到了马，看到腰间插旗才能假装看到了战斗。缺失了大众公认的道具意义，表演者不过是手持船桨站在平地上，腰间插旗跑圈场而已，无法生发出"划船"和"打仗"的虚构事实，假扮游戏性的审美欣赏也无从谈起。虽然许多场景被道具和动作代替表现，凡是观众能看得到的道具和动作，却都摹仿自生活中的真实。现实生活中也有马鞭、羽扇、桨橹、刀剑，小道具在舞台上的表现有利于假扮活动的开展。现实中人们开门关门、悄声踮脚、厮杀混战的动作在京剧表演中已成为经典的动作程式，观众几乎无需猜测，就可以直接辨认出某动作代表的意义。因此，道具和动作作为京剧艺术的假扮游戏因素，以无声的语言向观众传递虚构事实，协助表演者推进故事情节的进展。

京剧艺术家穿梭于虚构世界与现实世界之间，是具有双重身份的，但双重身份不可在同一时空内兼得。在现实世界中，梅兰芳就是他本人，是我国最著名的男京剧艺术家；而在《霸王别姬》的世界中，舞剑的是旦角虞姬，而非梅先生本人；杨小楼与梅兰芳在舞台上是项羽与虞姬，这是只在作品世界中为真的虚构命题，在现实生活中不复有效。每出戏的虚构语境决定了表演者的虚构身份为真而现实身份为假，因为从艺术的逻辑上讲，表演者不会出现在作品世界的时空中。在京剧中，赋予表演者虚构身份的是脸谱、装束和道具，演员一旦装扮上台，就立刻变身为戏中人物。脸谱不仅区分生旦净丑，还专门代表特定角色并暗示性格特征，比如红脸的关羽、吴汉，忠义耿直；又如黑脸的张飞、包拯、李逵，严肃威猛，不苟言笑；还有白脸的曹操、严嵩，奸诈多疑。脸谱是表演者最贴身的道具，比任何手持道具的使用更直接、指涉的意义更确切。现代影视剧的演员无需画脸谱，装束与日常生活中偏差不大，常被观众亲切地以戏中人的名字称呼，但票友不会以戏中角色的名字来称呼京剧艺术家，大概也是因为脸谱对表演者虚构身份的赋予是一种深层的、具有确定性的假扮游戏行为，强化了虚构事实的真实度。

从表演的角度来看，以上五个层面构成了京剧独特的假扮游戏性，从欣赏的角度来看，观众看戏的行为也具有假扮游戏性。舞台与现实之间的隔膜不能被物理形式打破，观众无法存在于戏曲的作品世界里，却可以在情感和心理上与之打破这一隔膜。虞姬饮剑于楚帐而非戏院舞台，观众清楚京剧艺术家拔剑自刎的动作不是真实的，也不会看到此番场景，就真以为扮演虞姬的表演者自杀了，但他们仍会感到惋惜、遗憾甚至悲伤。观众能够产生恰当的情感反应说明艺术家表演到位，说明观众对作品的理解能够达到作品对他们的期待，是正确欣赏作品的方式。不妨将欣赏戏曲的活动视为一种想象性的精神摹拟：艺术家的表演及舞台布景为观众提供了审美想象的虚构语境，人们的想象总是以自我为主体的，当他们看到虞姬在项王面前拔剑自刎时，想象自己面临与爱侣的生离死别，所产生的悲痛之情不仅仅是移情于台上的角色，为之感到惋惜同情，更是为精神摹拟想象中的自己即将与爱人天人永隔的虚构事实而感到难过。这出戏结束后，当观众走出戏院，仍然会感到悲痛，而这一后续效果，也不只因虚构世界中人物的悲惨命运而产生，在很大程度上还是对精神摹拟经历的回味。观看具有假扮游戏性的京剧表演是一种精神摹拟的行为，所生发的情感并不与日常生活中真实的悲伤愉快对等，而是在假扮游戏语境下面对虚拟实体对象所生发出的虚拟情感。但值得强调的是，这种虚拟情感之强烈有时甚至超越现实情感，毕竟艺术作品虚构世界的许多情境是观众在现实世界中不常遭遇甚至永远不会遭遇的。

综上，京剧艺术具有假扮游戏性，台上表演的艺术家与台下欣赏的观众共处一出戏的虚构世界之中，观众借助想象在精神摹拟中参与着同一主题的假扮游戏并获取审美愉悦的快感。

第三节 中西方古代扮装肖像与"假扮游戏"

一、 西方宗教画中赞助人入画现象与"假扮游戏"

（一） 扮装肖像与假扮游戏

再现艺术的创作目的在于使欣赏者相信其所建构的内在于作品的虚构世界及虚构事实为真实，因而是一种艺术家使欣赏者假装相信虚构事实为真实的行为。另一方面，欣赏者也要乐于配合，理解并遵守艺术再现的规则，自愿假装相信虚构事实为真实。欣赏者对虚构作品所描述的事实"信以为真"必然要依赖想象，才能将"假的"转换为"真的"。缺失了想象，作品中的真与假无从关联，同时，真与假之间的张力也无从作用于读者，并使之产生审美感受与情感反应。这一"变假为真"进而"假戏真做"的过程，正是无数人在欣赏小说、诗歌、电影、戏剧以及绘画、摄影、雕塑作品时获取审美体验的平台。沃尔顿的假扮游戏论自诞生之日便饱受争议,欣赏者在审美心理层面的"真"与"假"的区分正如大部分审美心理学问题一样难有令人信服的数据佐证。但对于在意图层面明确地采取假扮手段展开创作、传播、接受等环节的艺术活动而言,沃尔顿的理论毫无疑义是有用武之地的,扮装肖像便是一例。

所谓扮装肖像,并非一般写实肖像,而是具有装扮效果的肖像。被再现对象的形象以有别于现实的别样身份呈现在画作中,实质上是一种图像性的假扮游戏。这种将被描摹对象装扮起来并赋予其虚构身份的艺术再现方式显然具有一定的虚构性,在画面中塑造了一个虚构世界,并以包含特定信息的装扮服饰及周边道具向观画者叙述了一系列虚构事实。所谓虚构事实,是由作为游戏道具的再现艺术作品所生发的描述虚构实体在虚构世界中的存在状态的事实。欣赏者在面对画作时,被艺术家及被再现对象有意图地邀请入画,成为其所设定游戏情境的参与者,并由此结合个体审美欣赏体验进一步生发出关于被再现对象的更多的虚构事实。正如当今拍照时被拍摄对象的表情拿捏一样,赞助人[1]在画师为其描绘扮装肖像之前,也要思考自己在画中所呈现的形象如何,给后代留下何种脾气性格的印象,是否与身份地位相符合。究竟是虔诚的基督教徒,还是阔绰的富商,是有势力的权贵,还是饱学诗书之人,赞助人都会谨慎地进行自我形象的布设。赞助人普遍希望自己被画师描绘成纯洁高贵威严的神态。掩盖现实中不如意的瑕疵因素,同时在画中增添物件、神情乃至身份,塑造一个理想的自我,使绘画具有祈祷、祝福、炫耀、威慑等功用,这是其邀请画师创作扮装肖像的真正目的。可见,西方扮装肖像最初并不只是单纯取乐的画像游戏,而是有一个缘起的发展过程。它作为西方艺术史的一

---

1 在诸多权威艺术史的译本及学术论著中,译者以恩主、供养人、施主、委托人、捐赠人、订件人、主顾、赞助人、捐助者、保护人等名称来翻译这一群体的身份,本文姑且不论细微差别,统称为赞助人。

条发展线索，见证着艺术从巫术转向宗教，再走进世俗，彻底成为艺术假扮游戏。

（二）演变：巫术—宗教—艺术游戏

从中世纪到文艺复兴运动，欧洲造型艺术不可绕过的核心主题是宗教。在西方宗教绘画中，圣母子及圣徒是频繁出现的人物形象。这些人物来源于圣经故事，其出场自带叙事性。在中古时代末期的此类画作中有一个奇特现象，即在画面中常常可以发现一些人物形象，他们不属于圣经故事，且带有鲜明的面部识别特征，但又明显差异于个人肖像画中人物的姿态。这些人物在宗教主题绘画中的存在便成为联结经典宗教主题与画家所处时代语境的桥梁。这些人大多数是捐赠者，或被称作赞助人。他们赞助画家创作，便可以虔诚信徒的形象进入画中，跟随在经典宗教人物之后或伴随在神明身旁，目的是展现自己的虔诚，恐怕也有一些迷信因素，期待能够因此被神明赐福。当然还有炫耀财富、保存肖像以供后世瞻仰的目的。

贡布里希曾论及宗教题材造型艺术中接纳凡人作为被再现对象的传统与原始先民巫术祝祷仪式的关系问题。他在分析一幅作品时谈到赞助人借由绘画这一类巫术手段实现祈福目的的现象，并指出，"大概在'供养人'肖像这个习俗之中还保存着一些类似于图像有魔力的古老看法，使我们想起这些信仰多么顽固，艺术还在摇篮时期我们就见识过。"[1] 赞助人付出一定的代价要求画师将其及家人描绘在特定宗教场景中，以虔诚模样跪拜服侍着圣母子等宗教人物，只是为了实现与神明同框的心愿。与神明出现在同一画幅中，即意味着在虚构意义上，赞助人在死后得以飞升天堂，后世子孙亦得到圣母子的祝福。除单纯的宗教信仰外，凡人入画的传统也有鲜明的政教合一因素。据《牛津西方艺术

1　[英] 恩斯特·贡布里希：《艺术发展史》，范景中译，天津：天津人民美术出版社，2006年，第119—120页。

史》记载，"中世纪的统治者在手抄本中绘制自己的画像，为的是强调他们的权力和他们的高雅朝廷以及豪华生活都来自上帝的准许。"[1]

　　然而，凡人入画现象的出现并不顺利。事实上，早期基督教艺术发展过程中的圣像破坏运动就不允许凡人入画。起初，在教育不被普及的时代，所谓圣像是为了扩大信徒群体及布道范围，以叙事性图像描绘圣经故事，以方便基督徒铭记教义并展开礼拜仪式。在进行图像叙事的过程中，难免要描画神明肖像。按照凡人的模样描绘圣像是符合人的认知规律必然发生的。但因圣经戒条禁止绘画肖像，这一塑造方式便遭到了强烈反对。不难理解，罗马绘画的自然主义风格的圣像描绘将神明形象对应甚至等同于凡人形象，并使之接受膜拜，确实有违圣经戒律。因此，"726 年，拜占庭皇帝利奥三世命令摧毁所有基督、玛丽亚、圣徒及天使的画像。他和政党认为这种画像将会造成对圣像的盲目崇拜，或导致人们单纯崇拜画像而不再崇拜真正的圣人。很快他们就被冠以圣像破坏者的名号，他们对拥有圣像的人实施严厉的惩罚，……"[2] 尽管部分人仍希望通过绘画进行圣经故事的叙事，圣像破坏运动之下，当时的造型艺术还是难逃浩劫。从此之后的一段时间内，"神职人员对圣像实施严密监督，不允许混入任何个性表现"。[3] 于是传教布道的使命与抵触圣像的禁令之间产生了矛盾，统治阶层急需一个两全的解决办法，既能避免信徒膜拜凡人形象，又能确保在宗教虔诚之下扩大信众数量。而拜占庭风格所描绘的圣像"既能启发不识字之人，同时也遵守了禁止创作圣像的圣经戒律"。究其原因，是拜占庭艺术呈现一种"相对平面化的象征性风格"，[4] 艺术家坚持的是"具有高度固定的风格（抽象）和强烈装

1　［英］马丁·坎普：《牛津西方艺术史》，余君珉译，北京：外语教学与研究出版社，2009年，第 92 页。

2　［美］帕特里克·弗兰克：《视觉艺术史》，陈玥蕾译，上海：上海人民美术出版社，2008年，第 32 页。

3　［美］帕特里克·弗兰克：《视觉艺术史》，陈玥蕾译，上海：上海人民美术出版社，2008年，第 32—33 页。

4　［美］帕特里克·弗兰克：《视觉艺术史》，陈玥蕾译，上海：上海人民美术出版社，2008年，第 39 页。

饰性的肖像画中绝不能含有凡人"[1] 的描绘原则。几经磨难，凡人入画的描绘方式被统治阶层认可之后，赞助人利用图像实现宗教信仰目的的风气日渐兴盛。在西方艺术史上，从中世纪到文艺复兴运动，包含特殊意图的凡人入画的宗教主题作品数不胜数。

　　以凡人入画现象作为代表的宗教艺术世俗化经历了一个漫长的过程。据贡布里希考证，"中世纪还没有出现过我们今天所谓的肖像画"，[2]即是说中世纪的大部分时段，现代意义上的肖像画在西方尚未流行，画家只是描绘传统人物形象，并在画上标注肖像所对应的被再现对象的名字。之后，西莫内·马丁尼等14世纪艺术名家有了画写生肖像的习惯，因而推论"肖像艺术就是在那个时期发展起来的"。[3] 肖像画自流行之始便与宗教色彩紧密关联，此时极为著名的《威尔顿双联画》便是一例。这幅由法国艺术家为英国国王理查德二世绘制的肖像在画面叙事性上包含了鲜明的宗教色彩及祈福意图。贡布里希如此分析道，"他正跪着做祈祷，而施洗约翰和王室家族的两位保护圣徒似乎把他托付给圣母。……圣婴基督正俯身向前，仿佛在祝福或欢迎国王，并叫他放心，他的祈祷已经有了效果"。[4] 除绘画之外，雕塑也是赞助人实现宗教祈福目的的重要艺术载体。据贡布里希考证，"在布拉格的主教堂里，现在有一组奇妙的半身像，就是出于那一时期（在 1379 和 1386 年之间）。那些雕像表现的是教堂的捐助人，因此跟瑙姆堡主教堂创建者的雕像一样，要达到同样的目的"。[5]

1　[美] 帕特里克·弗兰克：《视觉艺术史》，陈玥蕾译，上海：上海人民美术出版社，2008年，第 31 页。

2　[英] 恩斯特·贡布里希：《艺术发展史》，范景中译，天津：天津人民美术出版社，2006年，第 117 页。

3　[英] 恩斯特·贡布里希：《艺术发展史》，范景中译，天津：天津人民美术出版社，2006年，第 117 页。

4　[英] 恩斯特·贡布里希：《艺术发展史》，范景中译，天津：天津人民美术出版社，2006年，第 119—120 页。

5　[英] 恩斯特·贡布里希：《艺术发展史》，范景中译，天津：天津人民美术出版社，2006年，第 117—118 页。

圣经故事中"道成肉身"的转化模式进入艺术领域，反之被以"肉身成道"的叙事模式使用。在新柏拉图派哲学的影响下，美第奇家族门下的学者群体认为，"所有能产生灵感或新发现的素材，不管它是来自于《圣经》或古典神话，都能让某个凡俗的存在上升到神秘的境地，和'某人'结合成一体。"[1] 神明降临凡间需要代言人，是道成肉身模式出现于圣经故事及传教布道中的原因；虔诚侍奉神明的信徒死后得以飞升天堂，获得神明庇佑的祈愿则是肉身成道模式的基本内容。出资赞助构建或修缮宗教性建筑，或为艺术家创作宗教主题的壁画、雕塑、玻璃镶嵌画作品提供经费支持，便成为一时风行的做法。一方面，付出金钱的赞助人要求得到回报，通常以与神明进行精神沟通及祈福祈愿为基本实现形式。另一方面，文艺复兴运动唤醒了人对自身的认知，人作为人的意识觉醒之后，文学艺术领域发生了诸多革命性的变化，更为凡人入画提供了思想上的支撑。帕特里克·弗兰克指出，在文艺复兴运动中，"先进的人文主义学者并没有抛弃神学思想，但同时他们也主张生命非宗教，即世俗的一面。……人们关注的焦点渐渐从神和死后的灵魂生活转变到人类和现时现地的生活。"[2] 艺术家作为人的意识觉醒之后，便开始关注世俗生活与凡人百姓，并试图在艺术创作中有所体现，这是凡人入画现象普遍流行的思想基础，也是开启反向的肉身成道模式的一把钥匙。

艺术史上这一阶段凡人入画的代表作在欧洲各地数不胜数。据画上铭文记载，布鲁日圣多纳香教堂的教士凡·德尔·佩尔在临终前要求扬·凡·爱克创作一幅作品敬献给教堂，这便是于 1436 年创作的《圣母子和教士乔治·凡·德尔·佩尔以及圣徒们在一起》。"凡·德尔·佩尔在画中祈祷，希望通过玛利亚、基督以及圣徒们的请求而进入天

---

[1] ［美］帕特里克·弗兰克：《视觉艺术史》，陈玥蕾译，上海：上海人民美术出版社，2008年，第 42 页。

[2] ［美］帕特里克·弗兰克：《视觉艺术史》，陈玥蕾译，上海：上海人民美术出版社，2008年，第 39 页。

国"。[1] 又如，1425 年创作的《圣三位一体》中，"祈祷的男女跪在一平台上，相互注视着。他们处在壁柱前，这样就不会占据耶稣受难发生的地方。他们是湿壁画的捐赠者，以一种相同于礼拜堂的神圣人物的比例而描绘的。男子像是一个地位显赫的市政官员。"[2] 除绘画外，还有雕塑艺术领域也包含了刻画凡人形象的记载。"13 世纪中期现实主义风格的顶峰作品是瑙姆堡主教堂西内坛上灵动逼人的雕像。在这段时期，宗教对世俗世界的渗透增强了，因为这些雕塑并非宗教人物雕像，而是 11 世纪教堂的创办人雕像。"[3] 在前文所举布拉格主教堂一例中，学者认定其为真实人物的肖像，原因是"因为这一组雕像中包括同代人的半身像，其中有一个雕像是承办此事的艺术家本人，……这很可能是我们所知道的第一个真正的艺术家的自制像。"[4] 事实是，除绘画及雕塑之外，作为这一现象的前奏，"捐赠者的画像很早就出现在彩绘玻璃窗上"。[5] 1150—1160 年间创作的彩色玻璃镶嵌画《摩西和燃烧的灌木》"上面绘制着彩色玻璃镶嵌画画家格拉克斯的画像。这幅画像既代表他是此画的制作者也表明他是出资创作玻璃窗的捐赠人"。[6] 约 1230 年创作的《亨利·曼墨斯菲尔德的画像》又是一例，赞助人"急于让后世人记住自己，……画像在礼拜堂里的彩色玻璃镶嵌画中出现了 24 次"。[7] 可见，无论是教堂壁画、雕塑，还是礼拜堂彩绘玻璃窗，都作为载体被赞助人

1　[比] 帕特里克·德·莱克：《解码西方名画》，丁宁译，北京：三联书店，2011 年，第 30 页。

2　[比] 帕特里克·德·莱克：《解码西方名画》，丁宁译，北京：三联书店，2011 年，第 20 页。

3　[英] 马丁·坎普：《牛津西方艺术史》，余君珉译，北京：外语教学与研究出版社，2009 年，第 105 页。

4　[英] 恩斯特·贡布里希：《艺术发展史》，范景中译，天津：天津人民美术出版社，2006 年，第 117—118 页。

5　[英] 马丁·坎普：《牛津西方艺术史》，余君珉译，北京：外语教学与研究出版社，2009 年，第 125 页。

6　[英] 马丁·坎普：《牛津西方艺术史》，余君珉译，北京：外语教学与研究出版社，2009 年，第 125 页。

7　[英] 马丁·坎普：《牛津西方艺术史》，余君珉译，北京：外语教学与研究出版社，2009 年，第 125 页。

及艺术家利用起来向神明表示虔敬之心，一时间成为普遍存在的艺术风尚。

目前大多数研究是为中世纪及文艺复兴美术史提供文献并进行史实考证，相对而言，忽视了欣赏者对此类艺术作品的审美心理的运作机制。事实上，不仅可以从图像志方法入手研究西方宗教画中凡人入画现象，还可以从审美心理学角度对其作出创新性分析。艺术家写生市井生活中普通妇女及婴孩的形象，作为圣像描绘的形象基础，使人的形象与神的形象实现了进一步的融合。这一方面抬高了凡人的地位，另一方面也令宗教艺术在图像形式上彻底走向了世俗化。从某种意义上说，凡人入画是对宗教神圣性的初步解构。但所谓"解构"对宗教艺术的发展未必无益。信徒在观看文艺复兴画家所描绘的圣像时，内心的仪式感并未削弱。这已被文艺复兴艺术的伟大成就所证实。值得思考的是，艺术再现理念的变革、绘画技巧的转变、视觉呈现的创新与传播接受的效果之间是何种关系？从画面形式上看，被再现对象越具有凡人特征，其神性就越薄弱，礼拜者主要通过光环、云朵、天使、十字架及某位圣徒身份的特定标识来获取艺术家要传递的叙事信息。但显然，相比拜占庭扁平风格的难以辨识被再现对象的面部特征甚至性别特征的圣像，文艺复兴运动中凡人入画的圣像反而更能激发信徒内心神圣的宗教情感，唤起信徒彼此之间的共鸣。这说明圣像的视觉呈现与观者内心的接受效果是有必然联系的。那么，如何从审美心理的角度解析这一关联性？

（三） 虚构的叙事与意图的实现

观赏绘画的行为附庸于宗教仪式感，无功利性的纯粹审美并非这一时期宗教肖像艺术的正解。既然绘画承载了特殊的祝祷目的，这一目的是如何达成的？确切地说，是如何在虚构意义上达成的？显然不是依靠巫术手段，而至多是一种心理安慰。这种仪式感的生成有赖于以肖像画作为道具的假扮游戏。"中世纪盛期的大部分绘画作品以及其他艺术创作，都是由大教堂的神职人员或者王公贵族们出资雇佣艺术家们创作的。这些王公贵族们也常常资助教堂的活动"。[1] 出资赞助的行为所获得的回报，便是其肖像出现在画作世界中，与圣母子及圣徒并置同一时空的荣幸。因着这样一幅肖像，赞助人、艺术家、观赏者皆成为假扮游戏者。赞助人怀抱着自愿相信画中虚构事实为真实的心理，交由艺术家进行游戏道具即画作的绘制，观赏画作的后代则必须遵守先人设定的规则，虔敬地瞻仰祖先的容貌，延续着祖先对神明的崇拜。贡布里希在分析《威尔顿双联画》时也谈及观赏此类画作所需要的假扮游戏心理，他指出，赞助人"若知道自身的某物就在一个静谧的教堂或礼拜堂里——通过一个艺术家的技艺，他的写真像被安置在那里，永远伴随着圣徒和天使，而且一直不停地祈祷——谁能说他心里就不觉得放点心呢？"[2] 对此，《牛津西方艺术史》中有一段更为细致的分析：

> 为了满足人们长期以来一直寻求与基督精神交流的渴望，中世纪后期兴起了一种新的画像。这种新的画像旨在帮助人们与基督建立一种新的个人交流。和罗马式风格时期的简略画像不同，这些刻画得血肉丰满的画像刻意地夸大了基督受难和对人类的真爱，为的是借此引起观者感情上的共鸣，并且唤起人的强烈想象力。这一倾向正是中世纪后期的宗教艺术的特点。……将这种引人入胜的想象空间发挥到极致，以至于人们在欣赏或者注视此画的时候都有一种类似朝圣的感觉。……本身就有一种与"圣礼"相似的性质，而一旦人们确信凝视它就会得到赦免和救赎，那么就更加深了对它们的朝拜。[3]

1　[英] 马丁·坎普：《牛津西方艺术史》，余君珉译，北京：外语教学与研究出版社，2009年，第132页。

2　[英] 恩斯特·贡布里希：《艺术发展史》，范景中译，天津：天津人民美术出版社，2006年，第119—120页。

3　[英] 马丁·坎普：《牛津西方艺术史》，余君珉译，北京：外语教学与研究出版社，2009年，第149页。

作者以"精神交流""个人交流""血肉丰满""感情""共鸣""想象力"
"想象空间""朝圣""圣礼""朝拜""赦免""救赎"等关键词简要勾勒
了中世纪后期宗教艺术的典型特征。这些关键词几乎全部都与艺术假扮
游戏有着内在关联。可从假扮游戏的角度出发对上述关键词作逐一
阐释。

　　首先是"精神交流""个人交流"。凡人入画的起因源于一种寻求与
基督精神交流的渴望。这种交流有两个基本特征,一是精神层面而非物
质性的;二是个体性的而非集体性的。所谓个体性,指的是艺术家所绘
虔诚信徒出现在神明身边时,呈现的是该赞助人可被辨识的固定性别、
年龄、样貌及服饰元素的自我形象。马萨乔为新圣玛丽亚教堂创作的
《三位一体》祭坛画的赞助人"可能是 luigi lenzi 和他的太太。画上的这
对夫妻正在'代表圣父、圣子、圣灵的三位一体'面前祈祷,祈求圣母
和圣・约翰使自己的灵魂获得永生"。[1] 这表示画上的男女信徒形象并非
可与任何男女匹配,而是经由赞助人、艺术家及观者共同认定的,这就
是赞助人夫妇本身。这种协同约定性就是以该祭坛画为道具的假扮游戏
的前提。

　　入画的赞助人与神明的精神交流是一种个体性的交流,还体现在神
明身侧特定圣徒的选择性描绘。"在 13 世纪,基督教更明确地诠释了人
类死后会在炼狱中因罪受罚的理念。……脱罪可以有许多方式,其中最
灵验有效的莫过于请求圣徒代为祈祷调解。"[2] 因而在画中描绘一位与赞
助人相关的圣徒便成为流行的风尚。通常,会有基督教经典文本中出现
过的一名圣徒与赞助人姓名或身份相对应,由这位作为守护神的圣徒将
入画的赞助人引荐给圣母子之后,赞助人方有资格向神明道出自己的祈
愿。因此,从作为守护神的圣徒形象的绘制,可见当时的赞助人虔诚到

1　[英]马丁・坎普:《牛津西方艺术史》,余君珉译,北京:外语教学与研究出版社,2009
　　年,第 162—163 页。

2　[英]马丁・坎普:《牛津西方艺术史》,余君珉译,北京:外语教学与研究出版社,2009
　　年,第 114 页。

何种程度，也可见出时人对这假扮游戏的严肃态度。让·富凯约 1452 年创作的《麦伦双联画》中，"圣婴用手指着左翼，那儿是捐赠人埃蒂安·谢瓦里埃，陪伴他的是圣斯蒂芬（'埃蒂安'在法语里就是斯蒂芬）。法国皇家财长的祈祷通过其守护神而通往玛利亚及其圣婴，他代表已故的妻子凯瑟琳·布德之灵向他们请求。"[1]

此外，与神明的精神交流并不是单向的一次性的行为。凡人入画的肖像完工之后，便具有了宗教效力。同代或后世前来瞻仰的信徒都可以之作为道具进行礼拜活动。比如，约 1307 年至 1312 年，一位名为彼得·德·迪恩的天主教修道院教士出资在约克大教堂的正殿制作纹章窗，其中绘制了他的跪像，下方写着"请为彼得·德·迪恩祈祷"的字样。[2] 在参与礼拜仪式时，观者望向画作中已入画与神明对话的先驱，肃然起敬并为之祈福。由此，画中的彼得·德·迪恩虽身为凡人，却具有了神性，成为普通信众与神明进行个体性精神交流的新媒介。原本是这场假扮游戏创设者的赞助人又多了一个游戏道具的新身份。

其次是"血肉丰满"。所谓"血肉丰满"的描绘，指的是写实风格。这暗示了多重含义，比如绘画技巧的改进、宗教艺术与现实生活的对接、时人审美趣味的改变、艺术家独立身份意识的觉醒，以及统治阶层对宗教主题造型艺术的影响力的重新把握等。然而，圣像的绘制并不是从一开始就追求写实风格的，正如前文所述，写实风格的圣像甚至一度是统治阶层批判、压制、惩罚的对象。

就绘画而言，以拉文纳的圣维托教堂为例，这座 6 世纪最重要的教堂中有一幅描绘了皇帝查士丁尼和皇后狄奥多拉的镶石贴画，同时还对宗教人物与圣经故事进行了图像叙事。值得注意的是，"体型拉长的抽

1　[比]帕特里克·德·莱克：《解码西方名画》，丁宁译，北京：三联书店，2011 年，第 56 页。

2　[英]马丁·坎普：《牛津西方艺术史》，余君珉译，北京：外语教学与研究出版社，2009 年，第 115 页。

象人像是对基督教人物和皇室成员的一种象征性描绘。而非自然主义的刻画。"[1] 这一审美风格到文艺复兴运动时发生了变化。"在文艺复兴时期，艺术的关注重点从天堂转移到了俗世，艺术家开始按照凡人特征描绘基督教圣人"。[2] 于是圣像不再扁平而缺失立体感，神明的面部及身形特征不再千篇一律，开始变得有血有肉，无限地接近凡人样貌。这一变革不仅是艺术史的重大转折，也是艺术家自觉地把握观赏者审美心理活动的历史性推进。

就雕塑而言，在再现人物形象时加入表现形式因素是从哥特式雕塑开始的。14 世纪"哥特式雕塑家在雕刻人物时，已经开始逐渐脱离固定风格化的抽象形式，向更强烈的自然主义和个人主义转变。"[3] 随便找一个人的形象作为模特描绘圣像已经不是艺术创作的最终目的。艺术家更希望通过带有个人情感的笔触塑造出有鲜明脾性与情绪的人物形象，使图像更具有叙事性。先天地有别于二维平面绘画，三维立体的雕塑作品本就更容易作为假扮游戏的道具唤起观者对被再现对象的充分想象。有血有肉且富于张力的人物肌体，慈爱、喜悦或惊讶的面部表情，更为圣经故事的传播提供了直观生动的感性素材。

因此，这"血肉丰满"实质上是凡人入画思潮下假扮游戏创设者对道具的改良，目的是提升观者想象的质量，以便在更为充分的意义上展开假扮游戏，在更为立体的艺术体验中获取更丰沛的审美情感。

再次是"想象力""想象空间"。圣像画作为道具引发观者与神明交流的渴望与虔敬，前提是视觉感知，关键在想象力。视觉感知与想象力的发挥是先后相继的关系。逼真的视觉效果令观者更快速充分地将自我代入画作世界。因而"血肉丰满"的描绘方式逐渐被认可。文艺复兴艺

1　[美] 帕特里克·弗兰克：《视觉艺术史》，陈玥蕾译，上海：上海人民美术出版社，2008年，第 30—31 页。

2　[美] 帕特里克·弗兰克：《视觉艺术史》，陈玥蕾译，上海：上海人民美术出版社，2008年，第 40 页。

3　[美] 帕特里克·弗兰克：《视觉艺术史》，陈玥蕾译，上海：上海人民美术出版社，2008年，第 31 页。

术家为提升视觉感知效果，使被再现对象与画中人物形象更加匹配，研究了许多创新性的绘画技巧，使用了新式画具与颜料，以求更为形似。除作为画面主体部分的人物样貌神态本身之外，阿尔伯蒂还创建了新透视法，目的是"尽可能缩小观察者眼中的真实空间和画上的空间之间的差别"。[1] 这些进步对凡人入画的画作及在此基础上的与神明的精神交流都提供了新的支撑。

汉斯·梅姆林创作于 1487 年的《马丁·凡·纽文霍维的双联画》看上去令人倍感亲切，因其"将圣母子放在与祈祷的捐赠者同一时代的空间里。……玛利亚是从正面表现的严肃形象，而画作捐赠者则是四分之三的侧面像。这一作品见证了 23 岁的马丁·凡·纽文霍维的虔诚，他在这里名垂千古。"[2] 15 世纪的画家善用镜面在前后两个维度上双向拓展画面世界的空间，梅姆林此画作也使用了这一巧妙的技法。赞助人纽文霍维的形象与圣母子的形象虽在两个不同画板之上，却同处一个虚构世界。圣母为正面像，显示出身为神明的威严；赞助人为半侧面像，显示出身为信徒的虔诚。与永恒化身的神明共处，该信徒及其虔诚的信仰也得以名垂千古。这种画面编排的构思无疑在视觉上为观者顺利使用想象力进入虚构世界的假扮游戏提供了极大帮助。除构图外，画家高超的写实技巧使被再现对象以尽可能逼真的形象呈现，也是辅助观者将想象效果发挥到极致的一大因素。最为著名的例如乔托，"他能够造成错觉，仿佛宗教故事就在我们眼前发生，……我们好像亲眼看到真实事件的发生，跟事件在舞台上演出时一样。"[3] 另一幅著名的肖像画也给人同样的视觉感受。让·富凯约 1450 年创作的《法兰西国王查理七世的宝物管理官埃蒂安纳·谢瓦里埃和圣司提反》中，"圣徒保护着正在跪着

1　［英］马丁·坎普：《牛津西方艺术史》，余君珉译，北京：外语教学与研究出版社，2009
　　年，第 162 页。
2　［比］帕特里克·德·莱克：《解码西方名画》，丁宁译，北京：三联书店，2011 年，第 74—
　　75 页。
3　［英］恩斯特·贡布里希：《艺术发展史》，范景中译，天津：天津人民美术出版社，2006
　　年，第 110 页。

做祈祷的供养人的形象。……这些雕像般的、平静的人物如同站在真实的空间里一样"。[1]

　　画家之所以要营造逼真的视觉效果,在当时的语境下,显然是出于宗教目的。正如米兰的圣玛丽亚慈悲修道院的《最后的晚餐》,占据了修道士餐厅整面墙的尺幅。画家依照长方形的大堂空间及餐桌摆放的朝向,对画作结构进行了巧具匠心的奇思妙想。修道士在用餐时抬头可见基督及其圣徒用餐的场景。"这个宗教故事以前从来没有那么接近、那么逼真地出现在面前。那仿佛是在他们的大厅之外又增添了另一个大厅,最后的晚餐就以可感可触的真实的形式出现在那里"。[2]使修道士为其逼真的描绘技法感到惊讶尚在其次,该壁画的效力首先表现为,在心理层面达成了宗教壁画的目的。不论对当时的修道士而言,还是对现如今的普通信众或无宗教信仰的游览者而言,画家所布设的令人心生虔敬的途径都是以该壁画作为道具的假扮游戏。但在围绕这一作品展开的假扮游戏中,与以往不同的是由画中向画外世界蔓延的叙事性,连同画外的实物餐桌及用餐者,都成了整个游戏的组成部分。有趣的是,在这一构思下,入画而居的凡人不再是单个赞助人,而是坐在餐桌前与壁画中的宗教人物一同用餐的任何人。这场假扮游戏不再是局限于画中世界与想象活动中的虚拟的、静态的体验,而是引入了实在因素的动态性的共享体验。

　　第四,是"朝圣""圣礼""朝拜"。这是凡人入画现象的相关阐释中与原始先民巫术礼仪联系最为密切的关键词。事实上,也从更为深刻的角度揭示了这一现象的存在渊源。不可否认的是,凡人入画现象不仅同样涉及生死、祸福,也涉及祈求、感应的行为途径,还与仪式感等精神情绪相关。如前文所述,13、14 世纪流行的死后炼狱受罚说极大地促

1　[英]恩斯特·贡布里希:《艺术发展史》,范景中译,天津:天津人民美术出版社,2006年,第149—150页。

2　[英]恩斯特·贡布里希:《艺术发展史》,范景中译,天津:天津人民美术出版社,2006年,第162页。

生了生前通过各种途径赎罪的愿望。

扬·凡·爱克的《朝拜神秘的羔羊》约创作于1425—1433年，画家将赞助人朱多库斯·凡伊德和伊丽莎白·博鲁特"希望死后每天都有弥撒，永远地'赞美上帝、圣母和所有的圣徒'"的愿望巧妙地绘制在画中。"此画板显现的就是这种教义的核心：人口稠密的天国里，所有的圣徒正在朝拜上帝的圣体羔羊。"[1] 参加圣礼、朝见神明、顶礼膜拜等一系列的举动在宗教信仰的语境下都是约定俗成的。这是假扮游戏得以展开的前提，正如一切远古时代至今的大小仪礼一样，都需要全体参与者心甘情愿地以严肃姿态融入这项活动的特殊氛围。关于假扮游戏参与者的严肃态度，赫伊津哈、贡布里希、沃尔顿等人皆有著述，前文已论，不再赘述。

此外，还有"赦免""救赎"。虽然强调人的价值，宗教仍然是文艺复兴运动最重要的主题之一，圣母子及圣徒也依然是中世纪至文艺复兴以来最主要的被再现对象。在人的意识觉醒的时代，中世纪的思维模式仍具有强大惯性，深刻地影响着各阶层人士的价值观与行为活动。因而中世纪与文艺复兴之间不是断裂的关系。这一点于凡人入画的现象得到了证实。一方面，文艺复兴运动强调人有别于神的自我价值与独立地位，另一方面，却又将展现人的价值的载体寄托于宗教主题艺术之上。就这一有趣的矛盾，贡布里希指出，"文艺复兴艺术家把主要精力集中在创作传统的宗教题材而不是非宗教题材上。……他们还很关心拯救自己。他们捐资建造礼拜堂和祭坛，他们很担心，如果他们有罪孽，会受到什么样的报应。"[2] 可见，谈及黑暗时代与文艺复兴的差别，不是对宗教的虔诚或反抗，而在于是否允许将神明描绘为凡人形象。维系二者的内在线索既是历史的，又是信仰的，归根到底是一种渴盼救赎的宗教

1　[比]帕特里克·德·莱克：《解码西方名画》，丁宁译，北京：三联书店，2011年，第26页。

2　[英]贡布里希：《文艺复兴：西方艺术的伟大时代》，李本正、范景中编选，杭州：中国美术学院出版社，2000年，第10—11页。

情感。

由于 13 世纪时基督教关于死后炼狱受罚的教义被广泛接受，信徒在生前千方百计地找寻赎罪的方法以得到拯救。例如最有名的圣餐变体论，在教堂礼拜仪式中，信徒接过面饼及红酒，便是在假扮游戏的意义上接过了耶稣基督的肉和血，并通过这一方式得到救赎。此外，出资赞助艺术家将自我形象与圣母子或圣徒描绘在同一画面中也是当时认可度较高的救赎途径。类似于早先《威尔顿双联画》的便携式肖像，既有助于信徒随时随地的祝祷，又确保赞助人可以随时随地得到救赎。碍于财力有限，这并不像领圣餐得救赎一样，是所有信徒都可以借助的方式。但与修建歌祷堂、礼拜堂、大教堂相比，价格较为实惠的圣像画及彩色镶嵌玻璃窗"作为一种特效'祈祷赎罪'的媒介在富有的世俗信徒和神职人士中非常盛行"。[1] 因此，凡人入画的途径在 13、14 世纪还是有一定市场的。从贡布里希上述观点来看，赎罪求拯救的心理及凡人入画的救赎途径延续至文艺复兴仍未告罢。

此外，还有"感情"与"共鸣"这两个关键词。它们不是独立的，而是出现在上述每一个阶段中，广泛地存在着，依附于想象行为、仪式感或救赎的目的。它可以是虔诚的宗教情感，也可以是为了便于理解当时的历史语境，后世的当代人在观看画作时所还原的宗教情感。可见，历史跨越千年，以凡人入画的画作为道具的假扮游戏依然有助于欣赏者深刻地理解中世纪至文艺复兴时期的宗教主题绘画艺术的意义内涵及存在价值。

以赞助人之名进行肖像布设，不仅是一种商业化的运作，同时也促成了一种身份的挪用与转化，赋予了入画的凡人以类神的地位。赞助人可分两类，一是商贾等平民信徒作为赞助人的自我形象入画，与神明共处同一时空。二是将有权势的王公贵族的形象作为神明绘入画中，在假

1　[英] 马丁·坎普：《牛津西方艺术史》，余君珉译，北京：外语教学与研究出版社，2009年，第 115 页。

扮意义上成为神明本尊。前者存在较为普遍，后者虽不常见，但早在 6 世纪便已出现。如前例拉文纳的圣维托教堂的镶石贴画上，"查士丁尼和狄奥多拉的头顶都有一圈光晕（类似于基督和玛丽亚），同时两人又身穿皇家服装、佩戴皇家珠宝。"[1] 这一例子便不仅是凡人入画，更是变装肖像。究其原因，这一现象与"当时宗教、政治合一的权力体制"有密切关联。[2] 皇族虽为凡人，却贵为上层统治者，因而享有更多的特权。在具有自我布设性的宗教绘画构思中，帝王以何种形象出现，不仅是对其样貌的描摹记录，也是对其与神明之间地位关系的诠释。因此，帝王作为凡人入画时，享有更为自由的虚构叙事空间及更为多样化的布设可能性。

二、 作为"假扮游戏"的《胤禛行乐图》与自我布设

（一） 别样帝王像：皇室形象的自我布设问题

自中世纪至文艺复兴，西方艺术史上断续地出现了帝王化身基督等宗教神明形象的现象。帝王及其亲眷入画时保留了具有辨识度的样貌特征，同时被附加了宗教画传统中属于神的象征性元素，例如头顶光晕。此类画作属于变装肖像，既记录了帝王帝后及皇室子嗣的样貌，具有历史档案性，又变换了统治者在画作虚构世界中的身份，使之在虚构意义上具有了神性。如上文所述，较早的案例是 6 世纪拉文纳的圣维托教堂的石质镶嵌贴画。将自我描绘为异时空中的他者，是帝王委托画师进行变装肖像创作的基本模式。由于政教合一体制及宗教信仰的根深蒂固，西方帝王变装肖像往往具有宗教性。据《牛津西方艺术史》记载，公元 313 年后，"基督教徒和帝王画像之间的彼此影响和渗透越发加深。画

1　[美]帕特里克·弗兰克：《视觉艺术史》，陈玥蕾译，上海：上海人民美术出版社，2008年，第 30 页。
2　[美]帕特里克·弗兰克：《视觉艺术史》，陈玥蕾译，上海：上海人民美术出版社，2008年，第 30—31 页。

像的装束越来越接近基督教徒，而基督和教会的图像则被抹上一缕帝王般的庄严。最能表现罗马教会至高无上地位的是名为《法律让渡》的绘画。在这幅画中，基督被公开塑造成皇帝的形象……"[1] 将凡人肉身的帝王样貌与永生神圣的基督形象对等的图像叙事模式流行并流传之后，形成了帝王宗教变装像的传统。这一传统带来一种恐慌，基督教教义所描述的"道成肉身"竟有了转化为"肉身成道"的危险。一方面，这一变装肖像令人憧憬着凡人入画则得以永生，另一方面，又有使观者膜拜凡人帝王而非基督神明的趋势。公元 726 年，拜占庭皇帝利奥三世发起了圣像破坏运动，捣毁一切以凡人样貌描绘圣母子及圣徒的作品。这一运动愈演愈烈，证实了上述恐慌的存在。但在公元 843 年，圣像破坏运动暂告一段落，统治阶层重新允许圣像的合法存在。"禁止圣像的运动在某种程度上又促进了圣像崇拜者对非宗教艺术的兴趣。"[2] 这场运动的发起与结束实质上说明了各阶层信徒期待借助绘画实现救赎、祈福、永生等目的的渴望是何等强烈。

这一渴望对帝王而言更甚。解禁后，帝王宗教变装肖像或皇室成员入画与圣母子及圣徒并处同一时空的作品大量涌现。在《巴黎的格雷戈里教皇》中，约创作于 880—883 年的扉页画《以西结的预言》描绘了巴兹尔一世及其亲眷。[3] 约创作于 11 世纪下半叶的画作《皇帝尼斯福鲁斯三世和圣·约翰·克利索斯图莫斯以及天使长迈克》更进一步地具有了鲜明的叙事性，尼斯福鲁斯三世在画中不仅与大天使共处同一时空，还被生动地描绘为接受或是赠予圣徒书籍。[4]

显然，帝王变装像具有沃尔顿所提出的"假扮游戏"的属性。事实

1　[英] 马丁·坎普：《牛津西方艺术史》，余君珉译，北京：外语教学与研究出版社，2009年，第 74 页。

2　邵大箴、奚静之：《欧洲绘画史》，上海：上海人民美术出版社，2009 年，第 36 页。

3　[英] 马丁·坎普：《牛津西方艺术史》，余君珉译，北京：外语教学与研究出版社，2009年，第 86 页。

4　[英] 马丁·坎普：《牛津西方艺术史》，余君珉译，北京：外语教学与研究出版社，2009年，第 87 页。

上，在假扮游戏心理上转换自我身份实现虚构叙事的肖像艺术并非西方独有。从广义上讲，中国古代人物绘画也具有一定的自我布设性。以绘画作为道具展开的假扮游戏虽是图像艺术，却常常配以诗文的文学叙事形式。从狭义上讲，与西方肖像画的布设性直接对应的，是清代帝王像尤其是雍正帝及乾隆帝的行乐图肖像。

《胤禛行乐图》中包含了几十幅极具故事性的肖像画作，是雍正帝[1]进行自我布设的假扮游戏的典型代表。《胤禛行乐图》现收藏于北京故宫博物院，包括《杖挑蒲团》《溪头垂钓》《洋装伏虎》《竹林抚琴》《执弓视雀》《道服见龙》《秋林观水》《山野题壁》《岩窟修行》《水畔观瀑》《临海观涛》《仙桃戏猿》《与兔共憩》。[2] 该系列画作具有图像叙事性，画中的胤禛多以隐士、官员、平民、和尚、道士乃至洋人的形象出现。不论化身何人，都是为了区别于皇室身份。在此类变装肖像中，遵照被再现对象本人的想象与意愿，画师将其描绘成现实生活中难以见到的虚构样貌。在周边动植物、建筑物及陪同角色的搭配下，身着特定含义指向服饰的胤禛便在虚构世界中走出皇宫，暂时搁置皇室身份，化身成为民间的儒者、高僧、渔翁、猎人、道士等。每每观赏这组具有神秘色彩的画作，他便可在想像中逃逸于王宫之外，纵情山水或置身异域，好不乐哉。在现实世界中，皇室的身份是无法抛却的，这是胤禛及画师都清楚的。但偶尔在观画时跳脱出世事纷扰，获取他者身份，正如戏本中人物游历传奇一番，便是一种假扮游戏带来的艺术审美之趣了。巫鸿在研究《平安春信图》的扮装问题时谈到：

> 《平安春信图》不是这类"御容"肖像画。……这幅及类似的
> 清代帝王像一般被称作"行乐图"。……这两个满族君王把自己表

1　因目前学界尚未确定相关图像的具体创作时间为胤禛即位前还是即位后，对其帝王身份问题此处暂悬搁不论，仅从审美欣赏的角度进行分析。引文中出现"雍正""雍正皇帝"等相关语词时，不再单独说明或修改，直引原文。

2　邓雪萍：《〈雍正洋装伏虎图〉研究》，载《西北美术》，2014年第2期，第100—102页。

现成中国文化的代表，通过传统的中国象征符号（尤其是松和竹）彰显出儒家的价值观念。因此，这两位满族皇帝的"扮装"实际上否认了满族作为入侵外族攫取中国文化的形象，建立了他们占有并掌控中国文化传统的合法性。[1]

如前所述，意大利文艺复兴时期非皇室出身的商贾也有资格捐赠艺术家委托作画。但皇室委托创作的变装肖像所寄托的意图显然不只是平民的祈福如此简单，而是包含着被再现对象身为统治阶层的特殊性。在该变装肖像的审美接受与后世传播过程中，必然承载着特定价值观的宣扬与教化功能。中国古代皇室的变装肖像亦然。与西方帝王宗教变装像包含着政教合一的目的相类似，清代帝王在《平安春信图》中进行自我形象布设时，也包含着鲜明的意识形态目的。中国传统文化既然是淡宗教文化，政治伦理的因素自然占据主导，成为文化的核心价值。确切地说，《平安春信图》作为清代帝王的变装肖像，并不只是画给帝王自己看的，也要使大臣尤其是汉族被统治者看到。正如西方帝王宗教变装肖像所强调的君权神授内涵一样。这幅变装肖像中的二位人物并非满族打扮，而是汉族儒者的形象；其身侧的松竹等意象也是汉族文化传统中比德君子高尚气节的象征物。这些符号所传达的信息是，清军入关攫取政权并接管一切思想文化事务的行为是正当的，当朝统治者正在努力融合满汉文化，使古人文脉不至于断裂。

可见，类似《平安春信图》与《胤禛行乐图册》等作品虽为皇室变装肖像画，却具有极强的叙事性，蕴含着丰富的解读信息。与一般的世俗画或山水画不同，在此类变装肖像画的创作过程中进行图像叙事的并非艺术家，而是被再现的皇室成员。在画中进行自我形象布设的他们好似讲故事的人，以第一人称展开虚构性的叙事。每每构思一幅行乐图变装像，胤禛

1　巫鸿：《时空中的美术》，梅玫、肖铁、施杰等译，北京：三联书店，2016 年，第 362—363 页。

都要慎重考虑应如何重塑自我形象，其中传达了何种价值观念、人生理想及审美趣味。因而，将胤禛称之为编剧、导演、演员、剧务的集合也不为过。该册页及其它行乐图作品是研究胤禛其人的重要历史文献依据。

（二）帝王的"卧游"：作为假扮游戏道具的诗与画

变装并非胤禛在行乐图中展开自我布设的最终目的。变装肖像只是其展开假扮游戏的道具。而这一假扮游戏的最终目的，当是徜徉于画中世界的审美想象带来的愉悦感。于是，行乐图便是胤禛的高级艺术玩具，是临画卧游的视觉平台。有学者认为，他常年深居宫内勤于朝政，"行乐图似乎是缓解其工作强度的一种艺术方式"。[1] 同时，由于皇帝极少外出，又要满足游履需求，其所兴建的皇家园林需要大量行乐图作为内部装饰，以便使之成为"雍正放松怡情的地方"。[2] 也有学者认为，就创作意图而言，《胤禛行乐图》"更能体现雍正身为皇帝又试图摆脱世俗琐事的矛盾心理。"[3] 行乐图恰好为之提供轻松愉悦的想象空间，以达成暂时超脱的目的，自然是解压必备。可以说，创作此类变装肖像正如叙事文学创造的可能世界（possible world）。这些可能世界与帝王实际存在的时空是平行并列的，虽具有极大的虚构性，却也有存在的合理根源与阐释依据。当帝王展卷观画时，平行世界便在眼前铺开延展。临画而入，卧以游之，乘兴而回归于现实，才是以行乐图为道具的假扮游戏所要达成的审美体验。

有学者指出，康熙末年九子夺嫡时，"胤禛摆出了十足的'富贵闲人'的姿态给人以无心问鼎帝位的假象，俨然一位坦荡光明、遗世独立

1　龚之允：《〈雍正皇帝行乐图册·刺虎〉与郎世宁》，载《中国美术研究》，2014 年第 2 期，第 107—111 + 154 页。

2　龚之允：《〈雍正皇帝行乐图册·刺虎〉与郎世宁》，载《中国美术研究》，2014 年第 2 期，第 107—111 + 154 页。

3　龚之允：《〈雍正皇帝行乐图册·刺虎〉与郎世宁》，载《中国美术研究》，2014 年第 2 期，第 107—111 + 154 页。

的谦谦君子"。[1] 看来他对自我形象进行虚构布设的技能早已娴熟。行乐图的描绘或许包含着掩人耳目的色彩，如今不可完全排除。但无论行乐图的政治目的如何，都不妨碍从"卧游"及假扮游戏的角度对其进行接受美学意义上的阐释。

以"卧游"式的审美接受为途径，中国古代文人将之运用于诗歌、音乐、戏曲等艺术的鉴赏活动中。尤其对于山水画与题画诗而言，"卧游"自是最理想的审美接受方式。而胤禛也正是利用了诗画同源的关系，在《胤禛行乐图册》中以图像方式再现了《悦心集》所选诗句，尤其是以田园之乐为主题的卷一部分。关于这一问题，已有不少研究成果。例如有学者认为，"《雍正行乐图》是阁像化了的《悦心集》"，[2] "画中的每个景致皆可找出意境极为相似的诗句典故与之相配，且多出自于《悦心集》一书。"[3] 故宫博物院官网在向海内外受众推介该册页的全部作品时，明确指出，"雍正皇帝的很多行乐图和文集——《悦心集》中诗文的内容和意境完全一致"。[4] 中国古代题画诗往往是后于绘画而作，而雍正登基前选录的《悦心集》诗文是先于《胤禛行乐图》编纂的，因而不算严格意义上的题画诗。前者由雍正亲自编选，后者由雍正出镜演绎，《胤禛行乐图》可称得上是《悦心集》的诗配图。

姑且不从文献角度论《胤禛行乐图册》与《悦心集》究竟是何关系，从审美维度上观之，二者在胤禛变装肖像的假扮游戏中都充当了道具的角色。观赏行乐图册页的视觉审美体验仿佛参与一种仪式，通过假扮行为获取艺术游戏的审美愉悦。有学者认为，"这种'扮演'更主要的还是意在通过仪式体现宗教情感。勤勉为君的雍正

---

1 邓雪萍：《〈雍正洋装伏虎图〉研究》，载《西北美术》，2014 年第 2 期，第 100—102 页。
2 邓雪萍：《〈雍正洋装伏虎图〉研究》，载《西北美术》，2014 年第 2 期，第 100—102 页。
3 徐瑾：《雍正的审美——故宫馆藏〈清人绘胤禛行乐图像册〉精品赏析》，载《金融博览（财富）》，2012 年第 1 期，第 70—73 页。
4 参见 URL：https：//www. dpm. org. cn/collection/paint/231807. html。

皇帝虽未必有大把的时间亲身实践，却能轻而易举地通过御用画师的生花妙笔，将理想中的自己定格于时空之中，展现在自己及后世眼前。"[1] 回溯艺术发展历程，这种仪式感最早可追溯至远古先民的巫舞仪式。如前所述，贡布里希在阐释凡人入画的肖像创作活动时曾指出，"大概在'供养人'肖像这个习俗之中还保存着一些类似于图像有魔力的古老看法，使我们想起这些信仰多么顽固，艺术还在摇篮时期我们就见识过。"[2] 艺术摇篮时期指的是艺术起源阶段，远古先民借绘画施展巫术，认为图像有魔力。但在原始迷信的狂热消退，历史行进至宗教信仰阶段之后，图像有魔力的观念依然在精神文化深层延续并影响着艺术创作的意图。虽跨越时空有所差异，行乐图的绘制也可唤起类似的仪式感。这种仪式感是作为假扮游戏的"卧游"展开的前提。胤禛在望向行乐图的虚构世界时，暂时地假装相信自己正在神秘异域化身他者，投身此生未必会从事的事业，抛却现世烦恼，达到平和心境。毕竟作为人，他只能接受自己作为皇室成员的特殊身份，即便对自我身份偶作他想，也只得依靠卧游于行乐图中来寻求慰藉、弥补遗憾。"卧游"的仪式正如道家所倡导的心斋坐忘、虚极静笃，皆是澄怀观道的心灵修行。

中西方帝王变装肖像皆包含假扮游戏的成分。二者都是以绘画作为载体，实现了某种宗教信仰或政治统治的功利性目的。可以说，这与上古绘画作为祈愿载体的艺术起源基因是一致的，即艺术都是有所求的。所谓"有所求"，是指以艺为舟，有所寄托。这一寄托或为人生理想、政治抱负、宗教祈福，或为审美取向、艺术品位、生活乐趣。中国古而有托物言志、寄情于景的传统，由这一传统又建构了宗炳所谓"卧游"的观画方式，被历朝历代文人所推崇并实践。清代帝王出身的民族文化本非以汉代儒道传统为宗，却十分敬重并尽力延续推广汉文化，尤其是

1　邓雪萍：《雍正洋装伏虎图》研究，载《西北美术》，2014 年第 2 期，第 100—102 页。
2　[英] 恩斯特·贡布里希：《艺术发展史》，范景中译，天津：天津人民美术出版社，2006 年，第 119—120 页。

对中国传统审美文化的趣味把握得很到位。但严谨地说，以中西方帝王变装肖像为道具的假扮游戏有本质区别。宗教主题肖像被创作的当时，帝王赞助画师进行变装肖像的创作，很大程度上还是出于宗教信仰的虔敬性。虽也包含一定程度的想象性与虚构性，该项艺术活动的参与者还是期待所绘愿景在死后能够成为真实，而非仅停留在虚构层面上。但对于清代皇室变装肖像而言，画师及皇帝都清楚地知晓放弃皇族身份真正地转变为画中的平民、文人、猎户是不可能实现的。因而，后者的假扮游戏性的纯度更高。

（三） 平行世界与彼岸世界

中西方帝王变装肖像是艺术史上的两个看似相仿却截然不同的有趣现象。自中世纪至文艺复兴的西方宗教画中，帝王被描绘为基督出现在画面中；而清朝皇帝被描绘为普通文人或百姓的形象。前者是抬高君主的地位，使之具有神明或神明代言人的身份；后者则是暂时搁置或隐藏君权神授的天子身份，使之在画作世界中虚拟性地成为平民、士人，或这位君主想要成为的一切形象。造成这一差别的原因，盖在中西方传统文化所倡导的价值取向有异。正如李泽厚先生所论，"中国人喜欢讲的是这种回归自然却仍然是在这个世界中的心境超脱，而不舍弃身体追求灵魂离开肉体到另一个世界的超越"。[1] 西方文化是此岸与彼岸两个世界的罪感文化，基督教认定人生而有罪，生前赎罪而死后享乐是其基本叙事模式。帝王被描绘为基督的现象实质上是要确保其死后得以飞升天堂。而中国文化是一个世界的乐感文化，古代文人追求岁月静好的现世安稳，纵情于山巅水涯，乐而忘返。梁漱溟先生认为，"中国自有孔子以来，便受其影响，走上以道德代宗教之路"。[2] 中国古代文化属于淡宗教文化。伦理与礼乐

---

1   李泽厚：《由巫到礼释礼归仁》，北京：三联书店，2015 年，第 100 页。
2   梁漱溟：《中国文化的命运》，北京：中信出版社，2016 年，第 51 页。

"无事乎宗教"。[1] 因此，是否包含宗教信仰的色彩是造成中西方艺术创作倾向差异的原因之一。

举例而言，从传统园林建造理念上看，上述观点所言不虚。中国古代皇家园林造园素有"一池三山"模式。事实上，由于造园家掇山理水的行为只是营造壶中天地，其缩微的"山""海""岛"多为人工所作，面积再宏阔，尺寸再庞大，也并非真实生成的高山流水景致。因而园林的形态具有一定的再现性，也就意味着其具有一定的虚构性。帝王游览其中，登上仙岛，拜访仙人，也是一种假扮游戏。帝王求仙问道的目的在于觅得长生不老的奥秘，而不是为死后争取一个理想的归属。再如古代帝陵中的陪葬器具及墓室修建，多以帝王在世时的规格设计，使之在死后仍像生前一样享受荣华富贵。由此可见古人对现世安稳的重视程度，正如孔子答季路问鬼神时所云"未能事人，焉能事鬼""未知生，焉知死"。

既然不是此岸与彼岸的关系，中国古代文人寄托理想并暂时超脱现实的虚拟环境就是一种平行世界。晋代陶潜所构建的"桃花源"便是经典的平行世界。桃花源不存在于死后的彼岸世界，而是置于现世之中，可遇而不可求的一处时空。单从"行乐"一词便可见出，胤禛所追求的也是现世安稳，而非彼岸飞升，人生在世的快乐比死后的归属更重要。他在画中意欲建构的也不过是短暂而虚构的"桃花源"，并不似西方帝王一般，要在画中寄托何种巫术。有学者在阐释《雍正十二月行乐图》时指出，"雍正所期待的理想化的内心世界——'桃花源'也便不再表现出常规范式，而是赋予文士题材新的一种文化意象。因此，《雍正十二月行乐图》便是利用此种范式以达到雍正所向往的、其心外化之后的'桃花源'。"[2] 虽在变装行乐图中历经各种幻象，画外胤禛的意识还是清醒的，因此临画卧游的游戏性便胜过了巫术性或宗教性。行乐图中的虚构世界是现实人生的平行世界，讲述的是在世的故事；而非描绘超越此岸的天

1　梁漱溟：《中国文化的命运》，北京：中信出版社，2016年，第54页。
2　叶长琦：《文士的同质与"桃花源"的构建——解读〈雍正十二月行乐图〉》，载《文物鉴定与鉴赏》，2019年第3期，第44页。

堂，讲述死后的故事。观画人也不指望借由几幅肖像画，日日望画祈祷，便可不切实际地达成愿望。创作主体并未赋予画作以过分贪婪的祈求，行乐图因而不似西方帝王肖像般具有圣像的性质，只是假扮游戏而已。

清代帝王变装肖像的出现未必是中国本土原生的结果，或与西洋画家来朝后的影响有关，有些甚至正是出自西洋画家之手，最为著名的当属郎世宁。因此，也可将之视为中西绘画交流的一例佐证。纵观中国古代艺术史，不仅统治阶层意识到变装像的审美价值，也有平民出身的文人及画师借助再现艺术短暂地在虚构意义上进行变装，实现自我身份的抽离与跳脱。这种虚构身份的挪用与转化，满足了古人的浪漫幻想。变装肖像以戏仿的、假扮的、叙事性的手法延续了艺术自远古巫术中起源时携带的假扮游戏基因，建构了艺术史上的假扮游戏模式。

以艺术形式作为载体，托物言志，寓情于景，进而不下堂筵，云游幻境，这是中国古代文人惯用的高雅消遣方式。在众多艺术形式中，绘画因其图像的再现性、直观性、生动性及易于保存的物质形态而备受喜爱。在诸多画种之中，山水画尤以长于环境叙事而最常被使用。既有学术研究成果中，作为山水画观画方式的"卧游"及其审美特征已被较为透彻地阐释。以《胤禛行乐图》为代表的皇室变装肖像也呈现一种虚构环境叙事，却鲜见从"卧游"的观画方式对其假扮游戏性进行论述的成果。而今观之，此类行乐图不失为阐释"卧游"观画方式的极有价值的文献。从假扮游戏论的角度入手，"卧游"一词及其所代表的中国传统观画方式值得深入研究。

第四节 "卧游"与中国的假扮游戏

（一）"卧游"释义

知名艺术公众号"意外艺术"曾发布过一条原创视频，在动态《富春山居图》逐步展开画卷的过程中，主持人进入画中寻访画家及其所绘一众人物，并遍览画中景色。这一观者入画而游的创意令观众耳目一新，实则由来已久，可将之视为中国传统观画方式的延续，是向"卧游"这一中国传统观画方式的致敬。"卧游"作为中国传统身心合一审美体验习惯的典范，或可成为与西方当代身体美学、环境美学等前沿研究进行中西对话的理论生长点。实现这一对话的前提是，以当代美学的学术话语重构"卧游"范畴的内涵，并于此立足，观照中国古人的观画方式。

南朝宋文人宗炳是首位以理论阐释"卧游"观画方式的画家及画论家。《宋书·列传第五十三》记载他"好山水，爱远游，西陟荆、巫，南登衡岳，因结宇居衡山，欲怀尚平之志。有疾还江陵，叹曰：'老疾俱至，名山恐难遍睹，唯当澄怀观道，卧以游之'。凡所游履，皆图之于室，谓人曰：'抚琴动操，欲令众山皆响'"。[1] 绘所游之山川于家中墙壁，坐卧其间仿若置身山巅水涯，便是宗炳所向往的"卧游"生活。他在《画山水序》中细致描述了这一审美体验："闲居理气，拂觞鸣琴，披图幽对，坐究四荒，不违天励之丛，独应无人之野。峰岫峣嶷，云林森眇"，[2] 并认为"卧游"旨在"万趣融其神思，……畅神而已"。[3] 上述资料是目前古典文献中关于"卧游"二字内涵释义的基本来源。

自宗炳提出"卧游"这一观画方式之后，多有文人效仿承继。一方面，画论中常出现"卧游"之思。譬如郭熙有云："林泉之志，烟霞之侣，梦寐在焉，耳目断绝。今得妙手，郁然出之，不下堂筵，坐穷泉壑；猿声鸟啼，依约在耳；山光水色，滉漾夺目。此岂不快人意，实获我心哉？此世之所以贵夫画山水本意也"。[4] 观者在堂筵

1　许嘉璐主编：《二十四史全译·宋书·卷九十三·列传第五十三·宗炳》，上海：汉语大词典出版社，2004年，第1925页。

2　（南朝宋）宗炳：《画山水序》，见周积寅：《中国历代画论》（上编），南京：江苏美术出版社，2013年，第286页。

3　（南朝宋）宗炳：《画山水序》，见周积寅：《中国历代画论》（上编），南京：江苏美术出版社，2013年，第286页。

4　（北宋）郭熙、郭思：《林泉高致·山水训》，见周积寅：《中国历代画论》（上编），南京：江苏美术出版社，2013年，第243页。

之上展卷即可饱览泉壑之清澈通透，仿佛耳边真切地听取鸟鸣空灵与猿声一片，山光葱翠入眼、水波粼粼闪烁。又如董其昌也是"卧游"思想的履践者，尝置画于案头，"日夕游于枕烟廷、涤烦矶、竹里馆、茱萸沜中"，[1] 并言"余家之画可园"[2] 而乐居于画中；又购得巨然《松阴论古图》"悬之画禅室，合乐以享同观者"，[3] 对之参禅悟道。董论范宽山水时，"凝坐观之，云烟忽生。……每对之，不知身在千岩万壑中"；[4] 又说"古人论画有云，下笔便有凹凸之形，……虽不能至，庶几效之，得其百一，便足自老，以游丘壑间矣"，[5] 无一不渗透着"卧游"之思。

　　另一方面，文人常用"卧游"命名画集或山水诗文集。譬如吕祖谦的《卧游录》、陈继儒的《卧游清福编序》、沈周的《卧游图》、李流芳的《江南卧游册》与《西湖卧游图》、程正揆的《江山卧游图》、黄宾虹的《山水卧游册》、盛大士的《溪山卧游录》、南宋李氏的《潇湘卧游图卷》、王铎的《西山卧游图轴》与《家山卧游图轴》、俞瞻白的《五岳卧游》、赵君豪的《卧游集》等。山水诗和游记中也有"卧游"的字眼，如陆游"棋局每坐隐，屏山时卧游"（《夏日》）；范成大亦喜用"卧游"，如"十年境落卧游梦，摩挲壁画双鬟涧"（《小峨眉》）、"我今卧游长撇关，却寓此石充灊山"（《天柱峰》）、"两山父老如相问，一席三椽正卧游"（《送刘唐卿户曹擢第西归》）。倪云林有"一畦杞菊为供具，满壁江山入卧游"（《顾仲贽来闻徐生病差》）的诗句；钱縠题跋《群玉游踪图》曰"偶一展卷，而平生

1　（明）董其昌著，邵海清点校：《容台集（上）·文集·卷四·兔柴记》，杭州：西泠印社出版社，2012年，第279页。
2　（明）董其昌著，邵海清点校：《容台集（上）·文集·卷四·兔柴记》，杭州：西泠印社出版社，2012年，第279页。
3　（明）董其昌：《画旨》，见周积寅：《中国历代画论》（上编），南京：江苏美术出版社，2013年，第32页。
4　（明）董其昌：《画禅室随笔》，见周积寅：《中国历代画论》（下编），南京：江苏美术出版社，2013年，第613页。
5　（明）董其昌：《画眼》，见周积寅：《中国历代画论》（上编），南京：江苏美术出版社，2013年，第444页。

游历宛然在目，飞□作卧游也"；李流芳有"遇新安山水佳处，当作数笔，归以相示，可当卧游"的表述；纳兰性德也有"此生著几两屐，谁识卧游心"（《水调歌头·题》）的妙句。唐岱指出，"夫画……圣贤之游艺，轩冕巨公不得自适于林泉，而托兴笔墨，以当卧游"。[1] 可见至清代，文人已将"卧游"奉为在居室之内以艺术为媒介而饱览山水、游心山水、悟道山水的首要途径。"卧游"首先是以艺术手段描绘山水的创作活动所经历的审美体验，其次才是"披图幽对，坐究四荒"的观画体验。

正如徐复观所指出的，"宗炳的画山水，即是他的游山水；此即其所谓卧游"。[2] 贡布里希所谓"中国艺术家不到户外去面对母题坐下来画速写，……用一种参悟和凝神的奇怪方式来学习艺术"，[3] 说的也正是这种以画山水的方式来游览山水的艺术体验。不论是在艺术创作活动中，还是在审美欣赏体验中，"卧游"的理论与实践历经长足发展，已逾千年，其美学内涵作为艺术史论的一个范畴是成熟完善的。

（二）"澄怀"与"卧游"：中国古代文人特有的仪式性

"澄怀"是"卧游"者要达到的心境，也是出发前的准备。观者端坐于画卷之前，五脏得以疏瀹、精神得以澡雪之后，方展卷开启"卧游"之旅。"澄怀"以"卧游"的目的在于"观道"，在于亲近自然、悟道山水、自我认知。宗白华认为，"这'道'就是实中之虚，即实即虚的境界"。[4] 因而，道家哲思与传统艺术之间有着天生的血缘，都在有无虚实的互生转化中追求悟道。贡布里希指出，"参悟……是东方人的一

1　（清）唐岱著，周远斌注释：《绘事发微·自序》，济南：山东画报出版社，2012 年，第 16 页。

2　徐复观：《中国艺术精神》，上海：华东师范大学出版社，2001 年，第 144 页。

3　[英] 恩斯特·贡布里希：《艺术发展史》，范景中译，天津：天津人民美术出版社，2006 年，第 81 页。

4　宗白华：《美学散步》，上海：上海人民出版社，1981 年，第 115—116 页。

种精神训练"，[1] 艺术的功用在于"辅助参悟"，画家"以毕恭毕敬的态度画山水，……是给深思提供材料"；[2] 而观看绘画的人"只有在相当安静时，才打开来观看和玩味"，[3] 其所描述的便是"澄怀"心境。程相占认为，"宗炳的'澄怀'就是要使审美主体……进入一种至高的'体道'审美境界。审美主体具有了'澄怀'心境，就进入了一种与自然山水互融的审美境况"。[4] 可见，"澄怀"是"卧游"的准备，"卧游"本身是一种严肃而虔诚的仪式性活动。

对"澄怀"的强调是宗炳受释道思想影响的表现，更是上古巫史传统所建构的中国文化心理的基因在其艺术审美理论中的显现。作为中国传统艺术审美欣赏的代表性观画方式，"卧游"假扮游戏心理的由来已久，至早可上溯至古代巫史传统影响下的审美意识特征。梁漱溟、李泽厚、王振复等学者皆认为中国古代文化具有异于西方基督教文明的淡宗教性，是从原始巫术直接走向理性思辨，而非转向宗教形态的典型代表。但仅凭理性思辨与虔敬心理，礼乐仪式是难以举行的，尚需表演性的艺术元素在形态上予以支撑。恰好在原始巫术转型的过程中，游戏性的、想象性的、审美性的心理元素需要找寻寄托保留自身，不得不求助于艺术。原始巫舞活动中的表演因素便作为恰当的载体，与虔敬心理一道支撑起了礼乐仪式的形与神。巫舞仪式的实质是远古先民对神秘力量有所求的原始文化活动，是古代艺术的起源与萌芽，也是巫史传统的历史肇端，同时还是假扮游戏心理根源的典型代表。随着古贤对自然世界的认知逐渐发达及社会阶层体系的不断完善，原始巫术的成分淡化并转化为艺术元素，依旧存在于文化心理及审美活动中。巫舞仪式本身已被

1 [英]恩斯特·贡布里希：《艺术发展史》，范景中译，天津：天津人民美术出版社，2006年，第80页。
2 [英]恩斯特·贡布里希：《艺术发展史》，范景中译，天津：天津人民美术出版社，2006年，第81页。
3 [英]恩斯特·贡布里希：《艺术发展史》，范景中译，天津：天津人民美术出版社，2006年，第81页。
4 程相占：《中国环境美学思想研究》，郑州：河南人民出版社，2009年，第17—18页。

节庆习俗或宗庙仪式取代之后，"有所求"的目的性、仪式感的虔敬心理状态与装扮性叙事的艺术化表达手法留存下来，并贯穿整个中国传统审美文化史。而后，三者在中国古代颇具哲思厚度的艺术创作及审美欣赏活动中相伴互生，塑造起绘画观赏行为"卧以游之"的审美习惯；中国古代山水画也因"卧游"这一观画方式，而成为古代文人修炼齐物、修身、比德境界，寄托或释放山林情怀的仪式平台。因此，理解中国画的"卧游"意境，须从以下三方维度予以阐释及建构。

首先，"卧游"具备"有所求"的目的性。原始社会之后，古代文人在艺术审美活动中所寄托的追求虽不是祈福祷告，却依然密切地关乎己身。在齐物、修身、比德等观念影响下，内省便成为艺术欣赏的目的之一。借看画之机实现个人内在修养的提升，是中国古代文人群体普遍认可的复合性审美趣味。由此，"卧游"便具有了仪式感与目的性；只是这仪式多属个体且目的无关功利。为便于内省，也便于入画，"卧游"的前提是到达虚静的心神状态，所以"卧游"体验多为观者独处时获得。即便是与群体切磋共赏的文人雅集交流观画心得，"卧游"也具有一定的仪式感的神秘性、严肃性与虔敬性。再者，"卧游"具备心理上的假扮游戏性。"卧游"是以中国式比德象征为文化语境前提的假扮游戏，而文人惯用的比德象征符号及其意义内涵之间的关联性便是游戏规则。观者参与以画作为道具的假扮游戏，须谨遵游戏规则，便是要认可山水树石、渔樵弈茗等元素的象征意义，同时对田园、山林、江湖、村居等环境原型有所向往。中国传统艺术的意象符号往往具有双重身份，既是艺术审美对象，又是哲学化象征物。作为媒介，它一方面作为道具包含着协助审美主体展开艺术假扮游戏的虚构事实，另一方面又作为凝聚的产物、承载的媒介以及传达的渠道，引导欣赏者理解创作主体的宇宙观与人生观。综上三方维度可知，"卧游"不仅是中国传统审美文化中较为典型的观画方式，更是古代文人日常内省，实现比德修身追求的仪式化活动。

在此传统的观照下，"卧游"所代表的中国古代绘画艺术审美范式展示了国画的民族特性，进而生动而深刻地阐释了中国艺术之精神——将身之形与心之神合而为一在艺术之中，通过将自我交付于水墨世界这一途径，悟得宇宙人生的大道。因此，"卧游"式的观画体验是一种仪式化的过程，而这一仪式化特征恰与中华民族文化根性形成时期的巫术活动相通。以"卧游"为代表的精神摹拟被再现对象并全身心沉浸在画作世界中的审美体验方式遗传且保留了上古巫文化的内核——一种虔敬而理性的仪式膜拜心态——只是在形式上略去了烦琐的礼乐典仪准备，将物质性的形式因素皆搁置在身外，甚至连肉身也忘却地、毫无利害与负担地"踏入"画中世界，迎接令人神往的山水，洗却人世间的烦忧，荡涤世俗心灵的凡尘。在此体验中，画纸所分隔的人与画所在的两个世界合而为一，人与画中山水合而为一，进而人的身心亦合而为一了。可以说，一次"卧游"便是一次仪式。

神圣的仪式在"卧游"的过程中被内化为一种审美心理，即便繁缛的仪式环节不在场，内化的"仪式"仍在举行。在这"一个人的仪式"中，观画者保有一份虔敬的心，面对山水画卷若举行一种仪式，水墨勾勒出的不仅是山水的轮廓，更是降神于斯的庙堂。李泽厚指出，"孔子……强调巫术礼仪中的敬、畏、忠、诚、庄、信等基本情感、心态而加以人文化、理性化，并放置在世俗日常生活和人际关系中，使这生活和关系本身具有神圣意义"[1]。那么，宗炳便是将孔子这一倾向延伸到了艺术领域——"卧游"山水画卷的过程就是这样一种神圣的、仪礼性的过程，其深层文化根源即"巫史传统"，具有"'重过程而非对象'、'重身心一体而非灵肉二分'"[2]的典型特征。这种虔诚恭敬的、虚静无为的心理状态，一方面使观者得以进入画中，另一方面又使之得以修身养性，"澄怀"不仅是观画前的准备，也贯穿在"卧游"体验的始终。可见，"卧游"这个范畴融合了儒释道三家的哲思文化内蕴，是彰显中国

1　李泽厚：《由巫到礼释礼归仁》，北京：三联书店，2015年，第31页。

2　李泽厚：《由巫到礼释礼归仁》，北京：三联书店，2015年，第35页。

艺术精神的典范。

宗炳如此阐释"卧游"仪式的具体步骤："夫以应目会心为理者，类之成巧，则目亦同应，心亦俱会，应会感神，神超理得，虽复虚求幽岩，何以加焉"。[1] 当观画者的目光落在画上，心灵也随之感应，身心在赏画体验中达到和谐。心与目之间的感应须由想象关联，因而想象是"卧游"的关键。魏晋南北朝时代，文人的审美意识达到自觉的高度，以陆机与刘勰为代表，对审美想象的论述正是审美体验理论化的代表。陆机指出，审美想象的特征是"精骛八极，心游万仞"。[2] 审美想象不受时间与空间的限制，更不受真实与虚构的束缚，是自由自然的精神游戏。刘勰在《文心雕龙》中如此描述"神思"的心理状态："寂然凝虑，思接千载，悄焉动容，视通万里；吟咏之间，吐纳珠玉之声；眉睫之前，卷舒风云之色"。[3] 在想象活动中，人的思绪不受时间与地域的限制而自由无拘，在想象中仿佛发挥作用的视觉听觉等感官也虚拟性地"看到了""听到了"画作中被再现的对象。在虚构的艺术世界之中，一切现实中难于实现的事情都不难变成虚拟的事实。观画者所需做的，只是假装相信自己此刻真的置身山水自然。于是，鸟语花香、湍流飞瀑、山风温润、溪流潺潺都进入了可以被眼耳鼻舌身虚拟感知的范围。这便是想象对"卧游"的作用，缺失了这一关键环节，"卧游"无从谈起。同时代的理论表明，宗炳提出"卧游"的审美理念是符合当时的社会历史文化语境及自然审美风尚的，也是符合中国古代审美文化与艺术的演进规律的。

有学人指出，"卧游"是一种"以目光在画面上的游动代替了人在

1　（南朝宋）宗炳：《画山水序》，见周积寅：《中国历代画论》（下编），南京：江苏美术出版社，2013年，第321页。
2　（西晋）陆机著，（西晋）陆云著：《陆机文集·陆云文集·卷第一·赋一·文赋并序》，上海：上海社会科学院出版社，2000年，第11—12页。
3　（南朝梁）刘勰著，范文澜注：《文心雕龙注》（下），北京：人民文学出版社，1958年，第493页。

真山水中的游动"[1] 的行为。但"卧游"不仅是视觉上的图像感知,更是"依约在耳""溟漾夺目""涤烦襟,破孤闷,释躁心,迎静气"[2] 的身心审美体验,即"欣赏者在艺术作品的虚构世界中,以全身心全方位的感知展开审美,即以眼耳鼻舌身的视觉、听觉、嗅觉、品味与触感去拥抱艺术作品中的自然环境之美"。[3] "卧游"始于视觉观看,最终却落脚到人的整个身心的修行上,融合了自然、身体、艺术与哲思等多重维度。以马远的《对月图》为例,"卧游"中的"神思"是这样一种体验:月夜临画,卧以游之,望向画中树下品酒、举杯邀月的人,想象他正是自己,念起李白的"举杯邀明月,对影成三人"(《月下独酌》),又吟出苏轼的"明月几时有,把酒问青天"(《水调歌头·明月几时有》),已不知今夕何夕,分不清晚风是从画中还是窗外飘来,混合着陈酿的醇香,树影摇曳、木叶婆娑、沙沙作响。此时,审美主体的眼耳鼻舌身诸感官都处于活跃状态,早已神游到万里之外,置身于崇山峻岭之间了。在这场夜晚的"卧游"仪式中,月下独酌而不孤独,仰观俯察、游目骋怀、对话宇宙、论道天地,更以画为媒,觅得马远这位知己,超越了时空的限制而意会神合。

　　可见,"卧游"的审美体验具有虚拟性、游戏性、过程性、仪式性和身心性的特征。这种非凡的审美体验只在中国传统审美文化的土壤中诞生,也只服务于中国山水画审美意境的生成。即是说,"卧游"所代表的精神调动感官的体验模式是中国传统艺术审美习惯所特有的,是中国山水画的身份识别标志。基于"心斋""坐忘""游心"及"参禅"的理念,"卧游"便是在艺术世界中的坐禅修行,所观之物是艺术虚象承载的实有万象,所沿袭的是自由而尚虚、外求而内省的路数,所体悟与

1　聂涛:《"卧游"对中国山水画透视法的影响》,载《中国石油大学胜利学院报》,2002 年第 1 期,第 55—56 页。
2　(清)王昱:《东庄论画》,见周积寅:《中国历代画论》(上编),南京:江苏美术出版社,2013 年,第 251 页。
3　刘心恬:《从"卧游"看中国传统艺术的假扮游戏特征》,载《时代文学》,2015 年第 2 期,第 155—157 页。

追求的是有限言筌背后的无限意境。借徐复观的话说，宗炳《画山水序》的思想"是'以玄对山水'所达到的意境"。[1]

（三）"卧游"的假扮游戏性

"卧游"之"游"不仅是游览游玩，也不仅是游心天地，更是一种假扮性的审美游戏。它既包含以山水画作为自然环境的写照，在想象中移步换景的动态平台与虚拟时空；又包含古代文人"以玄对山水"而参悟大道的思辨与求知的哲学活动；也包含以画卷作为道具而展开的娱情畅神的假扮游戏。

与中国美学史的经典范畴或命题相比，关于"卧游"的研究成果不算丰硕，仍有关于若干问题的思考尚未被细致阐述。譬如，"闲居理气，拂觞鸣琴"是为神思入画作心境准备。道家讲求心如橐籥、包容万物的虚静心态，佛家追求目空一切、不立文字的禅定境界，二者为卧游体验的展开奠定了心理准备。然而，隔空抚琴，何以能够引发画中山水共鸣？宗炳"抚琴动操，欲令众山皆响"的行为看似颇具仙风道骨的神秘气息，实则是古代文人观画时再常见不过的举动。从审美的角度予以观照，这一举动的内在心理根源如何？相较于有审美心理距离的静观，抚琴之举为何提升了观画体验的审美欣赏水平？又如，"披图幽对，坐究四荒"描述的是展卷而坐，身在现实，心系虚构的观者看画时的神态。此时的"坐"与"卧"或可同义，指示观者身在何处，其实质都具有二重性，一为身处书房之榻，二为身处画中湖边、舟中或亭内。观者是否知晓自己不在画中？若知晓，又何以会在题画诗中写自己临画而感知清风徐徐与骤寒暑消？这只是一种诗意化的创作手法，还是对观画审美体验的忠实记录？再者，虽说在画中"独应无人之野"，然并非无人，满幅皆是自我。这是中国古代山水画常不画人或不细致描绘旅者的原因之一，一山一水一亭一树皆有情、有神、有我。问题是，这"我"是如何

1　徐复观：《中国艺术精神》，上海：华东师范大学出版社，2001 年，第 141 页。

入画与山水亭树对话的？而后，宗炳总结"卧游"体验的途径和目的，指出"万趣融其神思，……畅神而已"。[1] 其中，"神思"与"畅神"这一对颇具魏晋风范的术语是关键词。以现有研究状况观之，焦点在二者各自的内涵上，但"神思"何以"畅神"？尚待从审美心理层面由此及彼地挖掘"卧游""神思""畅神"等范畴之间的关联。

从字面释义来看，"卧"与"游"是人在日常生活中常有的两种行为，从逻辑上讲却不常并行出现。欲"卧"便不成"游"，欲"游"便不得"卧"。宗炳将二者合一的创思本身就带有哲学性，表面上联通了两种行为，于深层则打通了艺术与哲学的壁垒。但这一贯通却不落脚于现实生活，"游"范畴自生活出发，最终落定在哲思性上。名山大川固可一游，古人亦颇喜遍访山川，正如宗炳。但"游"作为哲学范畴所指向的至高境界之一，并非游历地理地质意义上的山峦海湖，观者于画中所"游"实为哲学意义上的"山水"范畴。可见"游"与"山水"乃至中国古代美学的诸多类似范畴都具有双重性。一方面是该范畴的现实性来源。譬如，"游"范畴与现今语汇中"旅游""游玩""游历"等"游"的内涵保持着亲缘关系；又如，"山水"范畴与日常用语中的"风景""公园""环境"等词亦有着相近的浅层含义。另一方面是该范畴的哲学化表述，譬如，"游"范畴在原始儒家道家文献中多有所见，且其内涵处于核心地带，联通古代哲学思想体系。这"游"已不是一种单纯的身体动作，而是先贤仰观俯察天地、反观己身而获抽象领悟的行为，具有形上性与属人性了。正如古代哲人所谓"心"不单指心脏器官，"天地"亦非仅限天空与土地，诗画论及"山水"时，也不想只引人关注山和水而已。上述诸例若不加深究，在非哲学化表达功能上是可以互相替代转换的。但放之于美学、艺术、审美文化的维度中，"旅游""游玩""游历"等词之"游"的意义只是哲学化"游"范畴的内涵起点，距离充分

---

[1] （南朝宋）宗炳：《画山水序》，见周积寅：《中国历代画论》（上编），南京：江苏美术出版社，2013 年，第 286 页。

表达尚有极大空间；"山水"一词更甚，其内涵核心虽来源自现实，却最终远离现实而去，所观照的并非具体实在的物象世界。哲学化表述的作用是拉开现实与审美的距离，因依托艺术化的虚构山水，寄情于画中之景，情景交融的基础具有虚拟性，因而"游"与"卧"二范畴的结合便具有了逻辑上的合法性。值得思考的问题是，这一哲学化表述远离现实源头的空间是由何种属性构筑起来的？其非现实性在艺术审美体验中如何扎根，又如何兑现在欣赏主体的观画行为中？久而久之，由历代圣贤文人绵延塑造的尚虚求虚的审美追求又是如何逐渐影响了民族审美习性中关于虚实问题的见解呢？

学界对"卧游"观画体验的虚拟性所谈甚少，"游"何须"卧"？"卧"何以"游"？"卧以游之"何以可能？在"卧游"体验中，视觉如何借助想象联动其它诸感官？有别于置身山川的自然环境审美体验，欣赏者如何应对观画而游的虚拟性？是并未意识到画作与现实的差距，或是否认画中山水为虚构，还是有意识地消除二者差距，在想象中能动地置身于画作描绘的虚构景致中？因此，宗炳所述"卧游"体验实质上是一种视觉与思维协同运作的观看习惯，探讨"卧游"的美学价值须从审美心理与审美感知这两个支点的虚拟性入手。

元代文人吴全节在《题米元晖画云山图》一诗中写道，"飞帆一点知谁子，疑在元晖画里行。"[1] 不知何人立于舟上，谁看画便是谁在画中游。此处虽用"疑"来表述观画时恍惚入画而游的神态，诗人却十分清楚自己身在画外，并未真正泛舟江上。因而"卧游"并非幻觉，诗人是在清醒意识状态下投入观画假扮游戏的。从审美心理的角度来看，在想象中虚拟性地进入画作世界何以可能？借沃尔顿假扮游戏论观之，中国式"卧游"观画体验实为一种以画作为道具的假扮游戏体验。临画而坐卧，观者在脑海中借助审美想象力，在明知其非真实山水的意识前提

1　（清）陈邦彦：《康熙御定历代题画诗·卷九·山水类》，北京：北京古籍出版社，1996年，第108页。

下，假装相信画作所绘山水世界的虚构存在为真实，并虚拟性地想象自我游览其中，从而获得审美体验。这一过程中的审美感知是虚拟性的体验，与真正身即山川游历其中的体验有本质区别。沈周在《题杜东原先生雨景》中有"借看真怕雨拂面，要为时人洗双目"[1] 的诗句，诗人隔画望去，从物质层面上本是不可打通的两个世界，何以被画中雨水淋湿？但这一表述却因不合逻辑而更具诗意。文字形式与意义内涵之间的逻辑断裂被受众以假扮游戏心理修复之——假扮游戏心理成了联结现实世界与画作世界的桥梁，题画诗成了游戏道具，其所呈现的虚构事实催生了赏画吟诗之人的审美愉悦。沈周并非真的相信画中之雨会拍打在观者脸上，而是以杜氏画作为道具，生发出画中世界下雨的虚构事实，并假装相信其为真实，甚至在想象中移步画中，实乃"卧游"无疑。

值得注意的是，作为假扮游戏的"卧游"体验既非幻觉，亦非移情。移情的前提是审美主体与审美对象之间存在一定距离，情感方能在一段距离之间实现转移。审美主体将自我情感转移至对象之上，此时主体仍是主体，对象还是对象，二者身份的纯粹性并未发生实质变化。譬如，观者站在山水画作前，通过视觉观看方式感知到画中垂钓老翁，并将自我情感转移至老翁处，感慨自我与老翁志趣相投，皆以渔樵山林生活为乐，心有戚戚而生共鸣。此为移情，而非"卧游"。在"卧游"体验中，审美主体"入画而游"，在假扮游戏心理的作用下，观画之人想象自己便是垂钓老翁本人。此时，审美主体的情感被整体带入画中，而非转移至他者身上。因而，"卧游"之人实现了自身的审美旨趣，而非仅与他人的审美趣味发生共鸣。举例而言，当吴师道面对《春雨晚潮图》赋诗"淋漓海气飞人面"[2] 时，所描述的包含温润海风的观潮体验并非画中之人的感受，而是入画之人即吴氏自身的感受。可见，所谓

1　（清）陈邦彦：《康熙御定历代题画诗·卷一·天文类》，北京：北京古籍出版社，1996 年，第 15 页。
2　（清）陈邦彦：《康熙御定历代题画诗·卷六·地理类》，北京：北京古籍出版社，1996 年，第 76 页。

"移情"是西方美学及哲学二分对立思维范式的产物，而"卧游"强调物我齐一，其"共鸣"是观者对话自我、发现自我的内省行为的结果。观画体验自我而始，复我而终，始终是君子内省的自我观照。因此，"卧游"是以中国话语阐释中国审美活动的更为恰当的表述方式。

凭借审美想象，在几近一切中国传统艺术作品中展开"卧游"并不是难事；而以"卧游"的审美方式去观照与体验，便能更加透彻深刻地理解中国传统艺术作品的审美意境及其独特的呈现方式和生成机制。从"卧游"入手，中国古代审美文化的奥秘被层层揭开了。在谈到中国人以画山水、观看山水画的形式进行参悟这一精神训练的传统时，贡布里希坦言，"我们不易再去体会那种心情，因为我们是浮躁的西方人，对那种参悟的功夫缺乏耐心和了解"。[1]"卧游"携带了自巫史传统以来的仪式基因，凝聚了轴心时代以来的儒道自然审美观，故能承载中国艺术精神。其"静观""心斋""坐忘""仰观俯察""禅定"的儒道释色彩是中国的文化标签，因而以其"入画性"特征有别于西式"如画性"（picturesque）的自然审美模式。"卧游"的山水画审美范式作为真实环境审美体验的有益补充而存在，构成了颇具中华民族特色的环境审美体验的不可缺少的组成部分。

"卧游"研究对中国绘画美学及中国审美文化研究的启示是，审美意境并非固有于画作之内的可见之物，而是须由画者与观者协同配合才得以生成。二者在一画一观的审美游戏中，神交意会、往还对答，虚虚实实之间，自生共鸣，携手同游于画中世界，笔墨山水便成为联通画家与观者的纽带。临画而卧，山水亲人，人入画游，达成人与自然的双向互动。"卧游"的平台不仅是真山真水或画中山水的"环境"，更是二者交融所生的具有虚拟性的"意境"。"在艺术家而言，是变真为假、化实

1　[英]贡布里希：《艺术发展史》，范景中译，天津：天津人民美术出版社，2006年，第81页。

为虚的艺术创作，在欣赏者而言，是以假作真、以虚作实的审美接受"。[1] 中国艺术精神的精髓是虚实相伴而生成的审美意境，"卧游"是一种"入画"的审美过程，因此，全身心的欣赏参与才是中国山水画实现审美意境的关键。

（四）"卧游"与题画诗

中国古代文艺理论有"以诗论诗"的传统，亦有"以诗论画"的传统。"以诗论画"是在诗画一律的基础上将诗文与图像结合作为审美对象的品鉴方式，典型地具化在题画诗这一特殊的文学样式中。从题画诗的发展来看，既包含诗画分离、各自独立的阶段，也包括题诗于画上，使诗画一体的阶段。其中，融合诗画于观者审美体验的诗作大多运用了"体验即品评""品评即体验"的表达方式。其源头便可上溯至宗炳所提出的"卧游"思想，在历代文人的书写中又呈现出新的审美特征，构成一条"卧游"接受史线索的同时，也塑造了审美体验式的图像品评模式。

"卧游"是画家或观者借助想象假装进入画作世界中，虚拟性地感知其所再现的山水树石等环境元素，足不出户而遍览名山大川的图像审美体验。[2] 可供考证的直接记录古代文人图像审美体验的文献当属题画诗。以清代学者陈邦彦编纂、康熙御定的《历代题画诗》观之，据不完全统计，地理类、天文类、山水类、闲适类、名胜类、古迹类、树石类、花卉类、兰竹类等多个主题下收录的诗作中，使用"卧游"一词的有 18 首，自唐以降、由宋至明使用得愈加频繁。如陆游诗云"老来无

1　刘心恬：《从"卧游"看中国传统艺术的假扮游戏特征》，载《时代文学》，2015 年第 2 期，第 155—157 页。

2　相关论述请见拙论《从"卧游"看中国传统艺术的假扮游戏特征》，载《时代文学（下半月）》，2015 年第 1 期，第 155—157 页。另《"卧游"及其蕴含的中国艺术精神》参见第十一届全国艺术学年会会议论文摘要、《"卧游"与中国古代山水画的环境审美之维》参见《"生态美学与生态批评的空间"国际研讨会会议论文集》与《文艺美学研究》2015 年秋季卷，中国社会科学出版社，2016 年，第 111—121 页。

复当年快，聊对丹青作卧游"，[1] 刘克庄有"昔还行脚债，今作卧游身"[2] 之句。张行简亦云"不妨貌取黄华景，时向铃斋作卧游"。[3] 又如程钜夫云"写之贻卧游，谁为识真者"，[4] 袁桷有诗句"卧游京洛谁消得，一榻松风响珮环"，[5] 吴镇写道"海宁太守归来日，爱写新图入卧游"，[6] 陶宗仪亦有"老夫平生山水癖，白首卧游还历历"[7] 之语，皆是对宗炳"卧游"思想的反映。至明代，题画诗中使用"卧游"的频率更高，譬如陈钧有诗云"何当抚琴坐，愿学卧游宗"，[8] 沈周的"聊因此图画所见，卧游日日已自甘"，[9] 朱芾的"卧游画里违清赏，裹茗他年石上烹"，[10] 周用的"深秋忆卧游，徒令寸心折"[11] 等。有的诗人甚喜"卧游"，于多首诗中用之。比如程敏政有"闲指画图揩病目，卧游情共楚云深"、[12] "想是宦途双足倦，高情长在卧游间"[13] 之句；又如吴宽有

1　（清）陈邦彦：《康熙御定历代题画诗·卷七·山水类·观画山水》（上册），北京：北京古籍出版社，1996年，第86—87页。

2　（清）陈邦彦：《康熙御定历代题画诗·卷十三·山水类·题江贯道山水》（上册），北京：北京古籍出版社，1996年，第159页。

3　（清）陈邦彦：《康熙御定历代题画诗·卷四十五·闲适类·雪溪小隐图》（上册），北京：北京古籍出版社，1996年，第542页。

4　（清）陈邦彦：《康熙御定历代题画诗·卷十·山水类·题高彦敬烟岚图》（上册），北京：北京古籍出版社，1996年，第126页。

5　（清）陈邦彦：《康熙御定历代题画诗·卷十八·山水类·秋山图》（上册），北京：北京古籍出版社，1996年，第227页。

6　（清）陈邦彦：《康熙御定历代题画诗·卷五十二·闲适类·题赵仲穆画送郑蒙泉之鄞》（上册），北京：北京古籍出版社，1996年，第623页。

7　（清）陈邦彦：《康熙御定历代题画诗·卷六·地理类·题江山万里图》（上册），北京：北京古籍出版社，1996年，第64页。

8　（清）陈邦彦：《康熙御定历代题画诗·卷二十二·山水类·题金山壁间画》（上册），北京：北京古籍出版社，1996年，第271页。

9　（清）陈邦彦：《康熙御定历代题画诗·卷二十五·山水类·题画卷》（上册），北京：北京古籍出版社，1996年，第315页。

10　（清）陈邦彦：《康熙御定历代题画诗·卷二十八·名胜类·为志学聘君题惠麓秋晴图》（上册），北京：北京古籍出版社，1996年，第344页。

11　（清）陈邦彦：《康熙御定历代题画诗·卷二十八·名胜类·索雁荡图与陈阃帅》（上册），北京：北京古籍出版社，1996年，第347—348页。

12　（清）陈邦彦：《康熙御定历代题画诗·卷三十二·古迹类·小李将军岳阳楼景》（上册），北京：北京古籍出版社，1996年，第392页。

13　（清）陈邦彦：《康熙御定历代题画诗·卷十五·山水类·题致政应文贞典宝山水》（上册），北京：北京古籍出版社，1996年，第190页

"卧游佳境不逢人，但觉寒光浮棐几"、[1] "卧游毕旧愿，坐啸开尘颜"、[2] "阳羡山深懒杖藜，卧游三日路仍迷"；[3] 王世贞有"左壁桑氏经，右图供卧游"[4]、"卧游斋头一展看，恍若身对湘巫眠"。[5] 此外，历代题画诗还有包含"神游""卧观""坐观""卧对""心游""卧看""游观""慵卧""归卧""坐对""披图"等与"卧游"相关字词的作品凡三百余首。

诸诗以宗炳"卧游"思想为宗，所记述的观画审美体验包含以下要素。其一，于高堂之上披卷展图，"卧游"是足不出户遍览山川的非真实环境体验；其二，"卧游"以神思为依托，于想象中游览画作再现的自然环境；其三，"卧游"不仅可审美怡情，亦具有深层的疗愈功效；其四，"卧游"常伴随丰富的情感，或欣喜或惆怅，或思归或怀旧。总之，"卧游"是多情感层次、多感官感知、多审美效果的图像观赏体验。就其内容而言，包含"卧游"元素的题画诗是对诗人观画心情的记录；究其实质而言，是以体验的方式对画作展开的品鉴。由历代诗人在题画诗中表露的赞许、惊叹、愉悦之情，可见能使观者"卧游"于其中的画作当属上乘之作。题画诗对"卧游"体验的记录便是为画作勾勒意象、添补意味、营造意境的文字手段。遍览《历代题画诗》所辑录的诗作，"卧游"作为审美体验式图像品评方式，其生成过程、活动展开、审美效果、情感唤起等构成要素大致体现在以下层面。

其一为醒目提神类。观看山水树石画作常伴清神醒脑的功效，在心理层面达成快慰效果，得以明目醒神乃至疗愈疾病，亦可比德山水松竹

1　（清）陈邦彦：《康熙御定历代题画诗·卷二·天文类·米南宫雪景》（上册），北京：北京古籍出版社，1996年，第26页。

2　（清）陈邦彦：《康熙御定历代题画诗·卷三·地理类·题海虞钱氏所藏王均章虞山图》（上册），北京：北京古籍出版社，1996年，第40页。

3　（清）陈邦彦：《康熙御定历代题画诗·卷三·地理类·为李瑞卿寺丞题王叔明义兴山水图》（上册），北京：北京古籍出版社，1996年，第41页。

4　（清）陈邦彦：《康熙御定历代题画诗·卷五·地理类·题马远十二水》（上册），北京：北京古籍出版社，1996年，第61页。

5　（清）陈邦彦：《康熙御定历代题画诗·卷十·山水类·题王晋卿烟江叠嶂图苏子瞻歌》（上册），北京：北京古籍出版社，1996年，第125页。

而提高精神境界与道德修养。出发在"目"，落脚在"神"，是对"卧游"体验的确切写照，最为频繁惯用的表达是"观图眼明"。如陆游"羊裘老子钓鱼处，开卷令人双眼明"、[1] 司马光"心闲对岩岫，目净失尘埃"。[2] 至元代，有赵孟𫖯"时对此图双眼明"、[3] 黄溍"忽对画图双眼明"、[4] 成廷珪"时对此图双眼明"、[5] 王恽"展放横披眼便明"、[6] 陆广"斯图拂拭双眼明"、[7] 纳延"忽见新图双眼明"。[8] 明朝时，有刘炳"摩挲此图双眼开"[9] 及文征明"展卷令人双目醒"，[10] 刘基更是将"眼"与"心"关联起来说道，"高堂晚晴图画展，眼明一见心目远"。[11]"心目远"便是神思的飞扬，以此为心理基点，双眸是观画"卧游"首先依赖的感官，由视觉出发，才可在想象中调动起听觉、嗅觉、触觉等其它感觉。倘若画作世界在诗人眼中呈现出动态效果，就意味着"卧游"活动已经开始。如吴师道有诗云，"开图眼中赤霞起，万嶂千峰翠相倚"，[12]

1　（清）陈邦彦：《康熙御定历代题画诗·卷三十二·古迹类·题莹师钓台图》（上册），北京：北京古籍出版社，1996年，第391页。

2　（清）陈邦彦：《康熙御定历代题画诗·卷十六·山水类·观僧室画山水》（上册），北京：北京古籍出版社，1996年，第199页。

3　（清）陈邦彦：《康熙御定历代题画诗·卷三十·名胜类·题西溪图》（上册），北京：北京古籍出版社，1996年，第375页。

4　（清）陈邦彦：《康熙御定历代题画诗·卷五十·闲适类·题松溪图》（上册），北京：北京古籍出版社，1996年，第608页。

5　（清）陈邦彦：《康熙御定历代题画诗·卷五十五·闲适类·题苏昌龄画秋江送别图》（上册），北京：北京古籍出版社，1996年，第677页。

6　（清）陈邦彦：《康熙御定历代题画诗·卷七十二·树石类·山墅万松图》（下册），北京：北京古籍出版社，1996年，第132页。

7　（清）陈邦彦：《康熙御定历代题画诗·卷二十一·山水类·燕文贵秋山萧寺图》（上册），北京：北京古籍出版社，1996年，第261页。

8　（清）陈邦彦：《康熙御定历代题画诗·卷三十一·古迹类·桃花山水图》（上册），北京：北京古籍出版社，1996年，第384—385页。

9　（清）陈邦彦：《康熙御定历代题画诗·卷二·天文类·题昆仑雪晓图》（上册），北京：北京古籍出版社，1996年，第24页。

10　（清）陈邦彦：《康熙御定历代题画诗·卷八十四·花卉类·次韵题王山农墨梅》（下册），北京：北京古籍出版社，1996年，第301页。

11　（清）陈邦彦：《康熙御定历代题画诗·卷二十七·名胜类·徐资生华山图歌》（上册），北京：北京古籍出版社，1996年，第332页。

12　（清）陈邦彦：《康熙御定历代题画诗·卷二十八·名胜类·赤松山图》（上册），北京：北京古籍出版社，1996年，第353—354页。

展开画卷的一刹那，好似看到赤霞于其上氤氲腾升，原本平面静态的画幅俨然有了立体感，正是"卧游"的效果。诗人通过"卧游"于画中山水的体验，更可疗愈"病眼""病目"，如朱乔年有"忽对画图揩病眼，失声便欲唤归舟"，[1] 抱恙榻上的诗人一见画作即被吸引，揉着双目便疾呼画中小船欲与之归去。再如李东阳有"我生爱山复爱竹，对此病目开余昏"[2] 的句子，展卷之时双目睁大了望向画中，疾病瞬间有所好转。观画甚至能达到道德意义上的眼明心亮。譬如楼钥写道，"治中寄我云壑图，快读新诗眼如洗"，[3] 沈周观杜东原雨景图后云，"借看真怕雨拂面，要为时人洗双目"。[4] 视觉感知是临画"卧游"的第一步，但不是唯一环节。从视觉接触画面的一刻起，"卧游"才刚刚开始。通过联通嗅觉、味觉、听觉，尤其是皮肤对温度、气流等环境因素的感知，观者对画作所描绘的世界将有更为立体生动的体验。

　　其二为消夏感秋类。诗人在盛夏酷暑中延展画卷，竟若感到丝丝凉意，仿佛置身初秋时节，一时间盛夏不再、酷暑消散，"烦纡果冰释"、[5] "醒然豁烦襟"，[6] 唯有舒爽惬适相伴左右。三伏观画避暑的"卧游"体验方式在宋代已成为消夏纳凉的良方。司马光有诗云，"画精禅室冷，方暑久徘徊。不尽林端雪，长青石上苔"、[7] "堆案烦文犹倦暑，满轩新

1　（清）陈邦彦：《康熙御定历代题画诗·卷五十六·行旅类·题范才元湘江唤舟图》（上册），北京：北京古籍出版社，1996 年，第 687 页。

2　（清）陈邦彦：《康熙御定历代题画诗·卷九·山水类·钟钦礼云山图》（上册），北京：北京古籍出版社，1996 年，第 112 页。

3　（清）陈邦彦：《康熙御定历代题画诗·卷十·山水类·寄题台州倅厅云壑》（上册），北京：北京古籍出版社，1996 年，第 125—126 页。

4　（清）陈邦彦：《康熙御定历代题画诗·卷一·天文类·题杜东原先生雨景》（上册），北京：北京古籍出版社，1996 年，第 15 页。

5　（清）陈邦彦：《康熙御定历代题画诗·卷七十三·树石类·题画柏》（下册），北京：北京古籍出版社，1996 年，第 141 页

6　（清）陈邦彦：《康熙御定历代题画诗·卷五十一·闲适类·阁下观竹笋图》（上册），北京：北京古籍出版社，1996 年，第 619 页。

7　（清）陈邦彦：《康熙御定历代题画诗·卷十六·山水类·观僧室画山水》（上册），北京：北京古籍出版社，1996 年，第 199 页。

意忽惊秋"。[1] 蔡襄也写道，"谁于素壁写江流，云树疏疏映荻洲。尽日清虚全却暑，一川摇落似轻秋"，[2] 皆以诗传递了观赏山水画作之后的清爽惬意。明代有文人观雪景图以避暑的例子，如费宏有诗云"生绡一幅中堂垂，眼前雪景何清奇。……坐令炎瘴尽消息，清气散入诗人脾"，[3] 记录了诗人"卧游"于雪景山水图卷中获得清凉感受的体验。又如沈周《暑中题雪图》云，"六月添衣唤僮子，自画雪图茅屋里。玉花出笔飞上树，惨淡阴山无乃是。先生放笔还自笑，颠倒炎凉聊戏耳。门前有客来借看，满眼黄尘汗如雨"，[4] 描述了一个颇具天真童心的画家，如何运用手中画笔，于墨戏之中颠倒炎凉、驱逐暑热的场景。一方是挥汗如雨的访客，一方是唤僮添衣的主人，在六月之夏上演了一出富有生活意趣的小插曲。此外，华幼武"三伏炎蒸见图画，石泉飞雪洒清凉"[5] 及王冕"六月七月炎火生，对此似觉形神清"，[6] 杭淮"摩挲不觉毛发寒，五月高堂朔风起"[7] 及顾璘"移床盘桓坐其下，六月不热回清凉"，[8] 都属此类"卧游"体验。为了能在闷热的寓所中静心读书度过炎炎夏日的难熬时光，古人悬画一幅于高堂之上，移床于其下日日坐卧对之，正如吴宽所言，"日长对此消炎暑，高阁安能著病翁"。[9] 谢应芳

1　（清）陈邦彦：《康熙御定历代题画诗·卷二十二·山水类·依韵和仲庶省壁画山水》（上册），北京：北京古籍出版社，1996 年，第 268 页。

2　（清）陈邦彦：《康熙御定历代题画诗·卷十六·山水类·和吴省副北轩画湖山之什》（上册），北京：北京古籍出版社，1996 年，第 199 页。

3　（清）陈邦彦：《康熙御定历代题画诗·卷二·天文类·题广东陈氏雪景图》（上册），北京：北京古籍出版社，1996 年，第 27 页。

4　（清）陈邦彦：《康熙御定历代题画诗·卷二·天文类》（上册），北京：北京古籍出版社，1996 年，第 28 页。

5　（清）陈邦彦：《康熙御定历代题画诗·卷八·山水类·碧潭和尚飞瀑图》（上册），北京：北京古籍出版社，1996 年，第 103 页。

6　（清）陈邦彦：《康熙御定历代题画诗·卷七十二·山水类·题夏迪双松图》（下册），北京：北京古籍出版社，1996 年，第 130 页。

7　（清）陈邦彦：《康熙御定历代题画诗·卷七十一·树石类·题画松》（下册），北京：北京古籍出版社，1996 年，第 124 页。

8　（清）陈邦彦：《康熙御定历代题画诗·卷七十一·树石类·题罗侍御所藏周必都古松幛》（下册），北京：北京古籍出版社，1996 年，第 125 页。

9　（清）陈邦彦：《康熙御定历代题画诗·卷四十七·闲适类·湖亭高士图》（上册），北京：北京古籍出版社，1996 年，第 569 页。

写道，"客来若炎热，倚树欲挂帻。不闻天籁鸣，但见空翠滴。烦襟顿如洗，林壑幽兴适"。[1] 倘若来客暑天到访，不妨先在墙边倚"树"歇息，定能洗却烦襟，于林壑之间纳得清凉。"卧游"山水图可给予身心舒适清爽之感，但夏日赏假雪、游假山假水未必能直接给身体带来真正凉爽，只能从心理上冷却闷热焦躁而已。

除夏秋季节差异外，诗人也常想象自己感受到画里画外不同的温度湿度变化。"卧游"可为画幅内外的两个世界联通天气。黄玠有诗云，"门外马蹄三尺尘，屋底青山看白云。不知身世在城市，但觉爽气吹冠巾"。[2] 诗人无可逃避地真切感知着城市喧嚣，门外三尺尘并不曾退散，他却通过视觉调动其它感官虚拟性地感知着想象出来的青山白云，恍若有爽气拂面而来。"卧游"因而具有身未游而心远游的双重性。早在唐代已有诗人用过此表述，张祐有诗云，"日月中堂见，江湖满座看。夜凝岚气湿，秋浸壁光寒"、[3] "山光全在掌，云气欲生衣"。[4] 联通画里画外的天气，使夜岚湿寒、山光在掌、云气生衣的，正是诗人观画"卧游"所凭借的审美想象。以湿度与温度分，此类大致有两种常见意象。其一，满堂烟雨雾缭绕。如宋代有黄庭坚"披图风雨入，咫尺莽苍外"、[5] 刘克庄"炎曦亭午试展玩，坐觉烟雨生缣绸"、[6] 戴奎"应君示我新画图，开卷中堂起烟雾"[7] 等句。元代有释良琦"披图不觉尘梦醒，日暮空堂生

---

1   （清）陈邦彦：《康熙御定历代题画诗·卷七十二·树石类·题金陵陈时举宅画壁》（上册），北京：北京古籍出版社，1996年，第140页。

2   （清）陈邦彦：《康熙御定历代题画诗·卷九·山水类·韩季博所藏青山白云图》（上册），北京：北京古籍出版社，1996年，第115页。另第630页卷五十二闲适类亦收录黄玠此诗，但题为《郭天锡画卷》，或误。

3   （清）陈邦彦：《康熙御定历代题画诗·卷二十二·山水类·题王右丞山水障》（上册），北京：北京古籍出版社，1996年，第275页。

4   （清）陈邦彦：《康熙御定历代题画诗·卷二十二·山水类·题王右丞山水障》（上册），北京：北京古籍出版社，1996年，第275页。

5   （清）陈邦彦：《康熙御定历代题画诗·卷七十七·兰竹类次韵谢斌老送墨竹十二韵》（下册），北京：北京古籍出版社，1996年，第200页。

6   （清）陈邦彦：《康熙御定历代题画诗·卷二十二·山水类·郭熙山水障子》（上册），北京：北京古籍出版社，1996年，第276—277页。

7   （清）陈邦彦：《康熙御定历代题画诗·卷六十九·耕织类·应朋来临别索题存耕旧隐图》（下册），北京：北京古籍出版社，1996年，第97页。

海烟"、[1] 周昂"开图顿觉风雷怒，素发飘萧激衰腐"、[2] 吴师道"浩荡春风满画图，淋漓海气飞人面"；[3] 明代有张凤翼"试向晴明张此轴，满堂烟雨在须臾"、[4] 张羽"顷刻云烟生满纸"、[5] 贝琼"秦溪一日寄新图，欹枕高堂睹云雾"、[6] 文征明"卧展南华秋水读，不知岚翠湿衣裳"[7] 等，铺开画作便感受到画中潮湿而清新的气息弥漫于画外高堂之上。其二，开卷来风坐生寒。如唐代刘商有诗云，"为君壁上画松柏，劲雪严霜君试看"。[8] 又如司马光"坐久清风至，疑从翠涧来"、[9] 文同"高堂挂素壁，爽气来不断"、[10] 元好问"开卷飒飒来阴风"、[11] 陶宗仪"满纸春风带墨痕"，[12] 鲜于枢"仲冬胡为开此图，寒气满堂风景暮"[13] 等皆此类。吴澄《题雪洲图》写道，"向来洲上雪漫漫，僵倒诗人一屋寒"。[14]

1　（清）陈邦彦：《康熙御定历代题画诗·卷八·山水类·题春山飞瀑图》（上册），北京：北京古籍出版社，1996年，第103页。

2　（清）陈邦彦：《康熙御定历代题画诗·卷二十七·名胜类·底柱图》（上册），北京：北京古籍出版社，1996年，第338页。

3　（清）陈邦彦：《康熙御定历代题画诗·卷六·地理类·春雨晚潮图》（上册），北京：北京古籍出版社，1996年，第76页。

4　（清）陈邦彦：《康熙御定历代题画诗·卷九·山水类·题高房山云山》（上册），北京：北京古籍出版社，1996年，第113页。

5　（清）陈邦彦：《康熙御定历代题画诗·卷九·山水类·米元晖云山图》（上册），北京：北京古籍出版社，1996年，第109页。

6　（清）陈邦彦：《康熙御定历代题画诗·卷十五·山水类·题王立本山水图》（上册），北京：北京古籍出版社，1996年，第184页。

7　（清）陈邦彦：《康熙御定历代题画诗·卷二十六·山水类·题画》（上册），北京：北京古籍出版社，1996年，第320页。

8　（清）陈邦彦：《康熙御定历代题画诗·卷七十三·树石类·画树后呈浚师》（下册），北京：北京古籍出版社，1996年，第148页。

9　（清）陈邦彦：《康熙御定历代题画诗·卷十六·山水类·观僧室画山水》（上册），北京：北京古籍出版社，1996年，第199页。

10　（清）陈邦彦：《康熙御定历代题画诗·卷十八·山水类·秋山图》（上册），北京：北京古籍出版社，1996年，第225页。

11　（清）陈邦彦：《康熙御定历代题画诗·卷七十三·树石类·许道宁寒溪古木图》（下册），北京：北京古籍出版社，1996年，第149页。

12　（清）陈邦彦：《康熙御定历代题画诗·卷八十三·花卉类·题墨梅》（下册），北京：北京古籍出版社，1996年，第287页。

13　（清）陈邦彦：《康熙御定历代题画诗·卷二·天文类·范宽雪山图》（上册），北京：北京古籍出版社，1996年，第22页。

14　（清）陈邦彦：《康熙御定历代题画诗·卷二·天文类》（上册），北京：北京古籍出版社，1996年，第21页。

画中世界白雪皑皑，画外的观者也被其散发的寒气"僵倒"了。画内外的天气被联通，意味着诗人已具备进入画中世界展开"卧游"的环境条件，先是肤觉与触觉被充分调动起来，后嗅觉与听觉也积极地参与其中，甚至可嗅其香、闻其响。

"卧游"一词诞生于对山水画欣赏活动的描述，经后世文人衍生，扩展到了花鸟画的观赏活动中，尤以四君子题材画作的题画诗最为典型。诗人披图"卧游"时，想象嗅闻到了花木香气与松风清爽，聆听到了溪水的潺潺、飞瀑的轰鸣、雨水的淅沥、雪霰的簌簌或鸟鸣的婉转。如白居易"举头忽看不似画，低耳静听疑有声"、[1] 方干"向月本无影，临风疑有声"、[2] 陆游"未可匆匆便持去，夜窗吾欲听滩声"、[3] 李纲"喧豗似有雷霆响，回薄乍疑霜雪翻"、[4] 张栻"眼明三伏见此画，便觉冰霜抵岁寒。唤起生香来不断，故应不作墨花看"[5] 等。至元代，文人更加注重多重感官的审美感知体验，并以能调动听觉嗅觉感知的画作为佳作。如张渥"白鸥波点砚池清，楚畹香风笔底生"、[6] 吴镇"忽见不是画，近听疑有声"、[7] 张昱"濡毫应觉香先到，写影无如月最真"、[8] 程钜夫"偶然纵笔作长幅，飒飒坐觉闻风声"、[9] 周维新"披图叶叶消人

1　（清）陈邦彦：《康熙御定历代题画诗·卷七十六·兰竹类·画竹歌》（下册），北京：北京古籍出版社，1996年，第186页。
2　（清）陈邦彦：《康熙御定历代题画诗·卷八十一·兰竹类·方著作画竹》（下册），北京：北京古籍出版社，1996年，第250页。
3　（清）陈邦彦：《康熙御定历代题画诗·卷三十二·古迹类·题莹师钓台图》（上册），北京：北京古籍出版社，1996年，第391页。
4　（清）陈邦彦：《康熙御定历代题画诗·卷十六·山水类·端礼知宗宠示水石六轴戏作此诗归之》（上册），北京：北京古籍出版社，1996年，第198—199页。
5　（清）陈邦彦：《康熙御定历代题画诗·卷八十三·花卉类·墨梅》（下册），北京：北京古籍出版社，1996年，第281页。
6　（清）陈邦彦：《康熙御定历代题画诗·卷七十五·兰竹类·题赵翰林题兰》（下册），北京：北京古籍出版社，1996年，第172页。
7　（清）陈邦彦：《康熙御定历代题画诗·卷七十六·兰竹类·画竹》（下册），北京：北京古籍出版社，1996年，第187页。
8　（清）陈邦彦：《康熙御定历代题画诗·卷八十五·花卉类·寄东山寺长老宅区中索画梅》（下册），北京：北京古籍出版社，1996年，第309页。
9　（清）陈邦彦：《康熙御定历代题画诗·卷八十·兰竹类·李仲宾为刘明远画竹》（下册），北京：北京古籍出版社，1996年，第244页。

骨，似带秋声出翠微"、[1] 牟鲁"未识真为幻，徒闻画有声"[2] 等。

明朝时，此类题画诗在数量与质量上皆超越前代。首先，临画"听响"一类诗句，如张羽的"素壁高悬卧清昼，耳边恍若闻松风"[3] 及"展图三欢墨君堂，秋声满座悲风起"。[4] 卧于图画之前，仿佛感受到清凉的松风迎面而来，又似乎听到窗外"雨声"波浪"涛声"、飞瀑"湍声"、飒飒"寒声"、萧萧"秋声"。比如孙宁"隔座时疑翠涛响"、[5] 程敏政"眼前便觉风雨来，耳畔疑闻蛰龙吼"、[6] 徐渭"今朝揭向溪藤上，犹觉秋声笔底飞"、[7] 王世贞"寒声飒飒生清澜，令我三日欲卧观"、[8] 文征明"南风吹断窗间酒，卧听萧萧暮雨声"、[9] 王绂"看来顿觉风气清，耳边恍若闻秋声"、[10] 姚广孝"展图却忆西冈夜，坐听秋声亦有君"、[11] 刘黄裳"堂中风吹山欲动，耳边飞瀑鸣溅溅"[12] 等。更有诗人假装怀疑

1　（清）陈邦彦：《康熙御定历代题画诗·卷八十·兰竹类·题郑所南推篷竹卷》（下册），北京：北京古籍出版社，1996 年，第 248 页。

2　（清）陈邦彦：《康熙御定历代题画诗·卷十一·山水类·范宽画卷山水》（上册），北京：北京古籍出版社，1996 年，第 141 页。

3　（清）陈邦彦：《康熙御定历代题画诗·卷九·山水类·米元晖云山图》（上册），北京：北京古籍出版社，1996 年，第 109 页。

4　（清）陈邦彦：《康熙御定历代题画诗·卷七十八·兰竹类·李遵道墨竹歌》（下册），北京：北京古籍出版社，1996 年，第 224 页。

5　（清）陈邦彦：《康熙御定历代题画诗·卷七十一·树石类·题半塘寺润公房顾叔明所画松壁》（下册），北京：北京古籍出版社，1996 年，第 125—126 页。

6　（清）陈邦彦：《康熙御定历代题画诗·卷七十二·树石类·题杨补之松桧图》（下册），北京：北京古籍出版社，1996 年，第 137 页。

7　（清）陈邦彦：《康熙御定历代题画诗·卷七十六·兰竹类·画竹》（下册），北京：北京古籍出版社，1996 年，第 197 页。

8　（清）陈邦彦：《康熙御定历代题画诗·卷二十二·山水类·定州画壁水二堵，妙绝天下，望之若真水，起伏潆洄，有浩漾万顷之势。州志谓为吴道子画，非也。寺成在道子后百余年，余歌以畅厥美，仍为志解嘲》（上册），北京：北京古籍出版社，1996 年，第 272 页。

9　（清）陈邦彦：《康熙御定历代题画诗·卷二十六·山水类·题画》（上册），北京：北京古籍出版社，1996 年，第 320 页。

10　（清）陈邦彦：《康熙御定历代题画诗·卷七十七·兰竹类·过华叔瑞草堂写晴竹于壁上》（下册），北京：北京古籍出版社，1996 年，第 214 页。

11　（清）陈邦彦：《康熙御定历代题画诗·卷八十一·兰竹类·题薛澹团墨竹》（下册），北京：北京古籍出版社，1996 年，第 259 页。

12　（清）陈邦彦：《康熙御定历代题画诗·卷十五·山水类·题小李将军画》（上册），北京：北京古籍出版社，1996 年，第 196 页。

画中溪泉瀑涧发出隐隐水声，手法夸张而浪漫。比如刘崧记道，"幽轩素壁泉声动，对此令我心为狂"。[1] 又如刘基写道，"高轩玲珑不受暑，半幅轻绡宿烟雨。白屋素壁生空明，似闻水声绕庭宇"。[2] 康海也有诗云，"谁将此水挂堂壁，春风微动波涛鸣"，[3] 诗人视画中水为真的水，假装自己听到了风吹动水面的声响。可见，临画而游虽是足不出户的意游，却也可借助想象在审美心理上达成不逊色于盘桓山水之间的体验效果。其次，观画"闻香"一类诗句，如李东阳"幸此挹余芬，披图漫舒卷"、[4] 吴宽"开图墨沈将误拾，扑袖香风不劳靧"、[5] 李桢"疏蕊凌寒似得春，暗香扑鼻疑生纸"、[6] 焦竑"披图飒飒生微风，春入寒岩雪渐融。恍疑身向孤山道，十里林峦香雾中"。[7] 诗中提到的"香"，或来自水墨本来的味道，或来自宣纸的草木气息。从"疑""犹疑""恍疑"观之，诗人知晓面前的梅兰竹石并非实物，他并未真正嗅得气味，而是依凭想象假装自己被画中兰梅之香所拥绕。这一假扮游戏的审美心理是"卧游"体验的典型表征，也显现出古人在此诗性图像审美习惯上已达到普遍的自觉。此外，诗人还将多种感觉融入同一幅画的审美体验中。如沈璜记道，"吾得见诗如见画，当食几欲忘歠餔。……展卷如闻古香动，坐观不敢卧甎甒。……须眉忽作翠微绿，耳畔清泉鸣

---

1 （清）陈邦彦：《康熙御定历代题画诗·卷十四·山水类·题余仲扬画山水图》（上册），北京：北京古籍出版社，1996年，第180页。

2 （清）陈邦彦：《康熙御定历代题画诗·卷十三·山水类·为祝彦中题山水图》（上册），北京：北京古籍出版社，1996年，第165页。

3 （清）陈邦彦：《康熙御定历代题画诗·卷十五·山水类·云将军画水歌》（上册），北京：北京古籍出版社，1996年，第192页。

4 （清）陈邦彦：《康熙御定历代题画诗·卷七十五·兰竹类·题兰》（下册），北京：北京古籍出版社，1996年，第174页。

5 （清）陈邦彦：《康熙御定历代题画诗·卷七十五·兰竹类·题赵子固画兰》（下册），北京：北京古籍出版社，1996年，第175页。

6 （清）陈邦彦：《康熙御定历代题画诗·卷八十四·花卉类·题徐太守所画推篷梅花图》（下册），北京：北京古籍出版社，1996年，第303页。

7 （清）陈邦彦：《康熙御定历代题画诗·卷八十五·花卉类·雪湖老人墨梅》（下册），北京：北京古籍出版社，1996年，第317页。

仆夫"。[1] 这一"卧游"体验既包含了"闻古香"的嗅觉，又包含了
"翠微绿"的视觉，还包含了"耳畔清泉"的听觉，以及痴迷于画而丧
失味觉的体验。陈亮亦有"森森矛戟自相向，淅淅枝条如有声。高堂
素壁时张挂，潇洒浑疑却炎夏。莫言无地种琅玕，自有清风满图画"[2]
的诗句，不仅有"森森"的视觉、"淅淅"的听觉，亦有"清风"的
肤觉。

　　宗炳之后，历代文人为"卧游"注入了更丰富的审美元素，使其由
视觉为主的观看体验，转化为以多重感官投身画作世界实现虚拟性审美
感知的过程。因此，"卧游"是观画者作为一个完整的、审美的人进入
画中与画中人同游天地的体验，主要体现在入画同游类题画诗中。诗人
在观赏画作时，想象自我置身画中世界，或为画中人本人，或携其一同
游览山水。有期待入画"同游"或与画中人"同住"的，如陈与义"舟
中有闲地，载我得同游"、[3] 赵孟頫"安得眼前见此屋，仍呼陶谢与同
游"、[4] 李祁"便拟明朝结长网，与君同住浙江边"、[5] 顾璘"有时枕书
相对眠，宛在君家画图宿"、[6] 姚广孝"欲共水边人，时来听风雨"。[7]
有强调诗人作为完整的"人"入画体验的，尤以"身"字予以表述。如
方干"坐久神迷不能决，却疑身在小蓬瀛"、[8] 王十朋"未信壶中别有

1　（清）陈邦彦：《康熙御定历代题画诗·卷二十九·名胜类·题沈启南奚川八景图》（上册），
　　北京：北京古籍出版社，1996年，第365—366页。
2　（清）陈邦彦：《康熙御定历代题画诗·卷七十六·兰竹类·题画竹》（下册），北京：北京
　　古籍出版社，1996年，第193页。
3　（清）陈邦彦：《康熙御定历代题画诗·卷二十四·山水类·题诗约画轴》（上册），北京：
　　北京古籍出版社，1996年，第295页。
4　（清）陈邦彦：《康熙御定历代题画诗·卷二·天文类·题朱锐雪景》（上册），北京：北京
　　古籍出版社，1996年，第21页。
5　（清）陈邦彦：《康熙御定历代题画诗·卷二十四·山水类·题画》（上册），北京：北京古
　　籍出版社，1996年，第298页。
6　（清）陈邦彦：《康熙御定历代题画诗·卷七十一·树石类·题罗侍御所藏周必都古松幛》
　　（下册），北京：北京古籍出版社，1996年，第125页。
7　（清）陈邦彦：《康熙御定历代题画诗·卷七十三·树石类·题老桧图》（下册），北京：北
　　京古籍出版社，1996年，第145页。
8　（清）陈邦彦：《康熙御定历代题画诗·卷十一·山水类·卢卓山人画水》（上册），北京：
　　北京古籍出版社，1996年，第130页。

天，却讶身游与梦寐"、[1] 党怀英"渔父自醒还自醉，不知身在画图中"、[2] 邓文原"最是无声诗思好，恍然身在赤城游"、[3] 熊梦祥"许身入画酬清赏，不嫁东风过小桥"、[4] 钱宰"可怜有梦长萦绕，曾记将身入画图"、[5] 文征明"持盖冲烟觅诗去，不知身在画中行"[6] 等。有的诗人强烈期待与画中人或画家成为知己、与画中物彼此观照。如程钜夫"我与白鸥曾有约，可怜相见图画中"、[7] 边贡"平生不识石田子，往往相逢画图里"、[8] 李汛"何人结屋倚松根，一片凉云午乍屯。我欲相期来避暑，薰风时听翠涛翻"。[9] 还有的诗人与画中高士相逢后，便想象自己也能借屋借舟而栖居画中。如杜本"数载幽并倦行役，按图欲借屋三间"[10] 及贡性之"借君清涧濯双足，借君松枝悬角巾"、[11] 高启"欲借太一舟，夜卧浩荡随风吹"。[12] 此外，还有诗人期望画家将自己绘入画中，如秦观

1　（清）陈邦彦：《康熙御定历代题画诗·卷三十一·古迹类·和桃源图》（上册），北京：北京古籍出版社，1996年，第379页。

2　（清）陈邦彦：《康熙御定历代题画诗·卷六十七·渔樵类·渔村诗话图》（下册），北京：北京古籍出版社，1996年，第76页。

3　（清）陈邦彦：《康熙御定历代题画诗·卷五·地理类·题洪谷子楚山秋晚图》（上册），北京：北京古籍出版社，1996年，第55页。

4　（清）陈邦彦：《康熙御定历代题画诗·卷八十四·花卉类·题王元章梅》（下册），北京：北京古籍出版社，1996年，第296页。

5　（清）陈邦彦：《康熙御定历代题画诗·卷五十六·行旅类·千里掀篷图》（上册），北京：北京古籍出版社，1996年，第693页。

6　（清）陈邦彦：《康熙御定历代题画诗·卷二十六·山水类·题画》（上册），北京：北京古籍出版社，1996年，第320页。

7　（清）陈邦彦：《康熙御定历代题画诗·卷十八·山水类·题祁提点秋山图》（上册），北京：北京古籍出版社，1996年，第227页。

8　（清）陈邦彦：《康熙御定历代题画诗·卷十三·山水类·题石田画》（上册），北京：北京古籍出版社，1996年，第167页。

9　（清）陈邦彦：《康熙御定历代题画诗·卷二十三·山水类·题小景》（上册），北京：北京古籍出版社，1996年，第293页。

10　（清）陈邦彦：《康熙御定历代题画诗·卷二十四·山水类·题画图》（上册），北京：北京古籍出版社，1996年，第298页。

11　（清）陈邦彦：《康熙御定历代题画诗·卷二十四·山水类·题画》（上册），北京：北京古籍出版社，1996年，第299—300页。

12　（清）陈邦彦：《康熙御定历代题画诗·卷二十八·名胜类·题黄大痴天池石壁图》（上册），北京：北京古籍出版社，1996年，第346页。

"烦君添小艇，画我作渔翁"、[1] 楼钥"丹青安得此一流，画我横笤水中石"、[2] 戴良"能添野老烟波里，便与同生复同死"、[3] 贡性之"笑谈如著我，也入画图中"、[4] 马臻"洪荒古意画图在，安得著我茅三间"[5] 及牟嘉叙"恍如著我图画中，手携云镶倚青松"[6] 等。倘若画家真能将其描绘在画作上，于此望去仿佛置身画中世界，为进入"卧游"状态提供了立足点。

　　前述若干单一类型之外，还有多个类型复合的"卧游"体验。如杨万里便记载了观《袁安卧雪图》时的审美体验：

> 　　云窗避三伏，竹床横一丈。退食急袒跣，病身聊偃仰。有梦元无梦，似想亦非想。满堂变冥晦，寒阴起森爽。门外日如焚，屏间雪如掌。萧然耸毛发，皎若照襟幌。拔地排瑶松，倚天立银嶂。遥见幽人庐，茅栋压欲响。有客叩柴门，高轩隘村巷。剥啄久不闻，徙倚觉深怅。幽人寐正熟，何知有令长。谁作卧雪图，我得洗炎瘴。[7]

诗人观画前抱恙在竹床，精神状态颓靡不振，因三伏天的酷热，当为轻微中暑症状。看到《袁安卧雪图》的瞬间，他感到房内由暑热转为森爽

1　（清）陈邦彦：《康熙御定历代题画诗·卷二十·山水类·题赵团练江干晓景》（上册），北京：北京古籍出版社，1996 年，第 250 页。

2　（清）陈邦彦：《康熙御定历代题画诗·卷二十一·山水类·郭熙秋山平远用东坡韵》（上册），北京：北京古籍出版社，1996 年，第 254 页。

3　（清）陈邦彦：《康熙御定历代题画诗·卷六·地理类·题顾氏长江图》（上册），北京：北京古籍出版社，1996 年，第 69—70 页。

4　（清）陈邦彦：《康熙御定历代题画诗·卷二十四·山水类·题画》（上册），北京：北京古籍出版社，1996 年，第 300 页。

5　（清）陈邦彦：《康熙御定历代题画诗·卷二十四·山水类·题画杂诗》（上册），北京：北京古籍出版社，1996 年，第 302 页。

6　（清）陈邦彦：《康熙御定历代题画诗·卷二十二·山水类·观古壁画山水歌》（上册），北京：北京古籍出版社，1996 年，第 271 页。

7　（清）陈邦彦：《康熙御定历代题画诗·卷三十五·故实类·题无讼堂屏上袁安卧雪图》（上册），北京：北京古籍出版社，1996 年，第 433 页。

而又化为阴寒。夏日虽依旧如焚在天，屏风前却仿佛飘下了如掌大的雪花，使人立刻感到毛发萧然，眼目中一片皎皎。临画"卧游"的他想象自己进入冰天雪地的世界，看到松林中高士居住的茅庐，轻扣柴扉却见小寐其中。最终通过观画，诗人获得除暑热、洗炎瘴的疗疾效果。

又如，陈高在《题太白纳凉图》中精神摹拟了画中李白纳凉的典故：

> 六月炎天飞火乌，土焦石烁河流枯。迩来衰病更畏热，呼叫欲狂挥汗珠。饮冰嚼藕废朝夕，小室如炉眠不得。闲将图画悬四壁，漫想深山好泉石。就中此图尤绝奇，青林飞瀑吹凉飔。何人展席坐苍藓？乃是谪仙初醉时。露顶裸裎投羽扇，仰看云生白成练。松阴如雨毛骨寒，岂识人间绊足倦。只今匡庐道阻修，雁荡天台近可游。便欲致身丘壑里，挂巾石壁继风流。[1]

诗人先是形象地描述了六月暑天的酷热环境，也道出了自己近来因抱恙而极度怕热的情况。虽采取了饮冰嚼藕等措施，房内仍旧像火炉一样令其无法入眠。谁知当《太白纳凉图》被悬挂起来之后，他通过观赏画中深山泉石，想象自己正是在青林飞瀑下被清凉微风吹拂的太白。白云、松阴等意象居然令他毛骨生寒，不仅暑热散去大半，还萌生了置身丘壑的渴望。

此外，小酌时微醺如梦的恍惚状态也为"卧游"增添了意想不到的妙趣。欲醉还醒间产生了亦真亦幻的审美体验——说是幻觉，却也清醒；说是清醒，却未发生。如袁凯"前年为客写林麓，百道飞泉出幽谷。老夫醉来不敢眠，深虑波涛卷茅屋"，[2] 道出醉酒后的糗态，醉眼蒙眬望向幽谷飞泉图卷时竟产生了担忧，生怕波涛涌来

1　（清）陈邦彦：《康熙御定历代题画诗·卷四十·故实类》（上册），北京：北京古籍出版社，1996年，第485页。

2　（清）陈邦彦：《康熙御定历代题画诗·卷十五·山水类·徐子修画山水歌》（上册），北京：北京古籍出版社，1996年，第185页。

将自己的茅屋冲垮。又如李东阳"谁将妙思入画本，似与造化争雕镂。酒酣月落不知处，梦醒尚作江南游"，[1] 亦道出诗人酒后观画的奇特体验，酒醒之后仍以为自身徜徉于画中江南，而忘记了身在何处。

　　基于静观式的艺术再现传统，西方美学家通常将视觉观看体验与全身心体验区分开来。在谈及"如画性"问题时，米歇尔·柯南认为实存的自然景观允许人进入内部探索，"景观空间受制于天气、自然变化和人类的干预"。[2] 与之相异的是，再现性绘画则不受实际天气环境影响，因其是"一个自我封闭的整体""一件超越时间而存在的精神作品"。[3] 这种二分法实际上是为审美体验的充分展开设置障碍。就前述中国古代文人题画诗所记载"卧游"体验观之，中西方观画传统确实不同。中国古人以浪漫而发达的想象打破了再现性的虚构世界与实存性的现实世界之间的距离，在假扮游戏中实现了天气环境与心境气象的联通，从未生硬划分画内画外、虚实真假，也就无所谓纯粹的视觉观看体验。在中国古代文人那里，一切观画体验皆是身心融合的整体性审美体验。

（五）作为审美体验式图像品评："卧游"的主体性

　　以"卧游"为典型代表的审美体验式图像品评蕴含着主体性色彩，是"有我"的交融参与式的体验品评，而非"无我"的远距离静观式的客观批评。这首先体现在，"卧游"体验是富于情感与想象的，既有山林之思的喜悦向往与难消热肠，亦有思乡感怀的长吟遐思与惆怅太息。如王庭珪坦言"夜入长安人不知，应见画图心已

1　（清）陈邦彦：《康熙御定历代题画诗·卷六·地理类·钱塘江潮图》（上册），北京：北京古籍出版社，1996年，第75—76页。

2　[法] 米歇尔·柯南：《穿越岩石景观——贝尔纳·拉絮斯的景观言说方式》，赵红梅、李悦盈译，长沙：湖南科学技术出版社，2006年，第12页。

3　[法] 米歇尔·柯南：《穿越岩石景观——贝尔纳·拉絮斯的景观言说方式》，赵红梅、李悦盈译，长沙：湖南科学技术出版社，2006年，第12页。

热"，[1] 沈周说自己"徒然感慨在牖下，捕影捉风消热肠"，[2] 吴宽观
《高克明溪山雪意图》后表示"每一开之心辄喜"，[3] 王世贞赏《题海峰
图》而感叹"高踪不可即，披图良快哉！"[4] 另有诗人展卷惆怅，"卧
游"本是替代出游的无奈之举，诗人因在"卧游"之时作山林之想，
或感怀旧游，或因体力不支远游，而看得怅然嗟叹。如吴师道自白
"弱质阻攀援，披图但惆怅"，[5] 仇远亦道，"余方栖迟尘土，无山可耕，
展玩此图，为之怅然而已"，[6] 赵友同也有"抚卷动遐思，悠然长太
息"[7] 一句，混合着向往与遗憾的双重情绪。毋庸置疑的是，给观者带
来审美愉悦的画作定是佳作，而记录愉悦感生成过程的题画诗便是对
该画的恰如其分的品评，体现出审美体验式图像品评活动中诗与画的
相互生成关系。

其次，审美体验式图像品评的主体性色彩体现在个人游历经验对
"卧游"的催生作用中。"追忆"是"卧游"的经验基础，在既有真实环
境体验的映照下，当下的虚拟审美体验会更真实化、整体化、身心化。
诗人常在观赏画家所绘景致时回忆起先前游山玩水的经历并有所感怀。
如李白有诗云，"昔游三峡见巫山，见画巫山宛相似"，[8] 又如刘克庄

1　（清）陈邦彦：《康熙御定历代题画诗·卷三·地理类·观骆元直经进江南形势图》（上册），
　　北京：北京古籍出版社，1996 年，第 38 页。
2　（清）陈邦彦：《康熙御定历代题画诗·卷六·地理类·题长江万里图》（上册），北京：北
　　京古籍出版社，1996 年，第 69 页。
3　（清）陈邦彦：《康熙御定历代题画诗·卷二·天文类》（上册），北京：北京古籍出版社，
　　1996 年，第 26 页。
4　（清）陈邦彦：《康熙御定历代题画诗·卷六·地理类》（上册），北京：北京古籍出版社，
　　1996 年，第 73 页。
5　（清）陈邦彦：《康熙御定历代题画诗·卷二十八·名胜类·百尺山图》（上册），北京：北
　　京古籍出版社，1996 年，第 354 页。
6　（清）陈邦彦：《康熙御定历代题画诗·卷四十六·闲适类·题高房山写山居图卷》（上册），
　　北京：北京古籍出版社，1996 年，第 558 页。
7　（清）陈邦彦：《康熙御定历代题画诗·卷七十五·兰竹类·题子固蕙兰卷》（下册），北京：
　　北京古籍出版社，1996 年，第 179 页。
8　（清）陈邦彦：《康熙御定历代题画诗·卷三十二·古迹类·观元丹丘巫山屏风》（上册），
　　北京：北京古籍出版社，1996 年，第 393 页。

"抚卷追思，历历不忘"、[1] 戴良"忽此披图忆曩时"、[2] 刘秉忠"对此依稀复旧游"、[3] 僧麟洲"见画犹能记昔年"、[4] 吴宽"看画偶然思旧游"[5]等。从情景交融的角度来看，旧游记忆会将已发生过的另一时空的审美情感带入当下正在进行的"卧游"，弥补了其虚拟性在情感生成程度上的薄弱与不足。当追忆怀旧的情感被激发到一定程度时，山林之思将升华为移家思归的渴望。诗人向往画中幽境而顿起归隐之心。例如，楼钥"披图哦诗想幽致，直欲携节上山头"、[6] 杨万里"烝水买船归雪水，全家搬入画图间"、[7] 萨都剌"携家便欲上船去，买鱼煮酒扬子江"、[8] 纳延"客窗看画空愁绝，便欲移家入翠微"、[9] 贡性之"何处江山似此佳，看君图画欲移家"、[10] 赵孟頫"何处有山如此图，移家欲向山中住"、[11] 王世贞"便欲移家此中住"、[12] 李东阳"便欲买棹游江湖"、[13] 李胜原"恨不携家此

1　（清）陈邦彦：《康熙御定历代题画诗·卷五十六·行旅类·题真仁夫画卷》（上册），北京：北京古籍出版社，1996 年，第 698 页。
2　（清）陈邦彦：《康熙御定历代题画诗·卷六·地理类·题顾氏长江图》（上册），北京：北京古籍出版社，1996 年，第 69—70 页。
3　（清）陈邦彦：《康熙御定历代题画诗·卷十九·山水类·秋江晚景图》（上册），北京：北京古籍出版社，1996 年，第 239 页。
4　（清）陈邦彦：《康熙御定历代题画诗·卷一·天文类·题明辩之画春江听雨图》（上册），北京：北京古籍出版社，1996 年，第 16 页。
5　（清）陈邦彦：《康熙御定历代题画诗·卷十·山水类·赵松雪长江叠嶂图》（上册），北京：北京古籍出版社，1996 年，第 124 页。
6　（清）陈邦彦：《康熙御定历代题画诗·卷十·山水类·寄题台州倅厅云壑》（上册），北京：北京古籍出版社，1996 年，第 125—126 页。
7　（清）陈邦彦：《康熙御定历代题画诗·卷五十·闲适类·跋葛子固题苏道士江行图》（上册），北京：北京古籍出版社，1996 年，第 605 页。
8　（清）陈邦彦：《康熙御定历代题画诗·卷十八·山水类·题江乡秋晚图》（上册），北京：北京古籍出版社，1996 年，第 229 页。
9　（清）陈邦彦：《康熙御定历代题画诗·卷九·山水类·题罗小川青山白云图》（上册），北京：北京古籍出版社，1996 年，第 114 页。
10　（清）陈邦彦：《康熙御定历代题画诗·卷二十二·山水类·题画壁》（上册），北京：北京古籍出版社，1996 年，第 270 页。
11　（清）陈邦彦：《康熙御定历代题画诗·卷三十一·古迹类·题商德符学士桃源春晓图》（上册），北京：北京古籍出版社，1996 年，第 380 页。
12　（清）陈邦彦：《康熙御定历代题画诗·卷二·天文类·高克明溪山雪霁图歌》（上册），北京：北京古籍出版社，1996 年，第 32—33 页。
13　（清）陈邦彦：《康熙御定历代题画诗·卷九·山水类·徐用和侍御所藏云山图歌》（上册），北京：北京古籍出版社，1996 年，第 111 页。

中住"、[1] 樊阜"我欲移家住山侧"[2] 等句，都对此有所写照。

再者，"卧游"还在其它方面寄托了观画之人的主体性。"卧游"提升了主体的涵养修为，是修身养性、澄怀自省的静修过程。张羽观《雪山图》后便题诗"玩图心已澄，对景情逾适"，[3] 正如宗炳所云"澄怀观道，卧以游之"。[4] 诗人在"卧游"时凭借想象塑造了一个"虚我"，替代"实我"进入画中游览，此"虚我"正是真我在情感追求与审美理想上的分身，自然承载了诗人的主体性。情感以思绪为载体，遐远而悠长，如王炎"见此山中景，我思更深长"、[5] 纳延"开图见山郭，千里思悠悠"、[6] 李胜原"披图便觉逸思飘"、[7] 陈全"披图起遐想，逸思谐心胸"、[8] 林志"披图逸思飘，苍茫海空迥"、[9] 商辂"家山在图画，触目思飘然"、[10] 陈颢"抚图三叹息，长吟寄遐思"、[11] 刘崧"展图坐对凤山青，却想高情动千古"[12]

1　(清) 陈邦彦：《康熙御定历代题画诗·卷十四·山水类·题冯进士养质山水画》（上册），北京：北京古籍出版社，1996 年，第 183 页。

2　(清) 陈邦彦：《康熙御定历代题画诗·卷十五·山水类·题周文静山水图》（上册），北京：北京古籍出版社，1996 年，第 190 页。

3　(清) 陈邦彦：《康熙御定历代题画诗·卷二·天文类》（上册），北京：北京古籍出版社，1996 年，第 23 页。

4　许嘉璐主编：《二十四史全译·宋书·卷九十三·列传第五十三·宗炳》，上海：汉语大词典出版社，2004 年，第 1925 页。

5　(清) 陈邦彦：《康熙御定历代题画诗·卷十八·山水类》（上册），北京：北京古籍出版社，1996 年，第 225 页。

6　(清) 陈邦彦：《康熙御定历代题画诗·卷五·地理类·题马远信州图》（上册），北京：北京古籍出版社，1996 年，第 52 页。

7　(清) 陈邦彦：《康熙御定历代题画诗·卷十四·山水类·题冯进士养质山水画》（上册），北京：北京古籍出版社，1996 年，第 183 页。

8　(清) 陈邦彦：《康熙御定历代题画诗·卷十五·山水类》（上册），北京：北京古籍出版社，1996 年，第 186 页。

9　(清) 陈邦彦：《康熙御定历代题画诗·卷十五·山水类·题林司训画山水图》（上册），北京：北京古籍出版社，1996 年，第 186—187 页。

10　(清) 陈邦彦：《康熙御定历代题画诗·卷十七·山水类·题春景山水》（上册），北京：北京古籍出版社，1996 年，第 220 页。

11　(清) 陈邦彦：《康熙御定历代题画诗·卷三十三·故实类·夫子听琴师襄图》（上册），北京：北京古籍出版社，1996 年，第 408 页。

12　(清) 陈邦彦：《康熙御定历代题画诗·卷五十五·闲适类·题吴教授所藏黄大痴画松江送别图》（上册），北京：北京古籍出版社，1996 年，第 678 页。此处作者原书刊镏崧，应为刘崧。

等诗句。因此，"卧游"之思便是画图之思、品评之思，是审美主体的自由无拘的神思。

　　"卧游"这一审美体验式的图像品评行为实现并巩固了古人对意象、意味、意境所构成的图像审美系统的理解与阐释。首先，"卧游"是在画作原有意象基础上展开虚拟游览，并于其中生成动态立体的新意象的过程。体验式品评是诗人以认可画作艺术水平为前提的共同创作。之于画作的意象层，"卧游"体验有所享用亦有所贡献。其次，"卧游"使静态平面的意象变幻得更加生动，题画诗不再是白纸黑字的抽象符号，而在诗人面前展开了一番奇景世界，使"泉石""飞瀑""松桧""青林"的审美意味更为具体可感。在观象、造象、味象的基础上，观者进入了至高层次的意境，不是间隔一定距离地远观，而是想象自己与画中人同游于画中，或渴望移家画中过上其中所描绘的世外桃源生活，享受出世的田园之乐，或虚拟地感受到画中世界的天气环境，仿佛置身山林野外一般。依凭着诗人的积极想象，"卧游"是一种诗性的图像审美体验。正如元好古在《题江村风雨图》中所云，"江山不到红尘眼，半幅烟绡想象中"。[1] 因此，"卧游"应当被纳入意象、意味、意境所构成的图像审美系统。作为审美体验式图像品评的活动平台，"卧游"实为一种"意游"，承托着意象、意味、意境生成与展开的过程。

（六）"卧游"：作为再现性环境的虚拟感知

　　雷吉斯·德布雷（Régis Debray）曾记述一则有趣的轶事："有一天，一位中国皇帝请宫中首席画师把宫殿墙上刚刚画成的瀑布抹去，因为水声让他夜不成寐。"[2] 画作本是无声诗，画师运用高超的技艺将一挂"瀑布"置入宫室之中，望之使人联想到水流，佯信水声不绝于耳，以

---

[1]　（清）陈邦彦：《康熙御定历代题画诗·卷一·天文类》（上册），北京：北京古籍出版社，1996 年，第 9 页。

[2]　［法］雷吉斯·德布雷：《图像的生与死：西方观图史》，黄迅余、黄建华译，上海：华东师范大学出版社，2014 年，第 1 页。

至于被瀑布声惊扰了美梦。视觉刺激了想象并引导听觉的运作，使皇帝被置身画中山水的念头困扰，不可成寐。这是一次虚拟性的环境体验，以艺术为媒，感知了画作再现的山水环境。

将山水图之于壁的做法又让人联想到宗炳及"卧游"。但与那位皇帝不同，宗炳乐于被满室的"山水"所围绕，想必不会夜不成寐，更会邀山水入梦。徐复观指出，"他的画山水，乃为了满足他想生活于名山胜水的要求。这说明了山水画最基本的价值之所在"。[1] 在无法亲临名山胜水时，宗炳不得不退而求其次，在山水画卷中寻求慰藉。中国古代文人"以玄对山水"的"澄怀观道"是精神修行的典型途径，但在无法"身即山川"之时，只得求助于山川的图像，以此为审美想象的出发点，假装自己正置身山光水色之中。

宗炳在《画山水序》中更详尽地阐述了"卧游"作为再现性环境虚拟感知方式的审美体验、生成原理及意义价值。首先，"卧游"是这样一种审美活动，"闲居理气，拂觞鸣琴，披图幽对，坐究四荒，不违天励之丛，独应无人之野。峰岫峣嶷，云林森渺"。[2] 心境闲适之时，轻抚琴弦，伴着清远的乐音，缓缓展开画卷，凝神静观，闭目思量，仿若穿越时空来到画中，独自一人置身山川荒野，被群峰四下围绕，举目见葱翠，低头听溪潺，画外画内一片幽然静谧。"卧游"要求观画之人保有一种道家的虚静心境，做好"疏瀹五脏，澡雪精神[3] 的准备后再"披图幽对"。因此，"卧游"正是"致虚极，守静笃，万物并作，吾以观复"的哲学观和宇宙观在艺术领域的践行。由于宗炳信仰佛教，"卧游"又带有佛家参禅修行的意味。观览画卷之际，既是坐忘，也是坐禅，不仅名山胜水纳入心中，宇宙四海也进入观照的视野。基于画作的环境审美体验使自然虚拟性地外化在观画人身体周围，又内化在其心灵之中，

1　徐复观：《中国艺术精神》，上海：华东师范大学出版社，2001 年，第 142 页。
2　（南朝宋）宗炳：《画山水序》，见周积寅：《中国历代画论》（上编），南京：江苏美术出版社，2013 年，第 286 页。
3　（南朝梁）刘勰著，范文澜注：《文心雕龙注》（下），北京：人民文学出版社，1958 年，第 493 页。

身心内外都被山水以感性和理性的方式所占据了。

其次，"卧游"的关键环节在于"神思"。简言之，神思即审美想象。基于艺术作品的形式特征，观画人在头脑中描绘新的图景、领略新的风光、踏足新的境地。只须说服自己佯信身即山川，便可被自然万物所簇拥，因而以"神思"为基础的"卧游"是一种以画作为道具的假扮游戏。宗炳提出"卧游"是符合中国古代艺术史与传统审美文化发展规律的。对审美想象的理论化表述是魏晋南北朝时期审美意识达到自觉的表征之一。陆机云其"精骛八极，心游万仞"；[1] 刘勰云其"思接千载……视通万里……"，[2] 皆指出审美想象活动能够突破时间与空间的限制，达到情感思绪在历史维度与地域维度上的自由，通过无中生有、虚实互生而营造意境。凭借想象的展开，观画人在水墨山川间无拘无束地畅游，虚拟性地听闻鸟鸣溪流的声响，观望自然旖旎的风光，嗅闻川泽的清新与温润，感受微风送爽的清凉——足不出户而遍步天下。难怪宗炳要将平生所游履之山水请入室内，以慰向往自然之心，在"神思"中融会万趣，以求身心为之一畅。至于"卧游"之审美想象的具体展开环节，宗炳指出其关键在于"应目会心……目亦同应，心亦俱会"，[3] 即从视觉观看起步而至心旷神怡，由身的感知到心的感悟，再到心神层面上的身体感官虚拟感知，最终实现身心相容互渗不分彼此。因此，"卧游"的真正意义是一种身心关联的虚拟环境审美体验。

再者，"卧游"的功效在于"畅神"。在想象中精神摹拟真实的山水体验，由心关联身并产生"畅神"效果。古人相信观看山水画也有治愈身心的功效。秦观曾记述自己观画疗疾的经历："元祐丁卯，余为汝南

---

[1] （西晋）陆机著，（西晋）陆云著：《陆机文集·陆云文集·卷第一·赋一·文赋并序》，上海：上海社会科学院出版社，2000年，第11—12页。
[2] （南朝梁）刘勰著，范文澜注：《文心雕龙注》（下），北京：人民文学出版社，1958年，第493页。
[3] （南朝宋）宗炳：《画山水序》，见周积寅：《中国历代画论》（上编），南京：江苏美术出版社，2013年，第321页。

郡学官，夏得肠癖之疾，卧直舍中。所善高仲符，携摩诘《辋川图》示余曰：'阅此可以疗疾'。余本江海人，得图喜甚，即使二儿从旁引之，阅于枕上，恍然若与摩诘入辋川，……忘其身之匏系于汝南也。数日疾良愈"。[1] 不独秦观，阿尔贝蒂在《论建筑》中也指出，"观看喷泉、河流和瀑布的图画，对发热病人大有神益。若有人夜间难以入睡，请他观看泉水，便会觉得睡意袭人……"[2] 艺术与自然的结合使人身心愉悦，借助想象间接地将观者送入一种被山水环抱的虚构情境中，而非从物理层面直接作用于感官。此类"透过图画的表象，让观者的身体感受到眼中水流的清冽"[3] 的现象确乎存在，但无法用"视觉体验"或"环境体验"来描述，因为在严格意义上它不归属于二者中的任何一种。姑且将之称作一种虚拟性的环境审美体验，依托于再现自然环境的艺术作品，在精神层面拉近并消减人与环境的距离。

"卧游"体验得以实现的原因在于艺术家构造画中山水空间的技巧，也在于欣赏者的配合。宗炳指出，绘制山水时要"身所盘桓，目所绸缪。以形写形，以色貌色"。[4] 一"盘桓"一"绸缪"，画家在头脑中艺术地构思出了一片山水的空间。只有画家首先佯信自己被真实的山水与笔下的山水所"包围"，才能描绘出"围绕"观画者的景致。中国画缺失了西画焦点透视的立足点，却收获了更多的"卧游"立足点，收获了山水画审美意境之所由生的立足点。宗炳又云，"今张绡素以远暎，则昆、阆之形，可围于方寸之内，竖画三寸当千仞之高，横墨数尺，体百

1 周义敢、程自信、周雷编注：《秦观集编年校注・卷二十四・序跋・书辋川图后》，北京：人民文学出版社，2001 年，第 538—539 页。

2 转引自［法］雷吉斯・德布雷：《图像的生与死：西方观图史》，黄迅余、黄建华译，上海：华东师范大学出版社，2014 年，第 1 页。See Paul-Henri MICHEL, *La Pensée de L. B. Alberti*, Les Belles Lettres, 1930, p. 493.

3 ［法］雷吉斯・德布雷：《图像的生与死：西方观图史》，黄迅余、黄建华译，上海：华东师范大学出版社，2014 年，第 1 页。

4 (南朝宋) 宗炳：《画山水序》，见周积寅：《中国历代画论》（上编），南京：江苏美术出版社，2013 年，第 102 页。

里之迥"，[1] 这不正是中国古代戏曲布景的写意手法吗？关键在"当"、在"体"，将三寸当作千仞，把数尺视为百里，假装相信画中寥寥几笔便可开疆拓土，正如戏曲舞台上三五武生代表千军万马，"趟马"几步便是日行千里。如果说形是骨架，神是血肉，写意就是中国艺术精神的精和髓，把虚实互生、有无转换的哲学基因带入了艺术与审美。"当"与"体"强调一种中国式的接受美学思想，要求观画者兑现一种配合画家的默契。原本写意山水在透视技法上就淡化了西画讲求的形似求真与空间感，要求观者配合就意味着要从线条勾勒与水墨浓淡的手法中体悟所再现的山水环境，恰似观看戏曲表演时对动作程式、舞台布景、道具脸谱等写意元素的心领神会。

德布雷认为"图像，……是一种媒介，……本身并非终极目的，而是一种占卜、防卫、迷惑、治疗、启蒙的手段。"[2] 在卧榻画中游的审美游戏中，具有媒介身份的图像是道具和手段，而非目的，不难理解它所服务于的审美过程具有疗愈的作用。但这一疗愈功效是以置身画中山水进行审美体验为前提的，因而"入画"的审美参与才是山水画实现审美价值的关键。德布雷感叹道："'巫术'（magic）和'图像'（image）由同样的字母组成，真是恰当不过。求助于图像，就是求助于魔法。"[3] 图像恰是一种作用于视觉，进而作用于身体的魔法，把远在天边的山水景致带入自家屋宇，足不出户便可尽游天下旖旎风光，其疗病的效果、愉悦人心的"畅神"之效必然是有的。

（七）中西方观画方式之差异性

就西方观画方式的传统而言，形式与意义之间是连续的，观者在观

1　（南朝宋）宗炳：《画山水序》，见周积寅：《中国历代画论》（上编），南京：江苏美术出版社，2013年，第393页。

2　[法]雷吉斯·德布雷：《图像的生与死：西方观图史》，上海：华东师范大学出版社，2014年，第17页。

3　[法]雷吉斯·德布雷：《图像的生与死：西方观图史》，上海：华东师范大学出版社，2014年，第17页。

看画面时可以顺畅地获得关于画中虚构世界的信息。从乔尔乔内、提香到鲁本斯，从普桑、凡·代克、洛兰、霍贝马、华托到庚斯博罗与弗拉戈纳尔，及至康斯坦勃尔与柯罗之后的艺术家所绘包含风景的叙事画或风景画向来追求写实，观者于画中所见与日常经验中的视觉感知之间的相似度极高。相较于中国山水画呈现的山水与其在现实世界的样貌之间的差距，西方风景画所用绘画语言的形式与意义之间是连续的而非断裂的。画家所绘即为观者所见，观者所见直接指引观者所想。求实求真的艺术再现手法较为直观，抽象性往往不高，其观画体验虽也有虚构性，却不具备中国古代哲学意义上的"虚"范畴的内涵。

与之不同的是，中国古代山水画在艺术再现及其所绘对象的现实物象这两个层面之间始终保留着一定距离。这一距离为"虚"范畴得以扎根留足了空间，也为审美主体充分发挥能动性参与绘画欣赏活动保留了余地。习惯于观看中国山水画的欣赏者更易于捕捉画面中的线条勾勒或块面皴笔，将之对应于画家要向自己呈现的山水树石。但对于非中国本土审美文化语境滋养生成的观画习惯而言，这一任务不会完成得很容易。因此，"卧游"体验的虚拟性指向艺术语言的形式与意义之间的断裂。但这一断裂并未影响意义内涵的视觉传达，反而对绘画中诗意的提升有所助力。得益于中国传统观画方式，二者之间的断裂被受众所修复，艺术再现及其所绘对象的现实物象这两个层面之间的距离在审美接受心理上被消融，进而艺术再现及现实物象在观者心中实现了身份属性及存在状态的对等。如此看来，现实与虚构之间的距离在心理层面的消弭使观者得以在想象中由现实世界进入画作世界，"不下堂筵，坐穷泉壑"。[1]

从中西比较的角度来看，西方并非完全没有类似于"卧游"的创作目的和观画行为。从拜占庭到中世纪宗教主题绘画，西方也有将商队旅

1　（北宋）郭熙、郭思：《林泉高致·山水训》，见周积寅：《中国历代画论》（上编），南京：江苏美术出版社，2013年，第243页。

行等事件作为描绘对象的画作。但不同于中国古代山水画的是，前景人物前往朝圣的旅途具有宗教叙事性，景中山水树石元素皆不具有哲学意味，旅人与自然景物的关系并非意在引导观者联想其哲学化象征内涵，因而与中国山水画的"卧游"有本质区别。可见，将中国古人欣赏画作的"卧游"体验称为西方美学意义上的"观画"是欠妥的，除非在中国传统审美文化的语境下重新界定"观"的内涵。与之相比，"赏画"更符合"卧游"画中的审美体验所呈现的身心合一性及审美感知的虚拟性与假扮游戏性。

中国传统绘画有山水却不称之为风景，有花鸟却不称之为静物，有人物却不称之为肖像。单从画种命名上看，中国画就比西方多了几分生机和灵动。而这绘画技法及审美趣味的特质，也使受众群体的塑造经历了不同于西方的过程，观画方式在代代相传、慢慢推广之后，逐渐生成了异于西方的审美欣赏习惯。"卧游"的观画习惯反作用于画作本身，画家渐以营造"意境"为艺术使命，皆因认定画外知音有"卧游"画中的审美期待。事实上，"卧游"与"意境"作为术语范畴在艺术史上的产生时间相去不远，二者实为相互扶持、彼此塑造的关系。在作为艺术假扮游戏的"卧游"审美体验中，"意境"才真正地生成。

"卧游"不仅精巧地构建了中国古代绘画的审美体验方式，也能够阐释绘画之外的其它传统艺术门类的审美体验方式。例如盆景、戏曲、园林等都是中国式假扮游戏的典型例子，审美主体徜徉在艺术作品生发的虚构事实所建构起来的虚拟世界中，想象并假装相信这些事实是真实的；而墙上的画作、掌中的盆景、眼中的戏曲表演、掇山理水的缩微景致……都是假扮游戏的道具。正如宗白华所说的，"《秋江》剧里船翁一支桨和陈妙常的摇曳的舞姿可令观众'神游'江上。八大山人画一条生动的鱼在纸上，别无一物，令人感到满幅是水"。[1] 以虚拟的划船舞姿再现了真实的泛舟江上的事实，以鱼的再现代替了水的再现，都是中国艺

1　宗白华：《美学散步》，上海：上海人民出版社，1981年，第92页。

术精神的体现，一虚一实而意境愈出。

以盆景为例，与马远的《对月图》所描绘的情境相近的，文人常置于案几之上把玩的盆景作品也会选取树下独酌、邀朋品茗、闲敲棋子或赋诗论道的场景。捏一枚陶人、一张陶桌、聚友朋三五、携童子一二席地而坐，在小小一株黄杨树下自然地入景，一尊盆景讲述着耐人探寻的故事。怪石假山周围稀疏地种了文竹，好似片片朦胧的绿云雾环绕着山体；山下渔翁垂钓江中，文竹叶片沾上的水珠落下，打湿了蓑笠，惊扰了群鱼。一尊盆景恰似一幅山水画、一首山水诗、一曲山水清音，只是其空间感更强，观者更易入画，"卧游"的想象活动展开得更彻底。盆景所再现的世界便是假扮游戏的场域，主人端详之、入画之、"卧游"之，便化身对弈的友朋、垂钓的渔翁，或泛舟江上，或品茗或小酌，或观瀑或吟诗，神游其中，好不快活。

概言之，"卧游"是一种"入画"的审美过程。画家或欣赏者以画作为道具展开审美游戏，神思而神游于其中，将全部感官投入水墨山水的怀抱，虚拟性地体验着被山水环绕的感受，畅神于山涧鸟鸣的婉转悦耳，流连于山泉溪水的泠泠清凉，吐纳着山巅缭绕的云雾，嗅闻着欲滴青葱的爽朗气息，湿润微风拂面而来，调动身心感官参与其中，从而获得与游览真山水相似的畅神怡情的审美效果，"卧游"的体验几近乎置身真实自然环境的审美享受。因此，"卧游"式虚拟环境审美体验建立在一种精神摹拟的假扮游戏的基础上——审美主体在精神层面的"神思"中摹拟艺术场景之"虚"，而佯信自我感知到了虚构事实之"实"，在虚实相生中获得审美愉悦。从可观可触的画卷，到看不见摸不着的想象，一实一虚之间，以中国式的艺术手段交互生成了中国特色的审美意境。

（八）"卧游"之外：假扮游戏与再现性环境的虚拟感知

"卧游"的对象是再现性、虚构性的画中山水树石；而山水树石又是"自然环境"的主要所指。基于前文对"卧游"及再现性环境的阐述，结合环境美学对环境概念及环境感知问题的论述，可对"卧游"的内涵及其与假扮游戏的相关性再做进一步深究。近年来，环境美学以方兴未艾的势头，占据着国际美学研究的前沿。在频繁对话的基础上，中西方学人对基本范畴的界定及对核心问题的阐释时有共鸣，多有共识，关于环境审美体验的日常化、融合性、去中心化及具身化特征的探讨收获颇丰。但从划定学科范围及规约具体论证的要求来看，"环境"一词的界定尚不充分。当下学界对"环境"的界定，是否已全面涵盖一切环境？是否从审美的角度对环境体验做足了充分思考？是否足以区别一般生活化的环境体验与环境审美体验？

1. 实存环境与虚构环境

学界对"环境"的界定方法大致有三。其一，以词源学的方法追溯"环境"的词根。依照《不列颠百科全书》的解释，环境是指"作用于一个生物体或生态群落上并最终决定其形态和生存的物理、化学和生物等因素的综合体"。[1] "环境"的英文 environment 在中古英语的词源是 environen，在古法语的词源是 environner，现代使用的词形由 environ 与 ment 两部分构成，表示围绕、环绕之意。从环境的属性及对环境的感知来看，它则强调环境的实存性、物质性及感知方式的物理性。伯林特（Arnold Berleant）指出，人们对环境的审美感知是"一种对世界的所听所见的直接把握，一种对事物的味道和气味、质地和抗耐性的即刻理解"。[2] 这是因为审美知觉是由被感知物的表面特征所决定的，通过观看、倾听、接触，人们得以感知环境的物理特征，"将所见和所听的确定为审美感觉"是哲学的习惯。[3] 再者，以不同环境类型来界定"环境"一词关涉的范围。杨平认为应将环境区分为自然环境与社会文化环境。[4]

1　不列颠百科全书（国际中文版第六卷），北京：中国大百科全书出版社，2002 年，第 82 页。
2　[美] 阿诺德·伯林特：《环境与艺术：环境美学的多维视角》，刘悦笛等译，重庆：重庆出版社，2007 年，第 9 页。
3　[美] 阿诺德·伯林特：《环境与艺术：环境美学的多维视角》，刘悦笛等译，重庆：重庆出版社，2007 年，第 9 页。
4　杨平：《环境美学的谱系》，南京：南京出版社，2007 年，第 9 页。

程相占认为，"环境可以区分为自然环境和人建环境，……总体上将环境区分为自然（山林）、田园、园林、城市、室内等五类"。[1] 卡尔松（Allen Carlson）也认为，大千世界是由无数环境单元构成，整个环境领域"不仅包括自然环境，也包括着各种受人类影响或由人类所构建的环境"。[2] 伯林特在思考环境对身体概念的重塑时，也是从物质环境、社会环境与历史文化环境三方面进行考量的。[3] 但无论何种类型，只有能被身体感官直接感知到的环境才被环境美学纳入思考范围。

几千年前，在艺术对环境的再现问题上曾呈现相似的倾向。阿尔贝蒂在《论绘画》中指出，"没有人会否认，画家与不可见的事物之间没有半点关联。画家所关心的，只是再现可见之物"。[4] 艺术家只能再现可见之物即是要求被再现物的物理性质可被艺术家以身体化的方式感知到。事实上，这一不符合艺术审美实践的主张早已淡出艺术研究的视野。不可否认的是，艺术创作与环境感知大为不同，但这一比较带来的启示是，既然艺术可虚构性地再现环境，感知者是否也可在观念中虚构地再现环境？不被身体直接感知到的环境是否无法被视为"环境"？在实存环境之外，是否存在着虚构环境？感知者对虚构环境的感知是何种体验，与对实存环境的感知有何不同？

已有学者对虚构环境的存在进行描述。譬如，汉佩拉以芬兰文学中的环境描写对芬兰人亲近自然的生活方式的影响为例，指出芬兰文学对夏夜的环境描写给予读者一种体验夏夜的浪漫方式，这些环境描写不仅是对夏夜的想象投影，因为"人们的的确确可以体验得到上面所写的特

1　程相占：《中国环境美学思想研究》，郑州：河南人民出版社，2009 年，第 2 页。

2　［加］艾伦·卡尔松：《自然与景观》，陈李波译，长沙：湖南科学技术出版社，2006 年，第 2 页。

3　［美］阿诺德·伯林特：《环境与艺术：环境美学的多维视角》，刘悦笛等译，重庆：重庆出版社，2007 年，第 175 页。

4　Liane Lefaivre and Alexander Tzonis: *The Emergency of Modern Architecture: A Documentary History from 1000 to 1800* (Routledge, 2004), p. 52.

征"。[1] 作家苦练摹情状物的表达本领，目的便是使读者产生身临其境之感。正如刘勰在《文心雕龙·物色》中所指出的，"'灼灼'状桃花之鲜，'依依'尽杨柳之貌，'杲杲'为出日之容，'瀌瀌'拟雨雪之状，'喈喈'逐黄鸟之声，'喓喓'学草虫之韵。……并以少总多，情貌无遗矣"。但是，以文字形式描绘的夏夜景观毕竟只是文字，不是具有物理形态的实存环境，即便其所再现的真实夏夜环境可被读者以物理方式直接感知，感知到的不过是白纸黑字，并非立体环绕的夏夜环境。"虚构的实体不作为物理对象而存在。……虚构有时能走进我们的生活、我们的世界，但它不会作为物理对象而出现"。[2] 汉佩拉不否认物理对象的实在性，但"可触知和可感觉的客体对象总要比它们单纯的物理特性丰富得多"。[3] 他得出结论说，"我正在谈论的世界并不是有形实体的集合"，具有文化意义的虚构实体也应当被视为世界的一部分。

细究之，不妨从以下三方面为虚构环境下一个工作性的定义，以便对虚构环境的感知方式进行进一步研究。首先，当虚构环境是指以虚构方式呈现的真实环境时，虚构环境并非与真实环境对立，也不是在真实环境之外存在的另一种环境。它不作为对真实环境的补足形式而存在，无论以何种符号（图像、声音、文字等）作为载体，其指涉的意义指向真实环境本身。譬如，芬兰文学作品对夏夜的描写便是此类虚构环境。芬兰夏夜是在现实世界中真实存在的环境，以文字描写的夏夜在意义上指涉真实夏夜，与之保持同一关系，而不是在另一世界中构成对真实夏夜的补足或对立。读者可在作品文本之外找到此类环境的对应物，对文字形式的虚构环境描写的审美欣赏往往是以既有环境体验为基础，并在此基础上进行还原式联想的环境审美体验。与之相似，欣赏者面对风景

1　[美]阿诺德·伯林特：《环境与艺术：环境美学的多维视角》，刘悦笛等译，重庆：重庆出版社，2007年，第62页。

2　[美]阿诺德·伯林特：《环境与艺术：环境美学的多维视角》，刘悦笛等译，重庆：重庆出版社，2007年，第58页。

3　[美]阿诺德·伯林特：《环境与艺术：环境美学的多维视角》，刘悦笛等译，重庆：重庆出版社，2007年，第66页。

画，在头脑中想象自己向往的境地，甚至可以获得近乎真切的环境体验；在观看电影所拍摄的森林与花海时，观众会有自然气息扑鼻而来的和风温润感，仿佛身边布满了活氧。对此类虚构环境的审美体验不仅可能而且普遍。得益于作家的描述与艺术家的描绘，欣赏者对虚构环境的体验并非停留在静观层面，被作品中的虚构环境所环绕包围的感受不难实现。

　　其次，当虚构环境是指被作家和艺术家以艺术化的手法虚构出来的乌托邦世界，因难以在现实世界找到对应物，因而与现实环境相区别。譬如，《格列佛游记》对勒皮他飞岛的描写便是此类虚构环境，它只在虚构世界中存在，读者无法在现实世界为一座住满了人的空中岛屿找到对应物，只能在作品世界内把握这一虚构环境，因而飞岛环境是虚构的，与现实环境完全不同。但基于作者对飞岛岩层构造的栩栩如生的描述，读者仿佛感知到这一虚构环境的样貌。

　　再者，以虚构世界作为摹本并借助自然素材建构的环境有别于真实环境，感知者以审美方式感知到的是化身为现实的虚构环境，而不仅停留在对自然素材层面的感知上。譬如，为满足亲身体验文艺作品所描绘的虚构时空的心愿，人们摹仿其外观在现实中建构了主题园林、游乐场及影视城。园林的山水环境是真实可感的，迪斯尼乐园的城堡是真实的建筑环境，影视基地的茶楼客栈也可作为真实的生活环境提供住宿餐饮的功能。但被园林主人欣赏的是某首诗中的"那一处"景观，游客感知到的是某位童话主角居住过的"那一座"城堡，参观者置身于其中的是某个虚构故事中的"那一间"客栈，都不是随意的一处环境。可见，人们对虚构环境的感知在很大程度上是一种自然、物质、文化、社会及艺术等多种因素相交融共塑造的复杂体验。这种体验在纯粹的身体感知之上加入了精神性的心理行为，使之由一般的日常环境感知升华为环境审美体验，其所激发的快感不只是生理上的舒适感，同时也包含了精神层面的审美愉悦。

　　上述三类环境即便具有虚构性，却仍可被人们以某种途径感知到。芬兰文学作品中的环境是虚构而非实存的，但这并不影响读者被夏夜描写感动，反而使人们向往作品世界中的芬兰夏夜。汉佩拉指出，"我们可以主张虚构喜欢另一种存在方式而不是具体的物理存在"。[1] 事实上，人们常被虚构实体触动而产生特定情感，譬如为黛玉之死落泪，或被恐怖电影吓得尖叫。既已确定虚构环境"是什么"的基本概念，又知虚构环境能为欣赏者提供获取审美情感的可能性，那么就需要对二者的中介桥梁即"怎么样"感知虚构环境的问题进行解答。即是说，身处现实世界的感知者如何能够感知到虚构世界中的环境？这一感知手段与感知现实环境的方式有何差异？它在多大程度上是真实的，在多大程度上是虚构的？

2. 身体感知与虚拟感知

不妨以"望梅止渴"作为对虚构环境进行感知的现象案例。据《世说新语·假谲》记载，"魏武行役失汲道，军皆渴，乃令曰：'前有大梅林，饶子，甘酸可以解渴。'士卒闻之，口皆出水，乘此得及前源"。受到曹操对前方梅林环境的语言描述的刺激，曹军将士在尚未以任何身体途径直接感知梅林环境（即未看到梅林、品尝到梅）的情况下，出现了"口皆出水"的身体反应。这一现象说明，即便在真实环境不在场的前提下，在身体对环境的直接感知手段缺失的情况下，感知者单凭语言描述也可经由想象而产生身临其境的身体反应。值得思考的是，其一，想象与感知是何关系？其二，想象在感知中扮演何种角色？其三，感知者如何具体地实现了想象与感知的协同作用，并借助想象将虚构环境转换为类真实环境？

首先，关于想象与感知的关系，以及想象是否可在感知中出现的问题，布莱迪（Emily Brady）曾作出如下表述，"自然环境向我们提供了

1　[美] 阿诺德·伯林特：《环境与艺术：环境美学的多维视角》，刘悦笛等译，重庆：重庆出版社，2007年，第52页。

审美的挑战，想象协同感知一起，是我们获得环境审美体验的重要渠道"。[1] 她认为，人们对自然环境的审美价值的发掘依赖于对景观的兴趣与沉浸，而"这一感知性的投入状态与想象之间存在着一种亲密的维系。对某一个或者某几个自然物而言，想象赋予了感知者以多种可能的感知视角，从而扩展并丰富了审美欣赏"。[2] 精神性的想象不仅可以与身体化的感知并存，还在环境审美体验中成为感知的一部分，助推并升华审美效果。其次，关于想象在感知中究竟能发挥何种作用，赫伯恩（Ronald Hepburn）认为，想象具有一种力量，"可以使人们对自然物的关注灵活地从某一方面转换为另一方面，或者从近前转移到远处，从文字性的细节描述转换为笼罩了大气放射性光辉的整体环境，以克服传统陈旧的观看方式"。[3] 可见，想象能够指引并驾驭感知的方向及被感知的内容，想象作用于感知的具体方式便是感知者体验虚构环境的过程，因而，要了解人们如何感知了虚构的环境，就需要分析想象如何对感官感知施加了影响。

激发想象的梅林环境以语言形式虚构地存在于言语表达双方的观念世界中，"口皆出水"是身体对虚构梅林的刺激作出的反应。在强烈程度上，这一反应接近于以味觉直接感知青梅之甘酸而引发的反应。言语指令与自发想象（譬如催眠与梦境）所设定的虚构环境也常令人作出此类身体反应。被心理医生催眠的病人在无意识状态下对"穿着单衣在零下二十度的雪地中行走"等虚构环境描述做出全身蜷缩、瑟瑟发抖的反应。做梦者可对梦中遭遇的虚构环境做出反应，其效果强烈而真实，在梦醒后短时间内持续存在。可见，想象不借助任何物理手段而独立地刺激了感知者并使之对虚构环境刺激做出反应。虚构环境没有对身体造成

1　Emily Brady, "Imagination and the Aesthetic Appreciation of Nature", *The Journal of Aesthetics and Art Criticism*, Vol. 56, No. 2, Environmental Aesthetics (Spring, 1998).

2　Emily Brady, "Imagination and the Aesthetic Appreciation of Nature", *The Journal of Aesthetics and Art Criticism*, Vol. 56, No. 2, Environmental Aesthetics (Spring, 1998).

3　Ronald Hepburn, "Nature in the Light of Art", in *Wonder and Other Essays* (Edinburgh University Press, 1984).

真实刺激，人们单凭想象就可产生类似于真实环境所引发的身体感受。想象主体与虚构环境之间的间接关联或许基于既有身体"经验"，却不是当下的身体"体验"。比如，做梦者在梦境里中弹流血是虚构的而非真实的身体状况，身体虽未流血却仍会在中弹部位产生痛感；又如，在梦中坠落悬崖时，做梦者会伴随想象情境出现瞬间的眩晕感或抽搐惊醒的身体反应，但身体并未出现位置移动。中弹流血与坠落悬崖是虚构情境，痛感与眩晕则是身体对虚构刺激做出的伴随反应。

但催眠、梦境与"望梅止渴"不同，前二者是人在无意识状态下对虚构环境刺激作出反应，无法同时对真实环境进行清醒感知；而后者是一种白日梦想象，真实环境与虚构环境对曹军将士而言是同时存在的，对两种环境的感知在主体意识中共存。将士在感知虚构环境而"口皆出水"的同时，仍清醒地意识到烈日炙烤的实存环境，因而是在非现实的虚拟意义上对虚构环境做出回应。那么，感知者如何在虚拟意义上对虚构环境进行感知？我们不妨借用沃尔顿提出的"自我想象—精神摹拟—假扮游戏"理论进行阐释。

沃尔顿指出，"想象从根本上来说总是以某种方式指涉自我（self-referential），……所有的想象都关涉一种自我想象（imagining *de se*）"，[1] 即想象自己正在做某事或者正在经历某种环境的体验。曹军将士想象自己正坐在梅林中品尝奇酸无比的青梅，便是典型的自我想象。基于身体感知的即时性与当下性特征，该体验是一种此时此地的自我感知行为，融合审美想象后成为审美体验，感知者从虚构环境中获得审美愉悦。自我想象由此成为精神摹拟（mental simulation）的心理基础。在感知虚构环境时，感知者将自我置入虚构环境中并以第一人称生发出丰富的虚构事实，使该体验更真实。精神摹拟体验"包含了关于作品中虚构人物和虚构环境的想象，但这并不意味着想象虚构世界所发生的一

1　Kendall L. Walton, *Mimesis as Make-Believe*: *On the Foundation of Representational Arts* (Cambridge, Massachusetts: Harvard University Press, 1990), pp. 28 - 29.

切是关于我们自身的真实故事"。[1] 精神摹拟者把真实自我投入想象体验中，想象经历了什么及感知到什么，并从中获取对自我的了解——这一切都只在虚拟环境下发生。

"望梅止渴"便是精神摹拟的行为。曹军将士真实感知到烈日曝晒的实存环境以及口渴难耐、举步维艰的身体状态，与此同时，也经由想象虚拟感知着凉爽阴凉的梅林与甘酸解渴的青梅，想象自己坐在树荫下歇脚并品梅的虚构环境。真实环境与虚构环境分别借助生理及心理途径双重地刺激了将士的感知神经并引发了不同的身体反应。与被催眠者或服药致幻者不同，曹操所描述的梅林环境对将士而言不是一种幻觉。他们清楚地意识到自身并未当时当地处在凉爽阴凉之中，而是持续不断地被烈日炙烤。因此，"望梅止渴"的精神摹拟是一种伴信行为，而非真正相信虚构环境的存在。在听到关于青梅甘酸的描述时，将士假装自己正置身梅林的凉爽阴凉之中，即假装自己"吃到青梅""青梅解渴""置身阴凉"与"梅林歇脚"的虚构事实皆为真。伴信吃到酸梅的心理是精神摹拟的关键。"真正相信"是由真实环境导致的，而"假装相信"是由虚构环境引发的，二者可在同一主体意识中共存不悖。"望梅止渴"是曹操与将士进行的一种假扮游戏。曹操通过对梅林与青梅的语言描述建构起虚构环境，其所生发的虚构事实是在梅林环境中可啖梅止渴；曹军以此进行精神摹拟，假装相信自己正在品尝奇酸无比的梅，便产生"口皆出水"的身体反应。假想的"梅"解了现实的"渴"，功劳在于假扮游戏。

当被摹拟的虚构环境不以物质实存形式在场时，精神摹拟也可发生，这是其与移情的区别之一。夜间梦和白昼梦已证实，仅凭想象来完成虚构环境体验是可能的。精神摹拟无须以可被身体直接感知的环境作为对象，在虚拟感知体验中，即便被摹拟的虚构环境并不真实存在于可

1　Kendall L. Walton, "Spelunking, Simulation, and Slime: On Being Moved by Fiction," in *Emotion and the Arts*, ed. Mette Hjort and Sue Laver (Oxford: Oxford University Press, 1997), p. 38.

被感知的范围内，感知者仍可通过精神摹拟来实现对虚构环境的虚拟感知。因此，精神摹拟对虚构环境的虚拟感知体验表明人与环境之间存在着连续性的而非对象性的关联。

3. 并轨：作为假扮游戏的环境审美体验

由虚构环境的概念及分类可知，虚构环境与真实环境的关系并不是对立的。基于虚构环境的不同类型，环境审美体验中的感知与想象的并轨方式也不同。第一类虚构环境在意义上指涉真实环境，因而对景观描写、风景描绘及自然拟声等艺术再现作品的感知是基于既往身体感知经验的虚拟性环境审美体验。想象使文字、图像和声音所建构的虚构环境转换为感知者对真实环境的记忆并唤起相应的熟悉体验，进而得以实现虚拟感知。第二类虚构环境在现实世界找不到对应物，感知者须依靠"自我想象—精神摹拟—假扮游戏"的心理过程，假装相信虚构环境为真，将自我与身体置入其中进行身临其境的摹拟感知活动，此时虚构环境不必转换为真实环境便可被感知。第三类虚构环境，即以虚构世界作为摹本并借助自然素材建构的环境，兼具真实与虚构的二重性，其环境审美体验起始于身体感知而达成于虚拟感知——通过身体感知自然素材而得以介入虚构环境，再通过想象与精神摹拟获得审美愉悦——因而此类环境是虚构环境与真实环境的并轨，其环境审美体验是身体感知与虚拟感知的并轨。人们不满足于在观念层面非身体化地虚拟感知自然之美，而是渴望置身亦真亦幻的白日梦中，以真实介入虚拟，以虚拟替代真实。譬如，将所崇好之山峦湖海搬进自家庭院，纳美景于眉睫之前，日日观赏，时时置身其中，漫步其间——山峦湖海是假，却愿佯信为真。这一渴望催生了以主题园林为场所的环境审美体验，其实质便是一种假扮游戏。从"如画"到"入画"，静观转化为参与，身体感知升华为身心合一的愉悦。

16 世纪的科西莫公爵的水上花园及美第奇公爵的地下岩洞花园便是第三类虚构环境的典范，打造"大岩洞"并于其拱顶绘制藤架、蓝天、飞鸟与百兽，或摆放动物雕像，使用水利自动控制机为地下岩洞展示故事画面，在洞外水景处装饰洗衣妇、渔民和乡民的生活雕像，漫步其中仿佛走进了乡民的生活。[1] 17—18 世纪的欧洲设计师按照赞助人所想象的虚构场景创造出理想世界，使他们可以"在'田园聚会'中的士绅淑女和奥林匹斯山、西苔岛或阿卡迪亚的男女众神中任意选择"，[2] 通过装扮将房间或花园的环境变为"宙斯神的世界"。赞助人渴望"模仿这个世界，甚至想去那里居住"，[3] 于是将颇具假扮性的社交生活转移到了能为之提供环境审美场所的花园中。斯托公馆摹仿了克劳德的风景画，使身处其中的人们"可以相信自己在另一个世界——一个理想的世界"。[4] 花园不仅是纳自然风光缩微于近前的场所，其所再现的虚构环境还是舞台，于其中上演着颇具浪漫色彩的戏剧故事。"人们找来'隐士'或假冒的'僧人'，付钱给他们，让他们坐在花园的废墟或庙宇里，在沉思中超凡出世。于是在带领朋友们游览花园时，拜访一下洞穴里的居士，便是很有戏剧性的消遣"。[5] 草莓山庄的哥特古堡、泉山修道院的古罗马废墟、蒲伯的特威克南别墅也是典型案例，满足了贵族身临幻境的要求，为假扮性的环境审美体验提供了半人工半天然的场所。18 世纪下半叶英华庭园盛行，园艺师以中国风格建筑与东方造园模式建造欧洲园林，譬如法国雷斯荒漠的中国山庄和钱伯斯为英国皇室园林设计建造的丘园宝塔，使徜徉其中的贵族人士假装自己置身遥远的东方国度。在花园中构筑东方韵味的曲径回廊与亭台楼阁，满足了主人崇尚东方审美趣味的心愿，催生了穿越时空一般的虚拟感知体验。

1　[英] 马丁·坎普：《牛津西方艺术史》，余君珉译，北京：外语教学与研究出版社，2009 年，第 207 页。
2　[英] 斯蒂芬·琼斯：《剑桥艺术史·18 世纪艺术》，钱承旦译，南京：译林出版社，2009 年，第 31 页。
3　[英] 斯蒂芬·琼斯：《剑桥艺术史·18 世纪艺术》，钱承旦译，南京：译林出版社，2009 年，第 31 页。
4　[英] 斯蒂芬·琼斯：《剑桥艺术史·18 世纪艺术》，钱承旦译，南京：译林出版社，2009 年，第 62 页。
5　[英] 斯蒂芬·琼斯：《剑桥艺术史·18 世纪艺术》，钱承旦译，南京：译林出版社，2009 年，第 67 页。

　　中国古典园林最为典型的假扮特征表现在"一池三山"的规划模式中。所谓"一池三山"，指的是在园林设计中开辟一块水域并于其中叠石填土以为三座岛屿的造园模式。"一池"即太液池，"三山"即蓬莱、方丈与瀛洲三座仙岛。"一池三山"源自秦始皇遣徐福东渡求仙的传说，作为园林设计模式则始自汉武帝，后世帝王皆仿照此布局构建人造仙境，自北魏、隋代、北宋、南宋、金元至明清形成了"一池三山"的园林模式传统。这一模式受道家神仙文化的深刻影响，源自皇帝求仙未果而求栖居现世仙境的渴望。"一池"与"三山"虽以真实的自然物质建造而成，却都不能算是名副其实的真正仙境。乘船渡过"一池"登上"三山"便是渡过汪洋大海踏上仙境土地，这是游览其中的皇室成员假装相信为真的虚构事实。因而，"一池"与"三山"皆是假扮游戏的道具，生发的是包含了虚拟因素的而非纯粹真实的环境审美体验。在以假扮心理为前提的精神摹拟中，审美主体不排斥对双重环境刺激分别进行感官感知；但因感知对象存在身份的虚构性，可被直观感知的真实对象只是营造虚构环境的造景元素。即是说，被纳入审美游戏的道具不是真实景致，而是真实布景成分所构建的虚构世界。倘若感知者在园林环境中感受到的只是人工掇理的假山水，而非将之想象为秀丽壮美的真河山，那么他对园林的感知便是单纯以身体而非身心结合为途径的纯粹生理感知，真实性遮蔽了虚拟性。所谓虚拟性的环境审美体验，当是主体在园中通过肢体参与并借助想象假装自己登上了秀美的黄山与险峻的华山，假装自己看到了碧波荡漾的西湖与飞流直下的庐山瀑布，假装自己置身五柳东篱间并感知到了陶风余韵，假装相信此处正是彼处、此时便是彼时。

　　虚构环境在中西园林设计中广泛存在，既证实了借助虚拟手段想象性地感知虚构环境的可能性，也彰显了感知者对乌托邦式虚构环境的审美追求。固然，身体感知路径对环境审美体验是必要的，对人工或自然环境的虚拟性审美感知体验无法替代感知者对真实环境的审美体验。但在肯定环境审美的身体感知途径的同时，也不必将想象等审美心理因素拒之门外。在主题园林的环境审美体验中，二者就是相互补足、共存不悖的关系。这一探索旨在突显环境体验的审美之维在心理层面的源头及其对身体知觉产生的影响，在环境体验的生理层与心理层之间寻求一种有机平衡的可能性。

　　环境审美体验不等同于一般身体感知，而是在感知与想象的协同合作下生成的独特环境体验。强调感知行为的身体维度是必要的，但也不应忽视想象对环境审美体验的重要作用。伯林特认为，"对个体艺术和特定环境的鉴赏，是紧密地被包容在一起的，同时利用了我们多元感觉能力的融合，利用了所涉及的对象的知识，利用了我们过去的记忆和我们在想象中这些经验的扩展"。[1] 他所提出的审美介入（aesthetic engagement）并非纯粹依赖身体感知的环境体验。他指出，"从环境的角度来谈论身体的一种方式就是完全放弃'身体'一词，而只谈论'身体化'。'身体化'比'身体'更好，因为从字面上它'把身体带入'也就是统一于他或她的文化、社会、历史和个人体验的背景中，其中体验中包含了同样多的意识和物质的维度"。[2] 除多元感觉能力协同进行的身体感知外，环境审美体验还包括认知与心理维度，其中审美心理之维包含了过去的记忆及其在想象活动中的丰富展开。对虚构环境的虚拟感知强调的正是这样一种"身体化"的感知，于其中，想象、摹拟、假扮等心理行为作为环境审美体验的类身体而非身体的因素发挥了重要作用。

1　[美] 阿诺德·伯林特：《环境与艺术：环境美学的多维视角》，刘悦笛等译，重庆：重庆出版社，2007 年，第 17 页。

2　[美] 阿诺德·伯林特：《环境与艺术：环境美学的多维视角》，刘悦笛等译，重庆：重庆出版社，2007 年，第 176 页。

结语 "假扮游戏"论的贡献与局限

一、"假扮游戏"论的学术价值

结合欧美美学界对沃尔顿论著的评价,纵观"假扮游戏"论的体系,可以从以下几方面窥见沃尔顿"假扮游戏"论的学术价值与理论贡献。

(一)"假扮游戏"论对文艺四要素论的补充

1953 年,艾布拉姆斯(M. H. Abrams)在《镜与灯》中将文学艺术审美活动的四要素——艺术家(artist)、作品(work)、欣赏者(audience)、宇宙[1](universe)置于以作品为核心的、由作品指向其它三要素的关系坐标中(图 1),旨在"找出一个既简易又灵活的参照系,在不无端损害任何一种艺术理论的前提下,把尽可能多的艺术理论纳入体系讨论"。[2] 之后,刘若愚又将艾布拉姆斯的三角结构调整为圆形结构,把位于核心的作品(work)置于与其它三要素——世界(world)、读者(reader)、作家(writer)相同的地位上,并在中西文论对话的视

1　此处为与刘若愚表示"世界"的 world 相区分,采取 universe 的直译名"宇宙"。此外,艾布拉姆斯强调这一概念与"自然"的通用性,故在"自然"的近义上使用"宇宙"。但在《镜与灯》的中译本中,译者使用的是"世界",而非"宇宙"。

2　[美]艾布拉姆斯:《镜与灯:浪漫主义文论及批评传统》,郦稚牛等译,北京:北京大学出版社,1989 年,第 4 页。

野中重构这一图式（图2）。[1] 艾布拉姆斯的艺术批评坐标图式深刻而广泛地影响了 20 世纪下半叶的文学艺术批评，并为中西文学艺术理论的对话作出极大贡献，几近成为当时最具包容性的经典研究路径。

图 1   艾布拉姆斯"艺术批评的诸坐标"示意图[2]

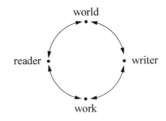

图 2   刘若愚文学四要素结构示意图

　　沃尔顿的"假扮游戏"论从两方面为艾布拉姆斯的四要素模式增添了新的维度。

　　首先，沃尔顿对"虚构世界"的论述为艾布拉姆斯所谓的"宇宙"一维增加了虚构色彩。艾布拉姆斯所谓的"宇宙"，是指艺术作品"直接或间接地导源于现实事物的主题"，即其所"涉及、表现、反映某种客观状态或与此有关的东西"，艺术作品所关涉的"宇宙"是"由人物和行动、思想和情感、物质和事件或者超越感觉的本质所构成，常常用'自然'这个通用词来表示"。[3] 在充分尊重再现艺术作品的虚构性的基

1　James Liu, "Towards A Synthesis of Chinese and Western Theories of Literature", *Journal of Chinese Philosophy*, Vol. 4, Issue 1 (1977), pp. 1 - 24.

2　M. H. Abrams, *The Mirror and the Lamp*: *Romantic Theory and the Critical Tradition* (Oxford University Press, 1953), p. 6.

3　[美] 艾布拉姆斯：《镜与灯：浪漫主义文论及批评传统》，郦稚牛等译，北京：北京大学出版社，1989 年，第 5 页。

础上，"假扮游戏"论所提出的"虚构世界""作品世界"与"游戏世界"的概念都具有鲜明的虚构性。沃尔顿认为，再现艺术作品未必直接反映作为社会历史文化语境的外部世界以及自然世界，但一定是对作品所建构的虚构世界的再现。这一方面强调了文学艺术作品的虚构特质，另一方面也将艾氏所谓的"宇宙"扩大至现实的实存世界之外的非实存世界，由此延展出对现实世界与虚构世界的关系以及虚构世界的建构过程等问题的探讨。因此，从作品的虚构性的角度来看，再现艺术作品对现实世界的摹写与呈现是在虚构意义上实现的，与非虚构作品反映现实的手段大为不同。对再现艺术的相对正确的解读总是需要特定语境的支持，除了作品先天携带的社会历史语境的外部规定性之外，以作品本身为道具的"假扮游戏"也应当成为解读作品的内部语境。

其次，沃尔顿在论述叙述性再现与图像性再现时，指出作家与画家有时也在作品中为自己塑造虚构形象，并以"显性艺术家"的身份参与以作品为道具的"假扮游戏"。这为艾布拉姆斯图式中的"艺术家"一维增添了虚构色彩。欣赏者在阅读或观赏作品时，能够从叙述的口吻和立场或画布上留下的笔触痕迹中捕捉创作者的叙事神态或描绘动作，将作家与画家呈现在虚构世界中的"显性艺术家"形象作为另一方游戏者。由此，作为真实存在的创作者与作为虚构存在的"显性艺术家"之间虚虚实实的张力又为文学史研究提供了新的课题；同时，沃尔顿对真实艺术家与"显性艺术家"之间差异性的强调也为作者生平研究与作品解读之关系拉开了距离。

由此，结合前述中西方各时期艺术史案例，可于沃尔顿"假扮游戏"论视域下对艺术再现机制进行再思考。图像艺术何以再现对象即艺术再现机制是中西艺术史的经典问题。沃尔顿立足于再现艺术的虚构性及审美接受的假扮游戏性，阐释了艺术再现机制的深层心理因素。沃尔顿"假扮游戏"论的核心观点是，在观赏再现艺术作品时，欣赏者以作品作为道具，生发出关于所绘对象的虚构事实，并将自我代入虚构世界展开假扮游戏。再现艺术的假扮游戏性经历了从缘起到嬗变再至成熟的发展过程。早在远古时代，包含巫术色彩的再现艺术便具有假扮游戏性；文艺复兴宗教主题的再现艺术，也包含了鲜明的假扮游戏性。从巫术到宗教再至后世，再现艺术的假扮游戏性愈加纯粹，成为审美接受的深层心理动因。

在王尔德的著名小说《道林·格雷的画像》中，现实中的被再现对象与画中的人物形象实现了感应联通，画外的真身纵欲享乐却永葆青春，犯下的罪行与内心的邪恶瞬间转移至画中的替身上。从艺术学的角度观之，这一情节可作为对艺术再现问题的另类解读。在小说的语境中，画作所描绘的道林·格雷的形象与真实世界中的道林·格雷是再现与被再现的关系，也就是一种相互匹配的关系。所谓匹配，就艺术创作的角度而言，是指艺术家运用造型技巧使作品所呈现的形象在视觉形式特征上无限接近被再现对象；就艺术观赏的角度而言，是指欣赏者在看到作品所再现的形象后，在想象中将其对应于真实世界中的被再现对象。艺术再现问题是古今中外艺术理论的经典问题之一。值得关注并阐释的焦点在于，为何欣赏者能够配合艺术家的创作意图，承认或默认画中的道林·格雷便是现实中的道林·格雷。这一艺术审美心理的运作机制如何？在审美接受层面，艺术再现是如何得以实现的？观赏者是真的相信还是假装相信画中人物便是现实中的人物？

20 世纪中叶之后，这些问题得到若干西方美学家及艺术史论家的多元阐释。其中，比较具有代表性的是贡布里希的替代物理论。1963年，贡布里希在《木马沉思录》中探讨了儿童游戏与再现艺术的相似性。他认为，再现艺术中的物像"只是在作为替代物的意义上才'再现'了什么"。[1] 由此而言，画像便是道林·格雷本人的替代物。当道林·格雷试图手持匕首毁坏画像时，刺伤的却是画外自己的肉身。此时已无所谓两个事物之间的距离，画中之人与画外之人分明是同一的。不

1　[英] 贡布里希：《木马沉思录：论艺术形式的根源》，徐一维译，北京：北京大学出版社，1991 年，第 2—16 页。

仅王尔德如此认为，大多数观者在欣赏西方肖像画作时，通常也默认肖像画对应着一个模特，而模特一般存在于画架之前，供画师描摹其神态姿势。画内画外是有时空距离的，但这一距离无法以远近衡量，是现实世界与虚构世界之间的距离。欣赏者惯于将肖像画中的形象与被再现对象置于一种对应关系中，二者样貌相似便是匹配。匹配与否是衡量肖像画成就高低与否的基本标准之一。二者一结合，便有了贡布里希由儿童木马游戏引发的艺术之思，也有了王尔德小说中冲破画内画外距离限制的浪漫幻想。事实上，打破虚构世界与现实世界之间的界限，从虚构世界进入现实世界，或由现实世界进入虚构世界，在古今中外的文学及影视作品中并不鲜见。此类叙事原型存在的艺术心理基础正是沃尔顿所提出的 "假扮游戏"。

细致梳理艺术史的线索，可见作为假扮游戏的艺术再现行为历经以下三个主要发展阶段。

1. 缘起：装扮源于有所求

谈及艺术再现，不得不从艺术起源论起。后世的艺术再现传统延续了远古社会艺术起源时所生成的基因。先民为何在岩洞石壁上描绘动物图像？仅以装饰为目的，还是另有所图？若另有所图，祈求或寄托的内容是什么？这些艺术起源问题都与后世的艺术再现活动息息相关。关于艺术的起源问题，巫术说是学界呼声较高的立场。[1] 回溯茹毛饮血的远古时代，总是有一些具有神秘色彩的有趣案例，散乱分布在艺术史叙事线索之初，彼此照应，相互印证。而这些记载都与沃尔顿所谓 "假扮游戏" 有关。即是说，沃尔顿的 "假扮游戏" 论是一种与艺术起源论及艺术再现问题密切相关的理论。

原始社会的巫舞表演、丧葬仪式与节庆活动的习俗、民间游戏等都

---

[1] 相关观点例如田川流、刘家亮：《艺术学导论（第二版）》，北京：高等教育出版社，2012年，第 25 页。"艺术起源的因素应当是多元的，不是单一的。而在众多的因素中，巫术说与劳动说尤其重要。……原始艺术正是在这种基础上萌发了，并一步步发展成为文明时代的艺术。"

呈现出"假扮游戏"的特征。如前所述,"崇拜羊图腾祖先的氏族,要
举行播种、祈丰狩猎、诞生等等巫术伴舞的时候,就要由表演人物(一
般是酋长兼巫师)扮演为羊祖先的样子,要扮演羊,或者头插羊角,或
者戴着羊头;有时候仅仅以人工制造的羊头来代替,然后大蹦大跳,大
唱大念。"[1] 又如,哈里森在《古代艺术与仪式》中指出,"艺术源于一
种为艺术和仪式所共有的冲动,即通过表演、造型、行为、装饰等手
段,展现那些真切的激情和渴望"。[2] 在她看来,艺术与仪式同源而生,
一脉相承,要理解艺术,必须从仪式入手,因为"最初,是一种相同的
冲动,让人们走进教堂,也让人们走进剧场"。[3] 她从词源学上找到依
据,认为"希腊语文本身就毋庸置疑地表明,艺术和仪式之间是一门宗
亲"。[4] 原始先民的巫术活动所包含的表演性元素遗传在后世艺术的血液
中,便是一种装扮性。世事变迁,新的思潮此起彼伏,没有任何一种流
派得以延续统治整个艺术史。但在艺术形式改换面貌之后,装扮性依然
存在于艺术创造与审美欣赏之中。余秋雨也认为,"在歌舞和装扮这两
者之间,哪一点对戏剧美更重要呢?回答应该是装扮。……戏剧可以无
舞,更可无歌,却不可没有装扮"。[5] 他还进一步指出,中国戏剧具有生
活化特征,"不必像西方观众那样聚精会神,进入幻觉"。[6]

实际上,西方观众在假扮游戏状态下欣赏艺术作品时,亦非进入了
一种迷幻状态,而是依然保持清醒,自愿假装相信画作剧作中的叙事信
息在虚构意义上为真实。赫伊津哈在《游戏的人》一书中辨别了假扮游
戏与幻觉及象征的差异性,认为"假扮游戏"既非幻觉,亦非象征,而

1 黄杨:《巫、舞、美三位一体新证》,载《北京舞蹈学院学报》,2009 年第 3 期,第 21—26
   页。
2 [英]简·艾伦·哈里森:《古代艺术与仪式》,刘宗迪译,北京:三联书店,2008 年,第 13
   页。
3 [英]简·艾伦·哈里森:《古代艺术与仪式》,刘宗迪译,北京:三联书店,2008 年,第 1
   页。
4 [英]简·艾伦·哈里森:《古代艺术与仪式》,刘宗迪译,北京:三联书店,2008 年,第 19
   页。
5 余秋雨:《中国戏剧史》,武汉:长江文艺出版社,2013 年,第 6 页。
6 余秋雨:《中国戏剧史》,武汉:长江文艺出版社,2013 年,第 14 页。

是具有极高程度的严肃性。他指出，每一个游戏中的孩子"都明白地知道他'只是在装假'，或说这'只是玩玩'"。[1] 在他看来，"游戏'只是一种装假'的意识，无论怎样都不妨碍它拓展极端的严肃性"。[2] 在礼式氛围内，土著民对仪式的虚假性持有清醒的认识。玛瑞特写道，"土著人……明知面前的'狮子'是虚假的道具，却假装被它的'吼叫'吓得魂飞魄散"。[3]

上述假扮游戏现象与再现艺术起源之间的内在关联令人无法忽视。从对大量类似现象的观察出发，巫术、绘画（艺术）、祝祷、仪式、装扮等关键点之间一定存在着某种深刻的联系，不仅存在于艺术史层面，还存在于深层的审美心理层面。贡布里希在《艺术发展史》中写道，"那些条顿部族对于艺术的认识也未必不跟别处的原始部落相似。我们有理由认为他们也是把那样的形象看作行施巫术，被除妖魔的手段"，至公元 1000 年以前仍是这样。[4] 立足于当代回望远古先民的巫术仪式，不难发现其假扮游戏性，但站在先民的立场上看巫术仪式，却难以否认先民对原始宗教信仰的虔诚程度。因此，从完全意义上将之等于假扮游戏是不合理的。从巫术仪式的"有所求"的准假扮游戏发展到无功利性审美的假扮游戏尚有千年演变历程。

2. 嬗变：从巫术到宗教

从艺术史发展脉络观之，中世纪至文艺复兴的西方扮装肖像沿袭了原始巫舞及岩壁绘画的巫术目的，是具有直接的功利色彩的。这一"有所求"的目的从巫术转向了宗教。有权有势或财力雄厚的捐赠人出资邀请画师将自我或亲眷形象描绘在宗教主题绘画中，通常是陪伴于圣母子

1　[荷兰]赫伊津哈：《游戏的人——关于文化的游戏成分的研究》，多人合译，杭州：中国美术学院出版社，1996 年，第 9 页。

2　[荷兰]赫伊津哈：《游戏的人——关于文化的游戏成分的研究》，多人合译，杭州：中国美术学院出版社，1996 年，第 10 页。

3　Robert Ranulph Marett, *The Threshold of Religion* (Kessinger Publishing, 1909), p. 51.

4　[英]恩斯特·贡布里希：《艺术发展史》，范景中译，天津：天津人民美术出版社，2006 年，第 85 页。

或与其姓名相关的圣徒身侧，作为该捐赠人的守护神。凡人形象入画的目的大致有四种。其一是向神明展示自我作为信徒的虔诚态度。其二是为自己、家眷及后世子孙祈福，希望神明护佑家族兴旺，但最主要的，是确保自己死后得以飞升天堂。其三，鉴于基督教人生而有罪的教义，信徒捐助宗教建筑、雕塑或壁画等艺术创作的目的是赎罪，最终仍是为了确保死后得以善终。其四则是炫耀财力及权势。

文艺复兴以来的艺术史所记载的捐赠人入画案例不胜枚举。佛罗伦萨圣特里尼塔的斯特罗兹家族礼拜堂中，法布里亚诺创作于1423年的《东方三博士的朝拜》便受到了帕拉·斯特罗兹及其子洛伦佐的委托，[1]将其肖像描绘入画，与宗教典故中的人物共处同一画面时空。又如，罗伯特·康宾及其画坊助手创作于1425至1430年间的《天使报喜三联画》（梅罗德三联画）受到彼得·恩格尔布莱希特及其妻格兰卿·施林穆希尔的委托，并将二者肖像描绘入画，作为其中一联画幅的主体部分。"捐赠人在左边的画板上注视着中央的场景"，画中恩格尔布莱希特夫妻二人跪在门口，从打开的门中望进起居室，大天使正在向玛利亚报喜告知受胎。[2]捐赠人入画成为宗教事件的见证者，因而也具有了类神性。再如，受托马索·波提纳利的委托，雨果·德戈斯于1475年绘制了波提纳利祭坛画《牧羊人的礼拜》。"波提纳利让画家把他本人和他的家人画在画面的两侧，在其守护使徒的陪同下虔诚地祈祷。"[3]

莱克在阐释多梅尼科·威尼齐亚诺创作于1445年的《圣母子与圣徒们（又名圣露西娅祭坛画）》时谈到：

在神圣的对话中选择圣徒，有助于赞助人和作品的功用。他们

1　[比]帕特里克·德·莱克：《解码西方名画》，丁宁译，北京：三联书店，2011年，第19页。

2　[比]帕特里克·德·莱克：《解码西方名画》，丁宁译，北京：三联书店，2011年，第24页。

3　[英]苏珊·伍德福德：《剑桥艺术史——绘画观赏》，钱承旦译，南京：译林出版社，2009年，第56—57页。

或许是教堂的守护神，因而，作品就是为此教堂而画，或者，他们是捐赠人居住的城市的守护神。来自教堂的订件希望看到其创始人以及其他陪伴圣母的圣徒。也有个人给教堂和修道院捐赠绘画，这样的话，他们的守护神——有可能再加上他们的配偶——就会与捐赠人的肖像一起出现在画上。诸如此类的捐赠有着各种各样的缘由：巨大的财富、繁荣、胜利、弥留之际、对永生的希冀，等等。同时代的观者常常会从其外表和特征辨认出画中的圣徒。[1]

可见，当时捐赠人出资赞助艺术创作并非出于无功利性的纯粹审美意图，而是秉持着"有所求"的特定目的。画面所呈现的是一个区别于现世的理想世界，对捐赠人而言，也是死后的世界。于其中，借画师之手，自我得以与神圣人物共存，甚至受到守护神的庇佑。因此，凡人入画现象是捐赠人借助艺术实现美好期许的重要途径。

在凡人形象入画的宗教主题的艺术再现活动中，捐赠人通过造型艺术意在实现个人形象在虚构世界中的重塑。不论捐赠人在现世犯下何等罪责，在画师笔下都是纯洁虔诚的样貌。这一光辉形象虽具有虚构性，却是捐赠人及其他信徒乐于相信的，因而具有假扮游戏的意味。从捐赠人的角度而言，扮装肖像具有自我布设性；从欣赏者的角度而言，扮装肖像具有假扮游戏性；从艺术生产的整体链条而言，不论出于巫术还是宗教的动因，扮装肖像都具有鲜明的仪式性。仪式性在艺术心理层面与自我布设及假扮游戏的行为是紧密关联的。在扮装肖像自布设形象及叙事至实现其宗教作用的流程中，艺术家所充当的角色是多重的，可以是捐赠人与神明故事的叙事人，又是捐赠人虚构形象的塑造人；可以是捐赠人虚构身份的转化人，又是整场假扮游戏的策演人。

在假扮游戏论看来，艺术家与捐赠人是游戏规则的设定者，观赏者

1　[比]帕特里克·德·莱克：《解码西方名画》，丁宁译，北京：三联书店，2011 年，第 41 页。

是被邀请进入假扮游戏的参与者，而凡人入画的宗教肖像则是游戏道具。以此画作为道具，生发出了关于捐赠人与神明关系的虚构事实，即他们是极度虔诚的纯洁信徒，而圣母子或圣徒则是护佑他们的守护神。在这场关于宗教信仰的艺术游戏中，捐赠人实现了祈福等目的，艺术家拿到了资助，观赏者置身于神圣的氛围中，教堂内景美轮美奂，可谓一举多得。然而，由于不确定捐赠人及观画人在心理层面的假扮性与真实性的比重如何，将这一时期的扮装肖像视为假扮游戏的道具，仍是存在争议的。难以排除的一种极有可能普遍存在的情况是，捐赠人具有百分之百虔诚信仰并终生致力于侍奉神明的宗教事业。但是，即便该壁画、雕塑或彩色玻璃镶嵌画在创作之初是基于全心全意的信仰，在后世的审美欣赏活动中，运用假扮游戏论对其进行阐释依然具有一定的合理性。当欣赏群体从宗教信徒向非信徒转变，艺术作品的审美接受行为的宗教成分便降低并转化为纯粹的假扮游戏。

　　3. 成熟：从宗教到假扮游戏

　　从再现艺术的演进路径观之，虽以"巫术—宗教—假扮游戏"为基本模式对其进行梳理，却并不意味着某一历史阶段只有巫术、只有宗教或者只有假扮游戏。每种身份都作为一个成分存在于再现艺术的传承基因之中，在不同的社会历史文化语境条件下，呈现出不同的比重，因而塑造了再现艺术在多个时期的不同特征。正如文艺复兴运动，虽高举人文主义精神的大旗，宗教叙事依然是再现的重点，允许以凡人的样貌描绘神明的形象是其成就。一方面，中世纪宗教神学的影响力实在强大，人类文明的进步罕见断裂式发展；另一方面，如前所述巫术与艺术的关系，这一时期的人们对艺术仍是有所求的。直至 17—19 世纪，再现艺术才作为较为纯粹的假扮游戏存在。这并不意味着作为假扮游戏的再现艺术自文艺复兴之后才登上艺术史舞台，而是多方面的社会文化条件成熟之后，欣赏者的审美接受习惯使其能够在心理上以假扮游戏参与者的姿态对待面前的作品，而非将之视为膜拜的偶像。

　　自从艺术家、捐赠人及欣赏者更大限度地发挥绘画等造型艺术的假扮游戏性以来，西方艺术的再现模式就出现了多元化发展的趋势。画家或独立构思，或与捐赠人合谋，充分展开想象力并依照自己的愿望进行着虚构世界的营造。虚构性再现的模式大概可归纳为以下几种：

（1）集合性的虚构再现

所谓集合性的虚构再现，指的是创作主体通过筛选集合的方式，将现实世界中难以在同一时空范围内出现的多种元素聚集在画作的虚构世界中，塑造出一种想象的场景。欣赏者在观看真实世界中本不存在的风景时，仿佛置身异域游历冒险，假装相信其为真实发生的事件并获得奇妙的审美体验。集合性的虚构再现是虚构性图像叙事的一种典型代表。

16—17世纪初的"世界风景"绘画的创作便是一例，比如阿尔布雷希特·阿尔多尔费尔创作于1529年的《伊苏斯之战》。莱克指出，"在这一作品中，他向我们展示了地中海以及更远处展开的所谓鸟瞰的'世界风景'"。[1] 这一风景并不是真实存在的，而是画家借助丰富的想象力与创造力虚构出来的，它使人好奇并憧憬更远处的广阔世界。在解读约斯·蒙帕尔创作于1600年左右的《有猎猪场面的河景》时，莱克对"世界风景"下了定义，说"这是所谓的'世界风景'——即用艺术家的眼睛，将各种可能集自然的精华于一身的景观总和。换一句话说，这是艺术家想象的产物"。[2]

从技巧上看，世界风景画也是写实的，但就被再现对象的真实度而言，世界风景画的内容却是虚构的。从假扮游戏论的角度观之，写实风格与虚构叙事之间并不矛盾。画家为欣赏者设定了假扮游戏的道具，作为道具的画作越具有写实风格，欣赏者基于道具生发出的虚构事实越丰满，进而得以获得更好的审美体验。因此，写实风格的流行是为了确保假扮游戏的效果。而观赏这一画作的欣赏者自愿假装相信画作内容为真

1　[比]帕特里克·德·莱克：《解码西方名画》，丁宁译，北京：三联书店，2011年，第161页。

2　[比]帕特里克·德·莱克：《解码西方名画》，丁宁译，北京：三联书店，2011年，第216页。

实，其配合度越高，参与假扮游戏而获得的审美愉悦就越多。

随着时人对世俗画假扮游戏的兴趣递增，捐赠人常主动要求艺术家进行虚构性的图像叙事。据哈贝森记载，15世纪中叶的艺术家和委托人达成协议，要求宗教画或世俗画中须描绘当代式样的家具，"艺术家可以将不同环境里的细节自由地编织起来，从而形成一个完整的模式"，[1] 所描绘的物件细节"没有一件是分毫不差被复制或是记录下来的。……视觉现实的方方面面和细枝末节随着时间的推移将逐步地汇集到一起，并最终拼成完整的现实形象"。[2] 但这一"现实"是视觉的现实，即画作世界中的虚构现实，亦即欣赏者甘愿假装相信的虚构事实。因此，所谓集合性的虚构再现，集合的是现实中的真实原型，再现的却是图像中的想象元素。

（2）象征性的虚构再现

捐赠人在现实中想要实现而未能实现的愿望，或生前期待实现却不可知死后能否实现的愿望，都化身为隐藏在画面中的符号，成为叙事信息的一部分，借由视觉观赏体验告知观者。随着时间的流逝，象征符号失去了祈福的效用和功利的色彩，逐渐成为单纯的信息载体，成为艺术史家研究的文献依据。

在西方绘画中排布象征符号的画法在宗教图像叙事中尤为鲜明。贡布里希认为，中世纪"艺术家本来就不注重摹写自然的形状，而是注重怎样布列那些传统的神圣象征物，而那些象征物也就是他在图解神秘的圣母领报时所需要的一切"。[3] 中世纪画家在描绘受胎告知主题的作品时，要加入百合花、鸽子、云朵、天使、翻开的《圣经》等元素以显示玛利亚的圣洁。这一传统延续至文艺复兴及后世，捐赠人往往要求画师

1　[美]克莱格·哈贝森：《艺术家之镜——历史背景下的北部欧洲文艺复兴》，陈颖译，北京：中国建筑工业出版社，2010年，第28—29页。

2　[美]克莱格·哈贝森：《艺术家之镜——历史背景下的北部欧洲文艺复兴》，陈颖译，北京：中国建筑工业出版社，2010年，第28—29页。

3　[英]恩斯特·贡布里希：《艺术发展史》，范景中译，天津：天津人民美术出版社，2006年，第98页。

在自己的肖像周边描绘象征品质或身份的元素。例如，在 11 世纪英国描绘福音书作者的《圣经》插图《圣约翰》中，"约翰居于构图正中的位置，周围的叙事性情节和图案交织在一起，特别被强调的是他的圣灵来源（用鸽子作为象征）、老鹰（约翰的象征）、手抄本《圣经》的捐赠人、修道院长威得里卡斯（供应他墨水）"。[1] 此外，类似汉斯·巴尔东·格里恩于 1522 年创作的木版画《被施以魔法的马夫》及韦伊登于 1440—1445 年间创作的《七圣礼三联画》等作品，都包含了家族徽章或教区符号等元素。[2] 其上所包含的独角兽或盾牌也是对捐赠人或艺术家本人的家族精神及虔诚信仰的象征性再现。

宗教文化的象征符号之外，捐赠人也会在画面象征元素中寄托愿望理想。扬·凡·爱克的著名画作《乔凡尼·阿尔诺菲尼夫妇像》便是一例。弗兰克指出，"新娘暗示性的把她的裙子提到胃的部位，这一动作有可能表示她愿意为丈夫怀孕。而象征丰产的绿色也常常被用于婚礼服装中"。[3] 哈贝森也指出，"尽管女子拽起衣服，显然是想令自己看上去有如怀孕（能生育）一般，但他们却一直未有子嗣"。[4] 由于愿望未遂，这一构思的虚构性与象征性便更为明显。设想观者每每望向该画作时，内心都会有所安慰，有所希冀。虽然知道画面上新娘受孕是虚构事实，但还是自愿相信其为真实。这便是以该画作为道具的假扮游戏带给观者的审美感受。

除具有个人隐私性的祈愿之外，捐赠人的政治抱负或经济事业上的野心也会反映在画作中。譬如在 15 世纪初的欧洲，在看到商人赞助艺术创作可以让画师重塑自我形象时，"新的宫廷官员加入到商人中

1　邵大箴、奚静之：《欧洲绘画史》，上海：上海人民美术出版社，2009 年，第 43 页。

2　分别参见［美］克莱格·哈贝森：《艺术家之镜——历史背景下的北部欧洲文艺复兴》，陈颖译，北京：中国建筑工业出版社，2010 年，第 20—21 页；［比］帕特里克·德·莱克：《解码西方名画》，丁宁译，北京：三联书店，2011 年，第 46 页。

3　［美］帕特里克·弗兰克：《视觉艺术史》，陈玥蕾译，上海：上海人民美术出版社，2008 年，第 51 页。

4　［美］克莱格·哈贝森：《艺术家之镜——历史背景下的北部欧洲文艺复兴》，陈颖译，北京：中国建筑工业出版社，2010 年，第 15 页。

来……让画家为其塑造形象，就如同他们自身能够成功地操纵其财政命脉一样"。[1] 可见，上至皇室官僚，下至商贾及普通百姓，各类受众群体都充分地利用肖像艺术创作活动，积极地为自己争取一个理想的身后归属。

在画师所描绘的世界中勾勒捐赠人期待实现的理想，实质上也是一种类巫术行为，因而也具有一定程度的假扮游戏性。同一幅作品历经千年时光，跨越了不同朝代，西方文明的车轮也如弗雷泽所指出的那样，由宗教行进到了科学。在人们普遍接受自然科学教育之后，当宗教信仰的狂热渐渐淡去，借助象征符号有所求的行为脱去了类巫术的性质，其中所隐藏的假扮游戏性在审美欣赏中占据了主导地位。当巫术、宗教都成为了历史，艺术作品才真正成为假扮游戏的道具。

（3）错觉性的虚构再现

为提高图像叙事的质量，使视觉假扮游戏开展得更为充分，使参与者获取更真实的审美体验，画家往往要提高绘画技巧，使二维平面的绘画呈现三维立体的视觉效果。古希腊流传下来的西方再现艺术求真求似的趋向在文艺复兴运动中达到兴盛，并在印象派登台之前一直延续演变。"自从意大利文艺复兴以来，在二维的画布或木板上演绎栩栩如生的三维对象，是艺术家训练的一部分。"[2] 著名画家乔托便是一位追求错觉性视觉效果的大师。贡布里希曾如此描述乔托，"他能够造成错觉，仿佛宗教故事就在我们眼前发生，这就取代了图画写作的方法。……对他来说，绘画并不仅仅是文字的代用品。我们好像亲眼看到真实事件的发生，跟事件在舞台上演出时一样"。[3] 莱克则推崇维米尔的高超画技所塑造的错觉效果，他认为，"如果绘画是一种将三维转变为二维同时又

1　[美]克莱格·哈贝森：《艺术家之镜——历史背景下的北部欧洲文艺复兴》，陈颖译，北京：中国建筑工业出版社，2010 年，第 13 页。

2　[比]帕特里克·德·莱克：《解码西方名画》，丁宁译，北京：三联书店，2011 年，第 292页。

3　[英]恩斯特·贡布里希：《艺术发展史》，范景中译，天津：天津人民美术出版社，2006年，第 110 页。

有真实空间的错觉感的艺术，那么，维米尔显然是画家中最为杰出的。"[1]

除细致描绘人物面部特征的错觉效果之外，这里所谓错觉主要是指空间错觉。以马萨乔绘制于 1427 年的壁画《三位一体》为例。这幅画"看上去就像在墙壁上掏了个洞，洞中又筑了个壁龛，壁龛里正在显现一件神迹，其中两个佛罗伦萨人——施主们，正虔诚地静默跪立，仿佛因亲眼看见神灵的降临而惊呆了。"[2] 莱茨据此做出了一种合理的推测，"当时在画家和公众间正形成一种新观念，观众现在被邀请去参与画中的现实，去和故事情节中的人物合为一体。……亲身经历了一件展开的奇迹"。[3] 所谓"错觉"，是指观赏画作的人在以视觉途径获取画面信息时，误认为画面所描绘的人物形象及所呈现的空间与现实中的真实人物及空间无异。这是文艺复兴艺术家广泛追求的审美效果。由此艺术理想不难获知，艺术家期待观赏者在看画时模糊现实与虚构的界线。不再因现实世界与虚构世界之间的区别阻碍观画体验的生成时，观赏者便可充分调动想象力，将自我代入虚构世界之中，展开以该作品为道具的假扮游戏。

值得注意的是，艺术家对观赏者的错觉期待只是单方面的。事实上，错觉终归是一种有别于现实世界真实体验的错觉。在具体的绘画观赏体验中，观赏者能够像前文玛瑞特所述原始先民的案例一样，清楚地意识到这不过是一幅绘画，其所描绘的内容并非现实世界中真实发生的事件。观画人终将回归现实，但以绘画为道具所展开的假扮游戏，使其短暂地体验到了神圣的宗教情感。观赏结束后，各人又回归现世生活，只在有宗教仪式需求及审美冲动时，方要展开假扮游戏，在虚构世界中

1　[比]帕特里克·德·莱克：《解码西方名画》，丁宁译，北京：三联书店，2011 年，第 325 页。
2　[英]罗萨·玛利亚·莱茨：《剑桥艺术史——文艺复兴艺术》，钱承旦译，南京：译林出版社，2009 年，第 1 页。
3　[英]罗萨·玛利亚·莱茨：《剑桥艺术史——文艺复兴艺术》，钱承旦译，南京：译林出版社，2009 年，第 4 页。

找寻慰藉。因此，虽然艺术再现行为先天携带了一种虚构性，这一虚构性却并不会广泛地蛊惑欣赏者，使之执迷不悟，流连忘返。由于再现艺术的假扮游戏性，欣赏者得以区分现实世界与虚构世界，并在往返于二者之间时，一方面虚拟性地实现自我的重塑，获得审美之乐，另一方面认清现世的真实，不至于痴心妄想，犯下道林·格雷式的错误。

沃尔顿对艺术再现机制的深层心理因素的阐释自诞生以来，受到西方美学界的极大重视。"假扮游戏"论在英美学界的研究成果颇丰，但在国内尚未有代表性专著。虽存在一定争议，这一理论仍不可否认地极具启示性。图像艺术何以再现对象，即艺术再现机制，是中西艺术史的经典问题。沃尔顿立足于再现艺术的虚构性及审美接受的假扮游戏性，不仅符合再现艺术从远古巫术时期到中世纪、文艺复兴运动，直至现代的嬗变线索，也阐释了艺术再现机制的深层心理因素，这对艺术再现机制研究而言，是颇具价值的参考。

（二）"假扮游戏"论对审美接受理论的补充

在为"宇宙"和"艺术家"这两个艺术要素增加新内涵之外，"假扮游戏"论还对审美接受问题的研究及"欣赏者"这一要素的涵义有所补充。

首先，欣赏者阅读叙述性再现作品或观看图像性再现作品时，在作品文本以生发虚构事实的形式向欣赏者呈现自身的同时，艺术家本人也在以虚构形象向欣赏者呈现自身。"显性艺术家"是真实艺术家在作品的虚构世界之中向读者的呈现，也为审美经验现象学与接受美学所强调的作品向读者呈现的观点增加了新的元素。因而，欣赏者对"作品"的审美接受同时也是对"显性艺术家"的接受。这一方面意味着，无论艺术家与欣赏者是否处在同一时代，艺术家总是能够以作品为平台生发出关于自身虚构身份的虚构事实，欣赏者总是能够在作品中找寻叙述或描绘的行为线索来反向建构"显性艺术家"的形象，使之以虚构实体的身份向自我呈现。另一方面，这也意味着，艺术家在塑造"显性艺术家"

的形象时，可能会遮蔽真实自我的个性特征，或增添不同于真实自我的人格特质，将自我的真实身份与虚构身份拉开距离。因此，即便无法直接从"显性艺术家"的形象获知有关真实艺术家的信息，文艺批评家与艺术史研究者至少可以通过作品了解其塑造"显性艺术家"的意图，即真实艺术家对作品中的"自己"呈现何种样貌有何种期许。可以说，"显性艺术家"的塑造与接受是超越时间空间将"艺术家"与"欣赏者"这两个元素联结在同一个"假扮游戏"世界中的关键环节。

其次，沃尔顿区分了"作品世界"与"游戏世界"，强调欣赏者的想象在作品接受过程中的建构作用。内在于作品文本的虚构世界是作品世界，经由欣赏者的审美想象加工塑造之后的虚构世界是游戏世界。但与审美接受理论不同的是，沃尔顿不认为游戏世界是文本在欣赏者内心呈现的完整意义上的"作品"。这一方面是因为欣赏者可能为作品世界添加了个性化的色彩，另一方面也是因为某些作品未必先天内含一个具有再现性的作品世界。"游戏世界"概念的提出不仅区分了欣赏者对作品世界的忠实还原与自由建构之间的差别，还将原本不具有再现性（即不内含一个作品世界）的无标题音乐与非具象艺术纳入审美接受的视野。沃尔顿指出，游戏世界可以独立于作品世界之外而存在。欣赏者在游戏世界中对作品的解读有时只是一个向上升华的单向过程，而非彼此互释的双向建构过程。因此，接受美学研究不应排除审美接受止于游戏世界而不复归作品世界的情形。

再者，沃尔顿不仅承认作品的意义是由艺术家与欣赏者共同赋予的，还对这一建构意义的过程进行了细节论述。"假扮游戏"论不仅解答了再现艺术的审美接受在审美心理上受到哪些复杂因素的影响，还揭示了欣赏者对再现艺术的虚构性的信疑二重心理结构矛盾，并从精神摹拟的角度为这一现象提供了解答。针对再现艺术作品中的虚构世界是如何被建构起来的问题，"假扮游戏"论分层次由低到高地阐述了纯粹性的虚构事实的生发、纯粹性的虚构事实叠加组合为依存性的虚构事实、依存性的虚构事实叠加组合为单个虚构世界、单个虚构世界嵌套组合为多重虚构世界，之后多部作品内的虚构世界跨界而组合成具有通达性的宏观虚构世界的整个建构过程。此外，沃尔顿还从"假扮游戏"的角度论述了欣赏者在审美接受的过程中扮演何种角色的问题，详细阐述了欣赏者与艺术家如何在互动中共同建构作品意义的过程。因此，"假扮游戏"论使关于审美接受的既有成果在具体化和实践化的层面上得到了更为细致的阐释，对接受美学的新发展具有一定的推进作用。

（三）"假扮游戏"论对审美心理研究的补充

首先，沃尔顿认为欣赏者对再现艺术作品的审美欣赏心理具有虚构色彩，其对作品的情感反应是有别于真情实感的类情感。他指出，再现艺术作品的审美欣赏体验并非幻觉或错觉，而是欣赏者在清醒意识中展开的以自我为感知中心的第一人称模式的想象行为。一方面，欣赏者于作品之中看到、听到、感知到的虚构事实都是在虚构意义上看到、听到、感知到的事实，这一虚构的真实与现实的真实有着根本区别。另一方面，欣赏者享有控制自我认知与现实意识的自主权，这意味着欣赏者并不容易遵从艺术家的创作意图而完全被作品牵制甚至被迷惑。从摹拟虚构情境的体验所输出的情感反应结果来看，欣赏者从精神层面而非物理层面上对虚构人物的处境进行摹拟，并做出以自我为中心的情感反应，因而其作为"假扮游戏"的参与者与虚构人物之间的心理交往是一种精神摹拟。由于欣赏者是在兼顾现实世界与虚构世界的同时参与"假扮游戏"的，精神摹拟虚构情境而输出的情感反应不完全是真情实感，而是在虚构意义上产生并呈现的类情感。虚构人物的境遇只是"假扮游戏"中的道具，作为触发欣赏者想象的提示物而存在，因而虚构人物与欣赏者之间的心理互动效果在很大程度上取决于欣赏者的自主选择。因此，要阐释审美主体的情感反应，须从审美心理的层面入手找寻答案，艺术家与作品于"假扮游戏"中扮演的角色只是辅助性的，真正主宰游戏世界的还是欣赏者本人。这一立场提升了欣赏者的"假扮游戏"的审美心理在整个文艺活动系统中的重要性。

其次，"假扮游戏"论为审美心理学研究提供了有别于移情论的另一条路径。"移情"首先是一种区分审美主客体的具有鲜明指向性的行为，是指"向我们周围的现实灌注生命的一切活动"，是审美主体将力量、亲身经历、努力、意志、主动或被动的感觉有指向性地转移到外在的审美客体中去的行为。[1]　而以精神摹拟为实质内核的"假扮游戏"却是将游戏主体作为虚构实体，于想象活动中置入既有的一种情境状态，以此作出以摹拟者为主角的情感反应。譬如，读者在阅读《安娜·卡列妮娜》时所产生的悲伤情绪并不来源于读者向安娜·卡列妮娜的移情行为，而来自于读者在想象中将自我置换了安娜·卡列妮娜并精神摹拟了她的处境命运的"假扮游戏"行为。因此，先前移情论所谓的审美客体在"假扮游戏"论的观照下作为另一方审美主体而存在。即是说，只存在前后进入虚构情境的两个审美主体，而不存在移情与被移情的审美主客体，在这一置换过程中，不变的是被精神摹拟的虚构情境，即"假扮游戏"展开的虚构世界平台。游戏主体的回忆、情感、意志和感知觉作为影响这一虚拟选择的因素存在，左右着其在虚构语境下的情感反应的输出结果，而不是直接作为输出结果被转移到所谓的审美客体处。因此，欣赏者对虚构实体的情感输送实质上是在虚构语境下对自身的情感输送，是内在于欣赏者自身的、以认识自我为目的的一种情感循环。再现艺术作品作为"假扮游戏"的道具，即是作为虚构世界的模型，为欣赏者进入虚构世界中以自我置换虚构人物而获取审美体验的游戏行为提供一个平台。当欣赏者进入虚构世界的模型中，对虚构人物的境遇遭际进行精神上的摹拟时，欣赏者与作品之间不再是一种主客二分的认知关系，而是被虚拟情境包围下的体验与被体验的关系。即是说，欣赏者沉浸在作品之中，就是被虚构世界的环境虚拟地包围；欣赏者所作出的一切情感反应、所获取的全部审美感受，都是在虚构意义上产生并运作

---

[1]　蒋孔阳、李醒尘：《十九世纪西方美学名著选》（德国卷），上海：复旦大学出版社，1990年，第601页。

的。在这一虚构意义上，他者的命运也可以成为欣赏者自己的命运，他人的故事也可以成为欣赏者自己的故事。同时，这一参与式的"假扮游戏"行为才是实现文艺作品再现功能的关键。

可见，移情论仍与传统的摹仿论、再现论同源，受限于主客二分的思维模式，不仅以移情主体与被移情对象的对立作为前提，也在二者之间假定了一种距离感。与之不同的是，沃尔顿对"精神摹拟"的阐释不仅弱化了主客二分关系，也强调要将对再现艺术作品的审美感知作为一种参与过程来看待。所谓"参与过程"，一方面意味着欣赏者对虚构情境的虚拟感知是以自我为主角的，这是参与式的审美接受的前提，另一方面意味着这一"参与"是一种想象性的融入作品语境的过程，这一过程可持续，也可延展。因此，"假扮游戏"论为审美心理学研究提供了一条新路径，即便不使用主客二分模式，也能对审美欣赏中的情感反应的呈现演变及审美愉悦的获取过程作出符合审美欣赏实践的阐释。

综合"假扮游戏"论对上述领域的补充可见，沃尔顿在对四要素及其彼此关联的阐释之中贯穿了对再现作品的虚构色彩的重视，以欣赏者的"假扮游戏"心理为根基系统化地构筑了再现艺术的基础，是对摹仿论与传统再现观的突破。"假扮游戏"论通过重构再现艺术的基础而赋予再现艺术的概念以新的内涵，同时，也通过"假扮游戏"因素及虚构色彩向艺术再现行为的各个层面的渗透性阐释，微调了再现艺术的审美活动系统。"假扮游戏"论将再现论由摹仿论调整为精神摹拟论，也消解了传统再现论将再现的概念局限于作品与现实世界须匹配的判定标准，使再现艺术扩展到前所未有的包容程度。我们不妨引用彼得·拉马克对"假扮游戏"论的评价作为对其理论价值的概括，他写道：

　　　　在过去的二十年里，"假扮"这一课题领域对于肯德尔·沃尔顿来说就像自家后院的一亩三分地一样。经过发表一系列期刊论文——总是以那漂亮的、迷人的、充满惊喜的文笔——他在哲学家们思考虚构与再现问题的领域中悄然引发了一场变革。仅凭一己之力，沃尔顿便将"假扮"从边缘地带驻扎到了美学的心脏。《扮假作真的模仿：再现艺术基础》一书以出人意料的重要性为思考艺术再现问题的全部经典理论提出了根本性的挑战。[1]

"假扮游戏"论对文艺活动系统结构的认知具有新的启示意义，在艾布拉姆斯四要素图式的基础上，可对原图作如下调整（图3），来直观化地呈现"假扮游戏"论的简明体系及其理论贡献。

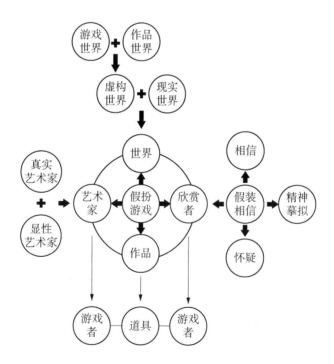

图3 "假扮游戏"论对艾布拉姆斯图式的补充

1 Peter Lamarque, "Review (On *Mimesis as Make-Believe* by Kendall Walton)", *The Journal of Aesthetics and Art Criticism*, Vol. 49, No. 2 (Spring, 1991), pp. 161 – 166.

二、"假扮游戏"论的局限与不足

　　首先，从研究方法上看，由于沃尔顿受分析哲学传统影响颇深，其对"假扮游戏"现象的分析性描述多过确定性界说，难免给人体系驳杂而概念模糊的印象。对于沃尔顿艺术哲学研究方法所呈现的鲜明的分析哲学基因，莫拉维斯克指出，"他从未试图给'再现艺术'下一个定义，而只是希望在再现艺术及其与欣赏者的互动中找到一个关键元素"。[1] 居里也指出，"沃尔顿建议我们暂缓对艺术的定义工作，而去寻求一种能将逻辑形而上问题与有关作品价值和欣赏者反应的问题都凝聚在一起的理论"。[2] 沃尔顿对再现艺术的探讨是一种过程大于结果的研究，譬如，他在《风格与艺术的作品及过程》一文中指出，决定再现艺术风格的不是艺术作品本身，而是创作艺术作品的过程。沃尔顿对"假扮游戏"的研究是一种微观先于宏观，以内涵取代定义的关键词式的研究，譬如，对"假扮游戏"的概念的界定工作便是以罗列三个关键词取代下定义的方式展开的。

　　其次，沃尔顿对传统摹仿论与再现论及相关流行观点的质疑是一种聚焦局限而忽略成就的批判，不是对上述观点在特定社会历史语境下的功与过的辩证评价。这种批判具有鲜明的指向性，目的在于为"假扮游戏"概念的提出作铺垫，因而难免具有片面性。"假扮游戏"论已认识到，传统摹仿论在后现代艺术兴起之后呈现出滞后性，难以满足对新兴艺术样式的阐释；也针对这一吁求对相似论、象征符号论、幻觉说与替代物论作出了相应的批判。但是，沃尔顿忽视了传统摹仿论在后现代艺术兴起之前从古希腊时期到 19 世纪初期的西方艺术史语境下的合理性，

1　J. M. Moravcsik, "Review (On *Mimesis as Make-Believe* by Kendall Walton)", *The Philosophical Review*, Vol. 102, No. 3 (July, 1993), pp. 440 – 443.

2　Gregory Currie, "Review (On *Mimesis as Make-Believe* by Kendall Walton)", *The Journal of Philosophy*, Vol. 90, No. 7 (July, 1993), pp. 367 – 370.

以及其在特定的艺术实践基础上，在特定的社会历史规定性下诞生的必然性。

再次，以图像为道具的视觉"假扮游戏"是"假扮游戏"论研究的第一个研究对象，从该理论的整体构架来看，以图像为主的再现艺术作品是主要研究对象，占据相当大的比重；而同样作为"假扮游戏"展开的叙事文学作品的审美欣赏活动未得到应有的重视与阐释。就此，詹姆斯·艾伦指出，"《扮假作真的摹仿》这本著作并不是关于文学批评、社会科学或者其它更广阔人文传统的书，他的假扮理论或许在哲学同僚的比武竞技中赢得了盛誉，但却不能满足更为文学化或更为人文化的心灵的需求"。[1] 艾伦的这一批评具有一定程度的合理性，与对绘画、摄影、戏剧等艺术审美欣赏行为中的"假扮游戏"现象的着重分析相比，沃尔顿对叙事文学作品审美接受的假扮游戏成分的研究显然有待充实。

此外，建构在艺术家与欣赏者的"假扮游戏"心理之上的再现艺术创作欣赏路径虽高扬了主体性在文艺审美中的重要作用，却也容易被从内部颠覆。沃尔顿只是概括性地认为"假扮游戏"心理普遍适用于对一切再现艺术的审美欣赏，却没有充分考虑欣赏者不以假扮游戏心理也能够欣赏再现艺术作品的可能性。而这一可能性在具体而多样化的审美欣赏体验中大量地存在着，故"假扮游戏"作为对再现艺术审美体验的阐释，只是充分条件而非必要条件，但沃尔顿对这一点显然估计不足。

综上所述，"假扮游戏"现象广泛地存在于人类社会文化的诸多方面，因而"假扮游戏"论不仅对西方艺术史上再现艺术作品及其相关审美问题的阐释适用，对中国古代再现性文学艺术作品的研究而言，同样是一个具有创新性的切入点。中国古代艺术的创作与欣赏及其携带的传统审美文化基因注重的是言外之意的虚拟性再现，这一审美观与"假扮游戏"现象有相仿或互补之处。因而，在中国古代文学艺术及中国传统

---

1 James Sloan Allen, "Believing Make-Believe", *The Sewanee Review*, Vol. 100, No. 2 (Spring, 1992), pp. xli – xliii.

审美文化的实践中不难找到"假扮游戏"的影踪，如第七章所列举分析的中国传统文学艺术审美欣赏活动中具有假扮游戏性的个案等。但上述列举不能一一穷尽博大精深的中国审美文化宝库中与"假扮游戏"密切相关的现象，仅可管窥一二。鉴于中西艺术风格、审美风尚与创作理念的差异，对中国古代艺术及审美文化这一宝库的挖掘也必然有益于"假扮游戏"论的理论完善。"假扮游戏"论将推动中西学术交流，也有助于将中国传统审美文化理念推广到西方，以"假扮游戏"为话题的中西美学对话有着令人期待的前景。

附录　沃尔顿教授学术著作及学术活动年表
（2018 版）

SYMPOSIA AND WORKSHOPS

1. Symposium, *Listening with Imagination*, on Walton's writings on music. American Musicological Society, New York. Four speakers, with Walton's responses. November 1995.

2. *"Workshop on the work of Kendall Walton,"* Nottingham University (UK), July 2005.

3. *"Metaphysics, Mimesis, and Make-Believe: A Conference in Honour of Kendall Walton."* Leeds University, U. K. 21 - 23 June, 2007.

4. Symposium: *"Kendall Walton and the Aesthetics of Photography and Film."* University of Kent (Canterbury, U. K.), School of Drama, Film, & Visual Arts. NovemberDecember, 2007.

5. *"Miniconference Celebrating the Work of Kendall Walton,"* Victoria University of Wellington (New Zealand), Philosophy Department, March, 2008.

6. *"Workshop on Kendall Walton's work at the intersection of aesthetics and philosophy of mind."* University of Warwick, June, 2008.

7. *"Imagination and Make-Believe in Art and Philosophy."* University

of Michigan, October, 2012.

8. Print Symposium, " 'Categories of Art' at Fifty." *Journal of Aesthetics and Art Criticism*, 2020.

PUBLISHED INTERVIEWS

1. "Can Seeing Be an Art Really," with Richard West (interviewed jointly with Patrick Maynard). *Source*: *Photographic Review*, Issue 53 (Winter 2007), pp 38 – 41.

2. "Aesthetics and Theory Construction," with Hans Maes (translated into Dutch by Hans Maes as "Esthetica en Theorievorming: Een Interview met Kendall WaltoN." *Esthetica*: *Tijdschrift voor Kunst en Filosofie* (Jaargang 2008).

3. "Only a Game." Interview with Chris Bateman, 2010. http: // onlyagame. typepad. com/only a game/2010/06/walton-onmakebelieve. html

4. Audio Interview on photography, with Nigel WarburtoN. *Philosophy Bites*. http: //philosophybites. com/2012/12/kendall-walton-on-photography. html. Interview with Christophe Lemaitre. Published in Lemaitre, *Le livre de go*, *2nd part* (Frans Masereel Centrum, 2015).

PUBLICATIONS

Books:

1. *Mimesis As Make-Believe*: *On the Foundations of the Representational Arts* (Harvard University Press, 1990). 450 pages. Translated into Italian, Chinese, Korean, Japanese.

2. *Marvelous Images*: *On Values and the Arts* (New York: Oxford University Press, March 2008).

3. *In Other Shoes*: *Music*, *Metaphor*, *Empathy*, *Existence* (New York: Oxford University Press, January 2015).

Articles：

1. "The Dispensability of Perceptual Inferences," *Mind* (July 1963), pp. 357 – 367.

2. "Categories of Art," *The Philosophical Review* 79 (July 1970), pp. 334 – 367. Reprinted widely.

3. "Languages of Art: An Emendation," *Philosophical Studies* (October-December 1971), pp. 82 – 85.

4. "Pictures and Make-Believe," *The Philosophical Review* (July 1973), pp. 283 – 319. Reprinted in W. E. Kennick, *Art and Philosophy*, 2nd edition (St. Martin's Press, 1979).

5. "Linguistic Relativity," in *Conceptual Change*, ed. by Glenn Pearce and p. Maynard (Reidel, 1973), pp. 1 – 30.

6. "Are Representations Symbols?," *The Monist* 58 (April 1974), pp. 236 – 254. Reprinted in Peter Lamarque and Stein Haugom Olsen, *Aesthetics and the Philosophy of Art: The Analytic Tradition* (Blackwell's, 2003).

7. "Points of View in Narrative and Depictive Representation," *Nous* 10 (March 1976), pp. 49 – 61.

8. "The Presentation and Portrayal of Sound Patterns," *In Theory Only* (February/March 1977), pp. 3 – 16.

9. "Fearing Fictions," *The Journal of Philosophy* 75 (January 1978), pp. 5 – 27. Reprinted widely.

10. "How Remote Are Fictional Worlds From the Real World?", *The Journal of Aesthetics and Art Criticism* 37 (Fall 1978), pp. 11 – 23. Partially reprinted in Peter A. French and Curtis Brown, *Puzzles, Paradoxes, and Problems: A Reader for Introductory Philosophy* (*St. Martin's Press*, 1987). *Czech Translation in Aluze: revue pro literaturu, filozofii a jiné*, 2005.

11. "Style and the Products and Processes of Art," in *The Concept of Style*, ed. by Berel Lang (University of Pennsylvania Press, 1979), pp. 45 – 66. Second edition (Cornell University Press, 1987), pp. 72 – 103.

12. "Appreciating Fiction: Suspending Disbelief or Pretending Belief?," *Dispositio* (Invierno Primavera), 1980, pp. 1 – 18. Italian translation in *Asmodeo/Asmodèe*. French translation, "Comment on apprécie la fiction" in *Agone: Litterature, Critique & Philosophie, numéro* 14 (1995).

13. "Fiction, Fiction-Making, and Styles of Fictionality," *Philosophy and Literature* 7/1 (Spring 1983): 78 – 88.

14. "Transparent Pictures: On the Nature of Photographic Realism," *Critical Inquiry* 11/2 (December 1984) 246 – 277. Reprinted widely.

15. "Do We Need Fictional Entities?: Notes Toward a Theory," in Rudolf Haller, *Aesthetics: Proceedings of the Eighth International Wittgenstein Symposium*, Part I (Vienna: Hölder-Pichler-Tempsky, 1984), 179 – 192.

16. "Fictional Entities," in *The Reasons of Art: Artworks and the Transformations of Philosophy*, edited by Peter McCormick (Ottawa: University of Ottawa Press, 1985).

17. "Looking at Pictures and Looking at Things," in Andrew Harrison, editor, *Philosophy and the Visual Arts* (Reidel, 1987), pp. 277 – 300. Reprinted in Philip Alperson, *The Philosophy of the Visual Arts* (Oxford University Press, 1992).

18. "The Presentation and Portrayal of Sound Patterns," in *Human Agency: Language Duty and Value*, edited by Jonathan Dancy, Julius Moravscik, and Christopher Taylor (Stanford University Press, 1988), 237 – 257. [This is a revised and substantially

expanded version of the 1977 paper with the same title.]

19. "What Is Abstract About the Art of Music?," *Journal of Aesthetics and Art Criticism*, 46/3 （Spring 1988）, 351 – 364. Korean translation: In *Music, that Most Eloquent of All Languages*, Hee Sook Oh, editor; translated by Chunhu Jeon （Paju: Eumaksekye, 2012）. Symposium on *Mimesis As Make-Believe, in Philosophy and Phenomenological Research*: Responses to discussions of the book by five authors. （June, 1991.）

20. "Seeing-In and Seeing Fictionally," in *Mind, Psychoanalysis, and Art: Essays for Richard Wollheim*, edited by James Hopkins and Anthony Savile （Oxford: Blackwells, 1992）, pp. 281 – 291.

21. "Make-Believe, and its Role in Pictorial Representation and the Acquisition of Knowledge," *Philosophic Exchange* 23 （1992）, 81 – 95. Condensed version published as "Make-Believe, and its Role in Pictorial Representation," in *Art Issues*, No. 21 （January/February 1992）, pp. 22 – 27. Reprinted in （a） David Goldblatt and Lee B. Brown, editors, *Aesthetics: A Reader in Philosophy of the Arts*: Prentice Hall, 1997）, and in （b） Susan Feagin and Patrick Maynard, editors, Aesthetics （Oxford University Press, 1997）.

22. "Understanding Humour and Understanding Music, " in *The Interpretation of Music: Philosophical Essays*," Michael Krausz, ed. （Oxford, 1993）. Published also in the Journal of Musicology, Vol. 11, No. 1 （1993）.

23. "Metaphor and Prop Oriented Make-Believe," *The European Journal of Philosophy*, Vol. 1, No. 1, April 1993, pp. 39 – 57. Reprinted in （a） Dom Lopes and Eileen John （editors）, *Philosophy of Literature: Contemporary and Classic Readings* （Blackwell's, 2004）, and in （b） Mark Kalderon （editor）, *Fictionalist Approaches to Metaphysics*

(Oxford University Press, 2005).

24. "How Marvelous!: Toward a Theory of Aesthetic Value," *The Journal of Aesthetics and Art Criticism*, 51: 3 (Summer 1993), 499 – 510.

25. "Morals in Fiction and Fictional Morality," *Proceedings of the Aristotelian Society*, Supplementary Volume 68 (1994): 27 – 50. Reprinted in Alex Neill and Aaron Ridley, *Arguing about Art*, 2nd edition (Routledge, 2002). Portuguese translation in Ficcionalidade, Galle, Helmut; Perez, Juliana; Pereira, Valéria. Editors. Daniel R. Bonomo, translator (2018).

26. "Listening with Imagination: Is Music Representational?" *The Journal of Aesthetics and Art Criticism*, 52: 1 (Winter 1994), 47 – 61. Reprinted in (a) Jenefer Robinson, *Music and Meaning* (Cornell University Press, 1997), and in (b) Philip Alperson, *Musical Worlds: New Directions in the Philosophy of Music*. (University of Pennsylvania Press, 1998), 47 – 62.

27. "Spelunking, Simulation and Slime: On Being Moved by Fiction". In Mette Hjort and Sue Laver, *Emotion and the Arts* (Oxford University Press, 1997). Reprinted in Robert Stecker and Ted Gracyk, *Aesthetics Today: A Reader* (Lanham MD: Rowman & Littlefield, 2010). Serbian translation, in *The Paradox of Fiction*, Aleksandra Kostic, editor (Beograd: Fedon, forthcoming). Portuguese translation, with additions, in *Contracampo* (Brazil), issue on "Immersive Processes in Media Culture," 2014.

28. "On Pictures and Photographs: Objections Answered". In: Richard Allen and Murray Smith, editors. *Film Theory and Philosophy* (Oxford: Oxford University Press, 1997), pp. 60 – 75. Portugese translation in *Teoria Contemporanea do Cinema*, Vol. 2, edited by

Fernãao Pessoa Ramos (São Paulo: Editora Senac, 2005).

29. "Projectivism, Empathy, and Musical TensioN." In *Philosophical Topics*, 26: 1&2 (Spring & Fall, 1999). (pdf available on Walton's webpage) A shorter version under the title, "Empathy and Musical Tension" appeared in Dag Prawitz, editor, *Meaning and Interpretation*, published by the Swedish Academy of Letters, History, and Antiquities, KVHAA Konferenser 55 (2002), pp. 43 - 69.

30. "Existence as Metaphor?" In *Empty Names, Fiction, and the Puzzles of Non-Existence*, edited by Anthony Everett and Thomas Hofweber, Center for the Study of Language and Information (CSLI), Stanford, 2000.

31. "Depiction, Perception, and Imagination: Responses to Richard Wollheim." *Journal of Aesthetics and Art Criticism* 60/1 (Winter, 2002): 27 - 35.

32. "Restricted Quantification, Negative Existentials, and Fiction" (*Dialectica*, 57/2 (2003): 241 - 244.

33. "Landscape and Still Life: Static Representations of Static Scenes." In *Rivista di Estetica* 25 (February, 2005), 105 - 116. Reprinted in Scott Walden, editor, *Photography and Philosophy: Essays on the Pencil of Nature* (Blackwells, 2008.) Korean translation forthcoming.

34. "On the (So-Called) Puzzle of Imaginative Resistance." In Shaun Nichols, *The Architecture of the Imagination: New Essays on Pretense, Possibility, and Fiction* (Oxford University Press, 2006) 137 - 148. Reprinted in Walton's *Marvelous Images*.

35. "Fiction Within and Beyond the Arts—Theater and Sports" (English with Korean translation). In *Imagination, Representation and Arts*,

121 - 128，129 - 137.

36. "Aesthetics—What?, Why?, and Wherefore?" (Presidential address for the American Society for Aesthetics). *Journal of Aesthetics and Art Criticism*, 65/2 (April 2007), 147 - 161. (pdf available on Walton's webpage)

37. "Experiencing Still Photographs: What Do You See and How Long Do You See It?" In Walton's *Marvelous Images: On Values and the Arts* (New York: Oxford University Press, 2008).

38. "Pictures and Hobby Horses: Make-Believe Beyond Childhood." In Walton's *Marvelous Image: On Values and the Arts* (New York: Oxford University Press, 2008). Reprinted in Werner Wolf, Walter Bernhart, and Andreas Mahler, *Aesthetic Illusion in Literature and Other Media* (Amsterdam: Rodopi, 2013).

39. "Le Sport comme Fiction: Quand Fiction et Realité Coïncident (Presque)." In *Les arts visuels, le web et la fiction*, edited by Bernard Guelton (Publications de la Sorbonne, 2009). Translated into French by Bernard Guelton.

40. "Pictures, Titles, Depictive Content," In *Image and Imaging in Philosophy, Science and the Arts*, Volume 1, Proceedings of the 33rd International Ludwig Wittgenstein Symposium in Kirchberg, 2010, edited by Heinrich, Rchard, et al (Frankfurt: Ontos Verlag, 2011).

41. "Thoughtwriting—in Poetry and Music." *New Literary History*, 43/3 (Summer 2011), 455 - 476. (Also in Walton's *In Other Shoes* [2015]). (pdf available on Walton's webpage).

42. "Two Kinds of Physicality, in Electronic and Traditional Music." In *Bodily Expression in Electronic Music: Perspectives on a Reclaimed Performativity*, ed. by Deniz Peters, Gerhard Eckel, and Andreas

Dorschel (Routledge，2012)，114－129.（pdf available on Walton's webpage)

43. "Fotografische Bilder." In *Fotografie zwischen Dokmentation und Inszenierung*, ed. by Julian Nida-Rümelin and Jakob Steinbrenner（Hatje Cantz Verlag，2012）.（This is a German translation of Walton's English text. The English text is available on Walton's webpage.）

44. "Fictionality and Imagination Reconsidered." In *Fictionalism to Realism：Fictional and Other Social Entities*, edited by Barbero，Carola; Ferraris，Maurizio; and Voltolini，Alberto（Newcastle upon Tyne：Cambridge Scholars Publishing，2013），9－26. "Luca Del Baldo's Portrait：On Painting from Photographs"（2014）. Available at http：//visionary ＿ acadeWalton's. lucadelbaldo. com/text-i. html♯WALTON. Forthcoming in Del Baldo，*Atlas：A Pictorial Iconography of Contemporary Philosophy*

45. "Fictionality and Imagination：Mind the Gap." In Walton's *In Other Shoes*（Oxford University Press，2015）.

46. "'It's Only a Game'：Sports as Fiction." In Walton's *In Other Shoes*（Oxford University Press，2015）.

47. "Empathy，Imagination，and Phenomenal Concepts." In Walton's *In Other Shoes*（Oxford University Press，2015）.

48. "Meiosis，Hyperbole，Irony." *Philosophical Studies*. 174（2017）. doi：10. 1007/s11098－015－0546－6. Published online 22 August 2015. Available at http：//dx. doi. org/10. 1007/s11098-015-0546-6，and on Walton's website. Shared link（read only）：http：//rdcu. be/m6tv

49. "'Categories of Art' at Fifty"（2020）. Response to three symposiasts. *The Journal of Aesthetics and Art Criticism*.

In Progress

1. "How to Think about Fiction, and how not to"

2. "Abstraction and Aboutness in the Arts"

3. "Appearances"

Reviews, Encyclopedia Articles, etc. :

1. "Categories and Intentions: A Reply," *The Journal of Aesthetics and Art Criticism* (Winter 1973), pp. 267 – 268.

2. "Not a Leg to Stand on the Roof on. " *The Journal of Philosophy* 70/19 (November 8 1973): 725 – 726.

3. Review of Monroe Beardsley, *The Possibility of Criticism*, *Journal of Philosophy* (December 1973), pp. 832 – 836.

4. Review of George Dickie, *Art and the Aesthetic*, *Philosophical Review* 86/1 (January 1977), pp. 97 – 101.

5. "Descriptions and Interpretations," review of Joseph Margolis, *Art and Philosophy*, *The Times Literary Supplement*, June 4, 1982.

6. "Degrees of Durability," review of Anthony Savile, *The Test of Time*, *The Times Literary Supplement*, February 18, 1983.

7. Review of Nicholas Wolterstorff, *Works and Worlds of Art*, *The Journal of Philosophy* 80/3 (March 1983): 179 – 193.

8. "Looking Again Through Photographs: A Response to Edwin Martin," *Critical Inquiry*, Summer, 1986.

9. "Fiction," in *Handbook of Metaphysics and Ontology*, edited by Hans Burkhardt and Barry Smith, Vol. 1 (Munich: Philosophia Verlag, 1991), 274 – 275.

10. "Duality without Paradox: Response to Robert Newsom," in *Narrative* 2/2 (May 1994) [contribution to a "Dialogue" on *Mimesis as Make-Believe.*].

11. "Aesthetics, I. Introduction," in *The Dictionary of Art*, edited by

Hugh Brigstocke (London: Macmillan, 1994).

12. "Two Arts That Beat as One." Review of Edward Rothstein, *Emblems of Mind: The Inner Life of Music and Mathematics*. The *New York Times Book Review* (June 16, 1995).

13. "Nonexistent Objects, Nonbeing". *Encyclopedia of Philosophy Supplement* (Macmillan, 1996). Revised and expanded for the 2nd Edition, Borchert, Donald, ed. (Detroit: Macmillan Reference USA, 2006)

14. "Is 'What Is Art?' Really the Question?" (Review of Michael Kelly, editor, Encyclopedia of Aesthetics, 1st edition). *Times Literary Supplement*, Sep 29, 2000: 8 - 9.

15. "Comment on Catherine Wilson, 'Grief and the Poet' " *British Journal of Aesthetics* 53/1 (January 2013), 113 - 115. [PDF available at: http://bjaesthetics.oxfordjournals.org/cgi/reprint/ays053?ijkey=l8ptp1QK2HZDYlv&keytype=ref]

16. "Metaphor, Fictionalism, Make-Believe: Response to Elisabeth Camp" (2014). Pdf available on Walton's website, and at: http://global.oup.com/us/companion.websites/9780195098723/pdf/Metaphor _ Fictionalism _ Make _ Believe. pdf

LECTURES AND PRESENTATIONS (Selected)

1. American Society for Aesthetics national meetings, Austin Texas. Symposium on Walton's *Mimesis and Make-believe* (1990).

2. Princeton University, Carl Hempel Lectures (three lectures). (1991)

3. Trinity University, San Antonio, Texas. Stieren Distinguished Lecture in the Arts (1991).

4. The Mind Association and Aristotelian Society, joint session, Dundee Scotland. Main symposium paper. (1994).

5. American Musicological Society meetings, New York. Symposium on

Walton's work, *"Listening with Imagination"* (1995).

6. Cornell University, Conference in honor of Sydney Shoemaker (1997).

7. Stanford University, Center for the Study of Language and Information (CSLI). Conference on *"Empty Names, Fiction, and the Puzzles of Nonexistence"* (1998).

8. Brock University (Ontario). Keynote address, Conference on *"Image and Imagery."* Comparative Literature (2000).

9. University of Nevada, Reno, Philosophy Department. Keynote address, Leonard Conference (2000).

10. University of MichigaN. Inaugural lecture, Charles L. Stevenson Collegiate Professor of Philosophy (2000).

11. University of Michigan, Phi Beta Kappa Romanell Lectures, three lectures (2001 – 2002).

12. Presidential Address, American Society for Aesthetics. Houston Texas (2004).

13. Conference on *"Emotion Pictures."* Museum of Contemporary Art, Antwerp, Belgium (2005).

14. Workshop on Walton's writings, Nottingham University (UK). Replies to commentators (2005).

15. Conference on *"Empathy,"* California State University, Fullerton, Keynote address (2006).

16. Three lectures at the Institut Jean Nicod and the Sorbonne, Paris (2006)

17. Keynote address: *"Metaphysics, Mimesis, and Make-Believe: A Conference in Honour of Kendall Walton."* Leeds University, U. K. (2007).

18. Spanish Society for Analytic Philosophy, Barcelona, 7 September.

Invited "main speaker" (2007).

19. University of Kent (Canterbury), U. K. , School of Drama, Film, & Visual Arts. Symposium: *"Kendall Walton and the Aesthetics of Photography and Film"* (2007).

20. Parodi Lecture, University of Miami and Art Basel (2007).

21. Victoria University of Wellington (New Zealand), Philosophy Department, *"Miniconference Celebrating the Work of Kendall Walton"* (2008).

22. Inaugural Conference for the Centre for Literature and Philosophy, University of Sussex (UK). Plenary speaker (2008).

23. *"The Philosophy of Computer Games Conference"* Oslo. Keynote Speaker (2009).

24. Author Meets Critics session, on Walton's *Marvelous Images*. American Society for Aesthetics annual meeting, Denver (2009).

25. University of Texas, AustiN. Conference: *Art*, *Beauty and Beyond*. Keynote speaker (2010).

26. Harvard University. Workshop on *Model-Building and Make-Believe*; Philosophy Department colloquium (2010).

27. American Society for Aesthetics, Eastern DivisioN. Keynote address. Philadelphia (2010).

28. Turin Italy, conference on fictionalism (in connection with the publication of the Italian translation of *Mimesis as Make-Believe*). Invited speaker (2011).

29. Royal Musical Association, Music and Philosophy Study Group, LondoN. Keynote Speaker (2011).

30. Kunstmuseum, Bonn, Germany. *Photography Between Documentation and Staged Production*. Invited speaker (2011).

31. Geneva, Switzerland. International Summer School in Affective

Sciences, University of Geneva. Plenary Lecture (2011).

32. Chapel Hill Colloquium in Philosophy, Main Speaker (2011).

33. Aarhus, Denmark. Conference on "Aesthetics: Aesthetic Objects and their Cognition". Keynote speaker (2012).

34. Lund, SwedeN. Conference on *How to Make Believe*. *The Fictional Truths of the Representational Arts*. Keynote speaker (2012).

35. Oxford U. K. Richard Wollheim Memorial Lecture, British Society for Aesthetics (2012).

36. Cambridge, UK. British Society for Aesthetics, Author Meets Critics panel on Walton's *In Other Shoes*, (2015).

37. Stanford University. Lecture celebrating the opening of the Anderson Collection Museum (2016).

38. Gainesville Florida. Southeast Graduate Philosophy Conference. Keynote Speaker. (2017).

39. Hägerström Lectures (three lectures), Uppsala, Sweden (2017).

参考文献

外文专著及论文

［1］ Kendall Walton，"Categories of Art"，*The Philosophical Review*，Vol. 79，No. 3（July，1970），pp. 334 – 367.

［2］ Kendall Walton，"Categories and Intentions：A Reply"，*The Journal of Aesthetics and Art Criticism*，Vol. 32，No. 2（Winter，1973），pp. 267 – 268.

［3］ Kendall Walton，"Pictures and Make-Believe"，*The Philosophical Review*，Vol. 82，No. 3（July，1973），pp. 283 – 319.

［4］ Kendall Walton，"Are Representations Symbols?"，*The Monist*，Vol. 58，No. 2，Languages of Art（April，1974），pp. 236 – 254.

［5］ Kendall Walton，"Points of View in Narrative and Depictive Representation"，*Noûs*，Vol. 10，No. 1（March，1976），pp. 49 – 61.

［6］ Kendall Walton，"The Presentation and Portrayal of Sound Patterns,"in *Theory Only*：*Journal of the Michigan Music Theory Society*（February/March 1977），pp. 3 – 16.

［7］ Kendall Walton，"How Remote Are Fictional Worlds from the Real World?"，*The Journal of Aesthetics and Art Criticism*，Vol. 37，No. 1（Autumn，1978），pp. 11 – 23.

［8］ Kendall Walton, "Fearing Fictions", *The Journal of Philosophy* Vol. 75, No. 1 (January, 1978), pp. 5 – 27.

［9］ Kendall Walton, "Style and the Products and Processes of Art," in *The Concept of Style*, ed. by Berel Lang (University of Pennsylvania Press, 1979), pp. 45 – 66.

［10］ Kendall Walton, "Appreciating Fiction: Suspending Disbelief or Pretending Belief?" *Dispositio*, Vol. 5, No. 13/14, Representation and Fictionality (Invierno-Primavera, 1980), pp. 1 – 18.

［11］ Kendall Walton, "Fiction, Fiction-Making, and Styles of Fictionality," *Philosophy and Literature*, Vol. 7, No. 1 (Spring, 1983), pp. 78 – 88.

［12］ Kendall Walton, "Transparent Pictures: On the Nature of Photographic Realism," *Critical Inquiry*, 11/2 (December, 1984), pp. 246 – 277.

［13］ Kendall Walton, "Do We Need Fictional Entities?: Notes Toward a Theory," in Rudolf Haller, *Aesthetics: Proceedings of the Eighth International Wittgenstein Symposium*, Part I (Vienna: Hölder-Pichler-Tempsky, 1984), pp. 179 – 192.

［14］ Kendall Walton, "Fictional Entities", in *The Reasons of Art: Artworks and the Transformations of Philosophy*, edited by Peter McCormick (Ottawa: University of Ottawa Press, 1985).

［15］ Kendall Walton, "Looking Again through Photographs: A Response to Edwin Martin", *Critical Inquiry*, Vol. 12, No. 4 (Summer, 1986), pp. 801 – 808.

［16］ Kendall Walton, "Looking at Pictures and Looking at Things", in Andrew Harrison, ed., *Philosophy and the Visual Arts* (Reidel, 1987), pp. 277 – 300.

［17］ Kendall Walton, "What Is Abstract about the Art of Music?" *The*

Journal of Aesthetics and Art Criticism, Vol. 46, No. 3 (Spring, 1988), pp. 351 – 364.

[18] Kendall Walton, *Mimesis as Make-Believe: On the Foundation of Representational Arts* (Cambridge, Massachusetts: Harvard University Press, 1990).

[19] Kendall Walton, "Fiction," in *Handbook of Metaphysics and Ontology*, edited by Hans Burkhardt and Barry Smith, Vol. 1 (Munich: Philosophia Verlag, 1991), pp. 274 – 275.

[20] Kendall Walton, "Seeing-In and Seeing Fictionally," in *Mind, Psychoanalysis, and Art: Essays for Richard Wollheim*, edited by James Hopkins and Anthony Savile (Oxford: Blackwells, 1992), pp. 281 – 291.

[21] Kendall Walton, "Make-Believe, and its Role in Pictorial Representation and the Acquisition of Knowledge," *Philosophic Exchange* (1992), pp. 81 – 95.

[22] Kendall Walton, "Metaphor and Prop Oriented Make-Believe," *The European Journal of Philosophy*, Vol. 1, No. 1 (April, 1993), pp. 39 – 57.

[23] Kendall Walton, "Morals in Fiction and Fictional Morality," *Proceedings of the Aristotelian Society*, Supplementary, Volume 68 (1994), pp. 27 – 66.

[24] Kendall Walton, "Listening with Imagination: Is Music Representational?" *The Journal of Aesthetics and Art Criticism*, Vol. 52, Issue 1 (Winter, 1994), pp. 47 – 61.

[25] Kendall Walton, "Spelunking, Simulation, and Slime: On Being Moved by Fiction", in *Emotion and the Arts*, ed. Mette Hjort and Sue Laver. (Oxford: Oxford University Press, 1997) pp. 37 – 49.

[26] Kendall Walton, "ExistenceasMetaphor?", in Anthony Everett and

Thomas Hofweber, *Empthy Names: Fiction and the Puzzles of Nonexistence*, Stanford: Center for the Study of Language and Inf, 2000. pp. 69 – 94.

[27] Kendall Walton, " Depiction, Perception, and Imagination: Responses to Richard Wollheim. " *Journal of Aesthetics and Art Criticism*, *Vol.* 60, No. 1 (Winter, 2002), pp. 27 – 35.

[28] Kendall Walton, *Marvelous Image: On Values and the Arts*, New York: Oxford University Press, 2008.

[29] Kendall Walton, "Pictures, Titles, Depictive Content," In *Image and Imaging in Philosophy*, *Science and the Arts*, Volume 1, Proceedings of the 33rd International Ludwig Wittgenstein-Symposium in Kirchberg, 2010, edited by Heinrich, Rchard, etal, Frankfurt: Ontos Verlag, 2011.

[30] J. R. R. Tolkien, "On Fairy-stories", *The Tolkien Reader*, New York: Ballantine Books, 1966.

[31] Robert Ranulph Marett, *The Threshold of Religion*, Kessinger Publishing, 1909.

[32] Noël Carroll, "On Kendall Walton's Mimesis as Make-Believe", *Philosophy and Phenomenological Research*, Vol. 51, No. 2 (June, 1991), pp. 383 – 387.

[33] George M. Wilson, "Comments on Mimesis as Make-Believe", *Philosophy and Phenomenological Research*, Vol. 51, No. 2 (June, 1991), pp. 395 – 400.

[34] Richard Wollheim, " A Note on Mimesis as Make-Believe", *Philosophy and Phenomenological Research*, Vol. 51, No. 2 (June, 1991), pp. 401 – 406.

[35] Nicholas Wolterstorff, "Artists in the Shadows: Review of Kendall Walton, Mimesis as Make-Believe ", *Philosophy and*

Phenomenological Research, Vol. 51, No. 2 (June, 1991), pp. 407 – 411.

[36] J. M. Moravcsik, "Review (On *Mimesis as Make-Believe* by Kendall Walton) ", *The Philosophical Review*, Vol. 102, No. 3 (July, 1993), pp. 440 – 443.

[37] Monroe Beardsley, *Aesthetics: Problems in the Philosophy of Criticism*, New York: Harcourt Brace, 1958.

[38] William Wimsatt and Beardsley, "The Intentional Fallacy", *The Sewanee Review* Vol. 54, No. 3 (July-September, 1946), pp. 468 – 488.

[39] George Dickie and W. Kent Wilson, "The Intentional Fallacy: Defending Beardsley", *The Journal of Aesthetics and Art Criticism*, Vol. 53, No. 3 (Summer, 1995), pp. 233 – 250.

[40] Mark Twain, *Adventures of Huckleberry Finn*, New York: Hungry Minds, 2001.

[41] George R. R. Martin, *A Storm of Swords: Book Three of A Song of Ice and Fire*, New York: Bantam Dell, 2000.

[42] Richard Moran, "Seeing and Believing: Metaphor, Image, and Force," *Critical Inquiry*, Vol. 16, No. 1 (1989), pp. 87 – 112.

[43] Liane Lefaivre and Alexander Tzonis: *The Emergency of Modern Architecture: A Doncumentary History from* 1000 *to* 1800, Routledge, 2004.

[44] Brian Laetz, "Kendall Walton's 'Categories of Art': A Critical Commentary", *British Journal of Aesthetics*, Vol. 50, No. 3 (July, 2010), pp. 287 – 306.

[45] Anthony Savile, Richard Wollheim: "Imagination and Pictorial Understanding", *Proceedings of the Aristotelian Society, Supplementary volumes*, Vol. 60 (1986), pp. 19 – 60.

[46] Richard Wollheim, "On Pictorial Representation", *The Journal of Aesthetics and Art Criticism*, Vol. 56, No. 3 (Summer, 1998), pp. 217 – 226.

[47] Bence Nanay, "Taking Twofoldness Seriously: Walton on Imagination and Depiction", *The Journal of Aesthetics and Art Criticism*, Vol. 62, No. 3 (Summer, 2004), pp. 285 – 289.

[48] Richard Wollheim, "*Painting as an Art: The Andrew W. Mellon Lectures in the Fine Arts*", Princeton: Princeton University Press, 1987, pp. 46 – 47.

[49] Samuel T. Coleridge, *Biographia Literaria*, ed. James Engell and W. Jackson Bate (Princeton University press, 1983).

[50] Eva Schaper, "Fiction and the Suspension of Disbelief", *The British Journal of Aesthetics*, Vol. 18, No. 1 (1978), pp. 31 – 44.

[51] Peter Lamarque, "How Can We Fear and Pity Fictions?" *British Journal of Aesthetics*, Vol. 21, No. 4 (1981), pp. 291 – 304.

[52] Jerrold Levinson, *The Pleasures of Aesthetics: Philosophical Essays*, Cornell University Press, 1996.

[53] Gregory Currie, *The Nature of Fiction*, Cambridge University Press, 1990.

[54] Stephen Davies, *Definitions of Art*, Cornell University Press, 1991.

[55] R. M. Sainsbury, *Fiction and Fictionalism*, Routledge, 2010.

[56] Emily Brady, "Imagination and the Aesthetic Appreciation of Nature", *The Journal of Aesthetics and Art Criticism*, Vol. 56, No. 2, Environmental Aesthetics (Spring, 1998).

[57] Ronald Hepburn, "Nature in the Light of Art", in *Wonder and Other Essays* (Edinburgh University Press, 1984).

[58] M. H. Abrams, *The Mirror and the Lamp: Romantic Theory*

and the Critical Tradition，Oxford University Press，1953.

[59]　James Liu，"Towards A Synthesis of Chinese and Western Theories of Literature"，*Journal of Chinese Philosophy*，Vol. 4，Issue 1（1977），pp. 1–24.

[60]　Peter Lamarque，"Review（On *Mimesis as Make-Believe* by Kendall Walton）"，*The Journal of Aesthetics and Art Criticism*，Vol. 49，No. 2（Spring，1991），pp. 161–166.

[61]　Gregory Currie，"Review（On *Mimesis as Make-Believe* by Kendall Walton）"，*The Journal of Philosphy*，Vol. 90，No. 7（July，1993），pp. 367–370.

[62]　James Sloan Allen，"Believing Make-Believe"，*The Sewanee Review*，Vol. 100，No. 2（Spring，1992），pp. xli–xliii.

中文论文

［1］罗念生：《卡塔西斯笺释——亚理斯多德论悲剧的作用》，载《剧本》，1961 年第 11 期，第 81—90 页。

［2］朱光潜：《亚理斯多德的美学思想》，载《北京大学学报（人文科学）》，1961 年第 2 期，第 45—60 页。

［3］束定芳：《论隐喻的基本类型及句法和语义》，载《外国语》，2000年第 1 期，第 20—28 页。

［4］束定芳：《论隐喻的本质及语义特征》，载《上海外国语大学学报》，1998 年第 6 期，第 10—19 页。

［5］冯棉：《"可能世界"概念的基本涵义》，载《华东师范大学学报》（哲学社会科学版），1995 年第 6 期，第 31—37 页。

［6］李秀敏：《论可能世界理论中的两个问题》，载《江西教育学院学报》（社会科学），2004 年第 25 卷第 1 期，第 29—32 页。

［7］张丽：《文学叙事中的可能性与真实性》，载《江西社会科学》，2012 年第 11 期，第 96—101 页。

［8］黄杨：《巫、舞、美三位一体新证》，载《北京舞蹈学院学报》，

2009 年第 3 期，第 21—26 页。

［9］聂涛：《"卧游"对中国山水画透视法的影响》，载《中国石油大学胜利学院报》，2002 年第 1 期，第 55—56 页。

［10］孙晓昕：《文艺复兴时期自画像中的"神性"艺术家形象解析》，载《艺术评论》，2014 年第 3 期，第 144—147 页。

［11］伦伟华：《论文艺复兴时期艺术赞助对美术活动的影响》，载《齐鲁艺苑》，2007 年第 2 期，第 24—29 页。

［12］刘君：《虔诚、权力与艺术：意大利文艺复兴时期艺术赞助的意图》，载《西南民族大学学报》（人文社科版），2009 年第 7 期，第 249—253 页。

［13］陈望衡：《华夏审美意识基因初探》，载《华中师范大学学报（人文社会科学版）》，2000 年第 5 期，第 102—106 页。

［14］皮朝纲：《中国古代审美文化中的"羊大为美"思想》，载《青海师范大学学报（哲学社会科学版）》，1991 年第 4 期，第 43—46 页。

［15］殷杰：《中华古典美学三题》，载《文艺研究》，1993 年第 5 期，第 42—49 页。

［16］申焕：《"美"的原始意义探析》，载《延安大学学报（社会科学版）》，2005 年第 2 期，第 111—113 页。

［17］林君桓：《"羊大则美"与"羊人为美"孰先孰后》，载《福建论坛（文史哲版）》，1984 年第 3 期，第 37—39 页。

［18］万书辉：《"美"的文化人类学阐释》，载《重庆师专学报》，1995 年第 3 期。

［19］高建平：《"美"字探源》，载《天津师大学报（社会科学版）》，1988 年第 1 期，第 38—42 页，第 37 页。

［20］朱良志、詹绪佐：《中国美学研究的独特视境——汉字》，载《安徽师大学报（哲学社会科学版）》，1988 年第 3 期，第 12—22 页。

［21］孙晓昕：《文艺复兴时期自画像中艺术家的形象》，南京师范大学，

2014 年。

［22］王彤菲：《意大利文艺复兴时期艺术赞助人和艺术关系的研究》，鲁迅美术学院，2016 年。

［23］金阳平：《自画像的秘密—自我图像的谱系与阐释》，中国美术学院，2017 年。

［24］李艳蓉：《意大利文艺复兴时期基督教圣像画艺术研究》，重庆大学，2012 年。

［25］周丽馨：《析意大利文艺复兴时期的艺术赞助现象》，复旦大学，2009 年。

［26］易乐：《"道成肉身"的图像神学》，北京服装学院，2013 年。

［27］廖睿：《论文艺复兴时期赞助人与艺术家的关系》，湖北美术学院，2017 年。

［28］汪贤俊：《探寻救世的圣容》，南京艺术学院，2012 年。

［29］刘心恬：《从"卧游"看中国传统艺术的假扮游戏特征》，载《时代文学》，2015 年第 2 期，第 155—157 页。

中文专著与译著

［1］［美］沃尔顿：《扮假作真的模仿：再现艺术基础》，赵新宇、陆扬、费小平译，北京：商务印书馆，2013 年。

［2］［美］鲁晓鹏：《从史实性到虚构性：中国叙事诗学》，王玮译，北京：北京大学出版社，2012 年。

［3］［英］贡布里希：《木马沉思录：论艺术形式的根源》，徐一维译，北京：北京大学出版社，1991 年。

［4］［美］纳尔逊·古德曼：《构造世界的多种方式》，姬志闯译，上海：上海译文出版社，2008 年，第 62 页。

［5］［德］加达默尔：《美的现实性——作为游戏、象征、节日的艺术》，张志扬等译，北京：三联书店，1991 年。

［6］［德］黑格尔：《美学》（第二卷上册），朱光潜译，北京：商务印书馆，1981 年。

［7］［古希腊］亚里士多德：《诗学》，陈中梅译注，北京：商务印书馆，2008 年。

［8］［德］席勒：《审美教育书简》，张玉能译，南京：译林出版社，2009 年。

［9］［荷兰］赫伊津哈：《游戏的人——关于文化的游戏成分的研究》，多人合译，杭州：中国美术学院出版社，1996 年。

［10］［奥地利］弗洛伊德：《论创造力与无意识》，孙恺祥译，北京：中国展望出版社，1986 年。

［11］［英］琼斯：《剑桥艺术史——18 世纪艺术》，钱承旦译，南京：译林出版社，2009 年。

［12］［德］尼采：《悲剧的诞生》，杨恒达译，南京：译林出版社，2012 年。

［13］［德］加达默尔：《真理与方法》（上卷），洪汉鼎译，上海：上海译文出版社，1999 年。

［14］［法］阿拉斯：《我们什么也没看见——一部别样的绘画描述集》，何蒨译，北京：北京大学出版社，2007 年。

［15］［英］伍德福德：《剑桥艺术史——古希腊罗马艺术》，钱承旦译，南京：译林出版社，2009 年。

［16］［英］唐纳德·雷诺兹：《剑桥艺术史——19 世纪艺术》，钱承旦译，南京：译林出版社，2009 年。

［17］余英时：《红楼梦的两个世界》，上海：上海社会科学院出版社，2002 年。

［18］［英］托尔金：《魔戒：魔戒再现》，丁棣译，南京：译林出版社，2001 年。

［19］［法］勒内·基拉尔：《浪漫的谎言与小说的真实》，罗芃译，北京：北京大学出版社，2012 年。

［20］［德］黑格尔：《美学》（第三卷上册），朱光潜译，北京：商务印书馆，1986 年。

［21］朱光潜：《悲剧心理学》，北京：三联书店，1996 年。

［22］陈嘉映：《语言哲学》，北京：北京大学出版社，2003 年。

［23］［英］罗萨·玛利亚·莱茨：《剑桥艺术史——文艺复兴艺术》，钱承旦译，南京：译林出版社，2009 年。

［24］［德］维特根斯坦：《哲学研究》，陈嘉映译，上海：上海人民出版社，2005 年。

［25］［美］阿恩海姆：《艺术与视知觉》，滕守尧、朱疆源译，成都：四川人民出版社，1998 年。

［26］［英］玛德琳·梅因斯通、罗兰德·梅因斯通：《剑桥艺术史——17 世纪艺术》，钱承旦译，南京：译林出版社，2009 年。

［27］［英］苏珊·伍德福德：《剑桥艺术史——绘画观赏》，钱承旦译，南京：译林出版社，2009 年。

［28］［英］约翰·伯格：《另一种讲述的方式》，沈语冰译，桂林：广西师范大学出版社，2007 年。

［29］蒋孔阳、李醒尘：《十九世纪西方美学名著选》（德国卷），上海：复旦大学出版社，1990 年。

［30］［德］沃林格：《抽象与移情：对艺术风格的心理学研究》，王才勇译，北京：金城出版社，2010 年。

［31］李醒尘：《西方美学史教程》，北京：北京大学出版社，2005 年。

［32］［波兰］塔塔尔凯维奇：《西方六大美学观念史》，刘文潭译，上海：上海译文出版社，2013 年。

［33］［美］彼得·基维：《美学指南》，彭锋等译，南京：南京大学出版社，2008 年。

［34］［英］伯特兰·罗素：《心的分析》，贾可春译，北京：商务印书馆，2012 年。

［35］［美］托马斯·沃滕伯格：《什么是艺术》，李奉栖等译，重庆：重庆大学出版社，2011 年。

［36］［德］沃尔夫冈·伊瑟尔：《虚构与想象——文学人类学疆界》，陈定家、汪正龙等译，长春：吉林人民出版社，2001 年。

[37] ［美］纳尔逊·古德曼：《事实、虚构和预测》，刘华杰译，北京：商务印书馆，2007 年。

[38] ［英］吉尔伯特·赖尔：《心的概念》，徐大建译，北京：商务印书馆，2010 年。

[39] 朱立元主编：《西方美学范畴史》（第三卷），太原：山西教育出版社，2006 年。

[40] 王杰：《审美幻象研究：现代美学导论》，北京：北京大学出版社，2012 年。

[41] 曾繁仁：《生态文明时代的美学探索与对话》，济南：山东大学出版社，2013 年。

[42] ［英］贡布里希：《艺术发展史》，范景中译，天津：天津人民美术出版社，2006 年。

[43] ［英］马丁·坎普：《牛津西方艺术史》，余君珉译，北京：外语教学与研究出版社，2009 年。

[44] ［美］帕特里克·弗兰克：《视觉艺术史》，陈玥蕾译，上海：上海人民美术出版社，2008 年。

[45] ［比］帕特里克·德·莱克：《解码西方名画》，丁宁译，北京：三联书店，2011 年。

[46] ［英］贡布里希：《文艺复兴：西方艺术的伟大时代》，李本正、范景中编选，杭州：中国美术学院出版社，2000 年。

[47] ［德］汉斯·贝尔廷：《脸的历史》，史竞舟译，北京：北京大学出版社，2017 年。

[48] ［美］克莱格·哈贝森：《艺术家之镜——历史背景下的北部欧洲文艺复兴》，陈颖译，北京：中国建筑工业出版社，2010 年。

[49] 邵大箴、奚静之：《欧洲绘画史》，上海：上海人民美术出版社，2009 年。

[50] ［英］安妮·谢弗-克兰德尔：《剑桥艺术史——中世纪艺术》，钱承旦译，南京：译林出版社，2009 年。

［51］梁漱溟：《中国文化的命运》，北京：中信出版社，2016 年。

［52］王振复：《中国美学史教程》，上海：复旦大学出版社，2004 年。

［53］（清）陈邦彦：《康熙御定历代题画诗》，北京：北京古籍出版社，
1996 年。

［54］（明）董其昌著，邵海清点校：《容台集（上）·文集·卷四·兔
柴记》，杭州：西泠印社出版社，2012 年。

［55］（清）唐岱著，周远斌注释：《绘事发微·自序》，济南：山东画报
出版社，2012 年。

［56］（西晋）陆机著，（西晋）陆云著：《陆机文集·陆云文集·卷一·
赋一·文赋并序》，上海：上海社会科学院出版社，2000 年。

［57］（南朝梁）刘勰著，范文澜注：《文心雕龙注》（下），北京：人民
文学出版社，1958 年。

［58］许嘉璐主编：《二十四史全译》，北京：汉语大词典出版社，
2004 年。

［59］徐复观：《中国艺术精神》，上海：华东师范大学出版社，2001 年。

［60］宗白华：《美学散步》，上海：上海人民出版社，1981 年。

［61］周积寅：《中国历代画论》（上下编），南京：江苏美术出版社，
2013 年。

［62］李泽厚：《由巫到礼释礼归仁》，北京：三联书店，2015 年。

［63］程相占：《中国环境美学思想研究》，郑州：河南人民出版社，
2009 年。

［64］李泽厚：《美学四讲》，天津：天津社会科学院出版社，2001 年。

［65］李泽厚、刘纲纪：《中国美学史》（第一卷），北京：中国社会科学
出版社，1984 年。

［66］［英］哈登：《艺术的进化：图案的生命史解析》，阿嘎佐诗译，桂
林：广西师范大学出版社，2010 年。

［67］《不列颠百科全书》（国际中文版第六卷），北京：中国大百科全书
出版社，2002 年。

［68］［美］阿诺德·伯林特：《环境与艺术：环境美学的多维视角》，刘悦笛等译，重庆：重庆出版社，2007 年。

［69］杨平：《环境美学的谱系》，南京：南京出版社，2007 年。

［70］［加］艾伦·卡尔松：《自然与景观》，陈李波译，长沙：湖南科学技术出版社，2006 年。

［71］田川流、刘家亮：《艺术学导论（第二版）》，北京：高等教育出版社，2012 年。

［72］［美］艾布拉姆斯：《镜与灯：浪漫主义文论及批评传统》，郦稚牛等译，北京：北京大学出版社，1989 年。

［73］［英］简·艾伦·哈里森：《古代艺术与仪式》，刘宗迪译，北京：三联书店，2008 年。

［74］余秋雨：《中国戏剧史》，武汉：长江文艺出版社，2013 年。

［75］［法］米歇尔·柯南：《穿越岩石景观——贝尔纳·拉絮斯的景观言说方式》，赵红梅、李悦盈译，长沙：湖南科学技术出版社，2006 年。

［76］［法］雷吉斯·德布雷：《图像的生与死：西方观图史》，黄迅余、黄建华译，上海：华东师范大学出版社，2014 年。

［77］周义敢、程自信、周雷编注：《秦观集编年校注·卷二十四·序跋·书辋川图后》，北京：人民文学出版社，2001 年。

后 记

　　这本书是在我的博士学位论文的基础上修改增补完成的。答辩时间是 2014 年，已距今十年，真是典型的拖延症。记得求学期间，看到许多师兄师姐在通过答辩七八年后才出版学位论文，很是奇怪，不知为何拖延了那么久。轮到自己进入这个流程，才知道原因。

　　论文课题是 2010 年经由导师曾繁仁教授与我反复斟酌商议后选定的，而后四年时间内写成并通过答辩。其间对假扮游戏论的许多问题有所思考，未能融会贯通，但深感中国传统审美文化之中有许多宝贵资源可从假扮游戏的视角进行阐释。因此，相当于答辩之时完成的只是本书的上篇。任教后，在给本科生讲授中国美学史课程时，通过备课查阅资料，仔细阅读了关于古代山水画审美欣赏、中国艺术精神等问题的文献。先是找到了宗炳对"卧游"的论述，打开了由西方假扮游戏论走向中国传统审美文化中假扮游戏现象的研究路径，而后在研读巫鸿教授关于古代墓葬美术及器物文化的专著时，找到了《平安春信图》、博山炉、T 形帛画等案例。于是，阶段性地撰写了关于题画诗及对再现性环境的虚拟审美感知等问题的论文，并在艺术学理论、文艺理论及美学年会的小组讨论中发表。一点点积累汇总下来，又有了八万字。可以说，假扮游戏论是个有趣的话题，具有一定的学术生长力，也具有相当大的中西对话潜力。十年前的博士论文是一个开篇引子，随后的思考与研究是可持续的。

　　感谢我的导师曾繁仁教授，在当时这个研究课题不甚明了，相关中文成果几乎未见的情况下，以包容鼓励的态度选择相信我，让我有了一探究竟的勇气。每次与曾师对谈，总是能就学术问题有所启迪，更深层的受益则在心系现实的学术使命感与为人师表的职业归属感。记得有一年春节去探望老师和师母，被问及近况，我答"累并快乐着"，曾老师马上说，"不要并（病）"，瞬时心里暖暖的。曾老师忧心我的身体状况，从不给我太大的压力，总是对我的拖延和惰性予以理解。得益于此，我对假扮游戏论的思考一直持续深入。

　　回想十余年前与沃尔顿教授结缘的过程，还要提到山大文艺美学研究中心的老朋友罗伯特·斯特克教授（Robert Stecker）。其实我最初是向斯特克教授申请访学的，因为翻译了他的论文，又担任过讲座翻译，算是比较了解其理论体系。但斯特克教授回信说他所在的中密歇根大学在整体学术实力上不甚理想，推荐我去密歇根大学安娜堡分校跟随美国美学学会原主席沃尔顿教授学习。得知我顺利到了密大之后，斯特克教授和师母还专程驱车前来探望，给我买了超大号的冰淇淋和什锦坚果等小零食。

　　抵达安娜堡后，感谢沃尔顿教授的悉心指导，除了那些学术对谈的丰富收获与有益启发之外，还有感恩节、圣诞节等西方节日的家庭派对邀请，让我孤身一人在外求学时，也感受到了异国他乡的温暖和善意。回国后，沃尔顿教授还为我寄来最新出版的著作，为论文撰写和跟进研究提供了很大帮助。对于中国传统文学艺术审美活动所具有的假扮游戏性，他始终是十分感兴趣的，对于我提供的作品案例也提出了问题，增进了理解，拓展了视野，发现了更多中西艺术理论开展学术对话的可能性。

　　于山东艺术学院任教十年来，在为本科生、研究生授课期间，又与学生反复共同研读了朱光潜《谈美》、宗白华《美学散步》、梁漱溟《中国文化的命运》、李泽厚《由巫到礼 释礼归仁》等经典而精彩的大家小书，深受教学相长的裨益，就文艺作品空中楼阁的建构、审美想象的展开、绘画与京剧中的虚实相生、中国淡宗教文化与巫史传统等问题进行了更为深入的思考。近年与学生探讨 AI 人工智能、VR 虚拟现实技术在艺术创作中的应用及元宇宙等新问题，思考钱学森先生提出的"灵境"概念，愈加发觉假扮游戏论所具有的现实价值，也更坚定了将之与中国文化语境相结合展开学术对话的信念。

　　看过一位外国学者著作的扉页上写着"感谢我的家人，如果没有他们，我这本书早就写完了"。在养育二女的过程中，我又重温了儿时各种各样的假扮游戏，也因此成了她们的大朋友，我倒是觉得孩子们教给我的东西更多，也为我提供了观察儿童假扮游戏心理行为的近水楼台。十年而已，不急不急。正如朱光潜先生所说，慢慢走，欣赏吧！

图书在版编目（CIP）数据

沃尔顿艺术哲学研究/刘心恬著. —上海：上海三联书店，
2023. 10
ISBN 978 - 7 - 5426 - 8076 - 1

Ⅰ. ①沃… Ⅱ. ①刘… Ⅲ. ①沃尔顿—美学思想—研究
Ⅳ. ①B83 - 097. 12

中国国家版本馆 CIP 数据核字（2023）第 057145 号

沃尔顿艺术哲学研究

著　　者 / 刘心恬

责任编辑 / 张大伟
装帧设计 / 刘　悦
监　　制 / 姚　军
责任校对 / 项行初

出版发行 / 上海三联书店
　　　　　（200030）中国上海市漕溪北路 331 号 A 座 6 楼
邮　　箱 / sdxsanlian@sina. com
邮购电话 / 021 - 22895540
印　　刷 / 上海普顺印刷包装有限公司

版　　次 / 2023 年 10 月第 1 版
印　　次 / 2023 年 10 月第 1 次印刷
开　　本 / 640 mm×960 mm　1/16
字　　数 / 310 千字
印　　张 / 21. 25
书　　号 / ISBN 978 - 7 - 5426 - 8076 - 1/B・831
定　　价 / 88. 00 元

敬启读者，如发现本书有印装质量问题，请与印刷厂联系 021 - 36522998